高等院校"互联网+"系列精品教材

高等职业院校精品教材系列

楼宇智能化技术及应用

主　编　白素月

副主编　曲昀卿　王亚翠

主　审　王　薇

电子工业出版社.

Publishing House of Electronics Industry

北京·BEIJING

内 容 简 介

本书根据教育部现代学徒制试点项目建设成果，以企业岗位需求为中心，以学生技能训练为本位，按照高职院校楼宇智能化技术课程培养目标，由学校教师和企业工程师共同编写完成。全书以实际工程案例为主线，通过 8 个项目详细介绍应用最为广泛的综合布线、安全防范、有线电视、智能化机房等系统的施工图识读与设计方法，最后以某医院病房楼宇智能化工程为例作为该课程的综合实训，让学生在整体项目中体验实际工程的识图与设计过程。本书将基础知识与工程案例相结合，突出高职教育的实践性和实用性，有助于学生较快地掌握职业技能。

本书为高等职业本专科院校建筑类专业相应课程的教材，也可作为开放大学、成人教育、自学考试、中职学校、培训班的教材，以及自学者与工程技术人员的学习参考书。

本书提供免费的电子教学课件及思考与练习题参考答案等资源，详见前言。

未经许可，不得以任何方式复制或抄袭本书之部分或全部内容。

版权所有，侵权必究。

图书在版编目（CIP）数据

楼宇智能化技术及应用/白素月主编. —北京：电子工业出版社，2018.11（2024.2 重印）
高等职业院校精品教材系列
ISBN 978-7-121-34621-7

Ⅰ. ①楼… Ⅱ. ①白… Ⅲ. ①智能化建筑－楼宇自动化－高等学校－教材 Ⅳ. ①TU855

中国版本图书馆 CIP 数据核字（2018）第 142711 号

策划编辑：陈健德（E-mail：chenjd@phei.com.cn）
责任编辑：刘真平
印　　刷：河北鑫兆源印刷有限公司
装　　订：河北鑫兆源印刷有限公司
出版发行：电子工业出版社
　　　　　北京市海淀区万寿路 173 信箱　邮编　100036
开　　本：787×1 092　1/16　印张：16.75　字数：428.8 千字
版　　次：2018 年 11 月第 1 版
印　　次：2024 年 2 月第 11 次印刷
定　　价：46.00 元

凡所购买电子工业出版社图书有缺损问题，请向购买书店调换。若书店售缺，请与本社发行部联系，联系及邮购电话：(010) 88254888，88258888。

质量投诉请发邮件至 zlts@phei.com.cn，盗版侵权举报请发邮件至 dbqq@phei.com.cn。

本书咨询联系方式：chenjd@phei.com.cn。

前　言

在我国步入信息化社会的今天，智能楼宇/智能建筑已经成为城市中的"信息岛"或"信息单元"，它是智慧城市建设最重要的基础设施之一。随着我国智慧城市建设的深入推进和人民生活水平的不断提高，越来越多的智慧园区、智慧医院、智慧校园、智慧养老院等如雨后春笋般涌现，从而使智能楼宇成为新兴热门专业，社会急需大批从事智能化专业的技能型人才。许多高等院校为适应市场需求已开设楼宇智能化技术/建筑智能化技术课程作为专业核心课程，以加快楼宇智能化技术人才的培养。

本书是在教育部现代学徒制试点项目建设基础上，以企业岗位需求为中心，以学生技能训练为本位，融合行业新技术、新规范、新产品于一体，按照高职院校楼宇智能化技术课程培养目标，由学校教师和企业工程师共同编写完成的，书中项目均为企业提供的实际工程项目转换而来。

结合楼宇智能化工程技术的应用实践，本书以实际工程案例为主线，详细介绍应用最为广泛的综合布线、安全防范、有线电视、智能化机房等系统的施工图识读与设计方法，最后以某医院病房楼宇智能化工程为例作为该课程的综合实训，让学生在整体项目中体验实际工程的识图与设计过程。本书将基础知识与工程案例相结合，突出高职教育的实践性和实用性。内容共包括 8 个项目：项目 1 楼宇智能化工程基础，项目 2 综合布线工程，项目 3 有线电视工程，项目 4 视频安防监控工程，项目 5 入侵报警工程，项目 6 出入口控制工程，项目 7 智能化系统机房工程，项目 8 智能化工程综合训练。

建议学时分配如下（各院校可以结合实际情况进行调整）：

序　号	学 习 任 务	学　时
1	楼宇智能化工程基础	4
2	综合布线工程	14
3	有线电视工程	8
4	视频安防监控工程	8
5	入侵报警工程	6
6	出入口控制工程	6
7	智能化系统机房工程	6
8	智能化工程综合训练	12
总学时		64

本书由石家庄职业技术学院白素月任主编，曲昀卿、王亚翠（企业）任副主编，王薇任主审，白素月、曲昀卿、王亚翠负责审核、统稿，张华、张晓静、容海亮、王丽辉、贺常涛（企业）、杨志贤（企业）、魏巍（企业）参加编写。具体分工为：项目 1 由王丽辉编写，项目 2 由曲昀卿编写，项目 3 由张华编写，项目 4、项目 8 由白素月编写，项目 5 由张晓静、贺常涛编写，项目 6 由杨志贤、魏巍编写，项目 7 由容海亮编写。在编写过程中，得到石家庄铁

路职业技术学院、海康威视河北分公司、爱谱华顿河北分公司、河北万方中天科技有限公司、石家庄求实通信设备有限公司相关技术人员的大力支持和悉心指导，在此一并表示诚挚的谢意。

本书为高等职业本专科院校建筑类专业相应课程的教材，也可作为开放大学、成人教育、自学考试、中职学校、培训班的教材，以及自学者与工程技术人员的学习参考书。

由于作者水平有限，书中难免存在错误和不足之处，敬请广大读者批评指正。

为了方便教师教学，本书还配有免费的电子教学课件、习题参考答案等资源，请有此需要的教师登录华信教育资源网（http://www.hxedu.com.cn）注册后再进行免费下载，也可扫一扫书中的二维码阅览或下载微视频、CAD 原文件等更多教学资源。使用中如有问题，请在网站留言板留言或与电子工业出版社联系（E-mail：hxedu@phei.com.cn）。

编　者

目　录

项目 1　楼宇智能化工程基础 ·· （1）

教学导航 ··· （1）

1.1　楼宇智能化系统的主要内容 ··· （2）

1.1.1　信息设施系统 ·· （2）

1.1.2　建筑设备管理系统 ·· （2）

1.1.3　公共安全系统 ·· （4）

1.1.4　机房工程 ··· （4）

1.1.5　信息化应用系统 ·· （5）

1.1.6　智能化集成系统 ·· （5）

1.2　楼宇智能化施工图识读 ·· （6）

1.2.1　工程图纸基本规定 ·· （6）

1.2.2　智能化施工图的特点 ·· （7）

1.2.3　智能化施工图包含的文件 ·· （8）

1.2.4　智能化施工图识读方法 ··· （8）

1.3　楼宇智能化施工图设计 ··· （10）

1.3.1　设计原则 ·· （10）

1.3.2　设计依据 ·· （10）

1.3.3　设计步骤 ·· （11）

1.4　AutoCAD 常用绘图命令 ··· （12）

1.4.1　绘图参数设置 ··· （12）

1.4.2　绘图命令 ·· （16）

1.4.3　编辑命令 ·· （19）

知识梳理与总结 ·· （22）

思考与练习题 1 ·· （22）

项目 2　综合布线工程 ··· （24）

教学导航 ·· （24）

2.1　系统特点 ·· （25）

2.2　常用术语和缩略语 ··· （25）

2.3　综合布线系统构成 ··· （26）

2.3.1　系统构成 ·· （26）

2.3.2　系统工程设计内容 ·· （27）

2.3.3　系统分级与组成 ·· （29）

2.3.4　系统拓扑结构 ···（31）

2.4　系统典型应用 ··（32）

2.4.1　模拟电话网应用（语音）····································（32）

2.4.2　计算机网络应用（数据）····································（32）

2.4.3　安全防范系统应用（数据和图像）····························（32）

2.5　系统常用产品 ··（34）

2.6　综合布线系统施工图识读方法 ··································（36）

工程案例 1　某教师公寓综合布线施工图识读 ·····················（37）

实训 1　某办公楼综合布线系统图识读 ···························（44）

2.7　综合布线系统施工图设计 ······································（46）

2.7.1　系统总体要求 ··（46）

2.7.2　配线子系统设计 ··（47）

2.7.3　干线子系统设计 ··（52）

2.7.4　建筑群子系统（简称 CD）设计 ······························（53）

2.7.5　设备间、电信间设计 ··（54）

2.7.6　光纤到用户单元通信设施设计 ································（56）

2.7.7　导管、桥架及线缆设计 ······································（60）

2.7.8　管理及系统接地设计 ··（61）

工程案例 2　某职工宿舍综合布线施工图设计 ·····················（62）

实训 2　某科研办公楼综合布线施工图设计 ·······················（71）

知识梳理与总结 ···（76）

思考与练习题 2 ···（76）

项目 3　有线电视工程 ···（79）

教学导航 ···（79）

3.1　系统特点及组成 ··（80）

3.2　我国电视频道划分及系统分类 ····································（82）

3.3　系统常用设备 ··（86）

3.4　有线电视系统施工图识读方法 ····································（88）

工程案例 3　某教师公寓有线电视施工图识读 ·····················（88）

实训 3　某科研办公楼有线电视系统图识读 ·······················（91）

3.5　有线电视系统施工图设计 ··（92）

3.5.1　系统设计指标和原则 ··（92）

3.5.2　系统设计要点 ··（93）

3.5.3　有线电视施工图设计步骤 ····································（96）

工程案例 4　某职工宿舍有线电视施工图设计 ·····················（97）

实训 4　某科研办公楼有线电视施工图设计 ·······················（104）

知识梳理与总结 ···（105）

思考与练习题 3 ···（105）

项目4　视频安防监控工程 ·· （107）

教学导航 ··· （107）

4.1　安全防范系统的组成 ··· （108）

4.2　视频安防监控系统 ··· （109）

  4.2.1　系统组成与功能 ··· （110）

  4.2.2　前端设备 ··· （112）

  4.2.3　传输网络 ··· （117）

  4.2.4　处理/控制设备 ·· （119）

  4.2.5　记录/显示设备 ·· （120）

4.3　视频安防监控系统施工图识读 ·· （120）

  工程案例5　某教师公寓视频监控施工图识读 ······················ （121）

4.4　视频安防监控系统施工图设计 ·· （122）

  4.4.1　安防系统总体要求 ··· （122）

  4.4.2　视频安防监控系统总体要求 ··································· （123）

  4.4.3　前端设备设计 ··· （124）

  4.4.4　传输网络设计 ··· （127）

  4.4.5　网络交换机的选择 ··· （128）

  4.4.6　网络存储容量的选择 ··· （129）

  工程案例6　某网络中心机房视频安防监控施工图设计 ··············· （130）

  实训5　某科研办公楼视频安防监控施工图设计 ····················· （135）

知识梳理与总结 ··· （136）

思考与练习题4 ··· （137）

项目5　入侵报警工程 ·· （138）

教学导航 ··· （138）

5.1　系统组成及组网模式 ··· （139）

  5.1.1　系统组成 ··· （139）

  5.1.2　系统组网模式 ··· （139）

5.2　常用术语 ··· （141）

5.3　入侵探测器的分类及工作原理 ·· （141）

  5.3.1　入侵探测器的分类 ··· （141）

  5.3.2　常用入侵探测器的工作原理 ··································· （142）

5.4　入侵报警系统施工图识读 ·· （143）

  工程案例7　某教师公寓入侵报警施工图识读 ······················ （144）

5.5　入侵报警系统施工图设计 ·· （145）

  5.5.1　系统总体要求 ··· （145）

  5.5.2　前端设备设计 ··· （146）

  5.5.3　传输网络设计 ··· （147）

  工程案例8　某网络中心机房入侵报警施工图设计 ··················· （147）

　　实训6　某科研办公楼入侵报警施工图设计 ·· (149)
　知识梳理与总结 ·· (150)
　思考及练习题5 ·· (150)

项目6　出入口控制工程 ·· (152)
　教学导航 ·· (152)
　6.1　系统组成 ·· (153)
　　6.1.1　识读部分 ·· (154)
　　6.1.2　传输部分 ·· (155)
　　6.1.3　管理/控制部分 ·· (155)
　　6.1.4　执行部分 ·· (156)
　6.2　系统结构 ·· (156)
　6.3　出入口控制系统施工图识读 ··· (157)
　　工程案例9　某教师公寓出入口控制施工图识读 ·· (157)
　6.4　出入口控制系统施工图设计 ··· (159)
　　6.4.1　系统总体要求 ·· (159)
　　6.4.2　前端设备设计 ·· (159)
　　6.4.3　传输线路设计 ·· (162)
　　工程案例10　某网络中心机房出入口控制施工图设计 ···································· (163)
　　实训7　某科研办公楼出入口控制施工图设计 ·· (166)
　6.5　其他安防子系统 ·· (167)
　　6.5.1　访客对讲系统 ·· (167)
　　6.5.2　停车场及车位引导管理系统 ·· (175)
　　6.5.3　电子巡查系统 ·· (181)
　　6.5.4　安全管理系统 ·· (183)
　　知识梳理与总结 ·· (185)
　思考与练习题6 ·· (186)

项目7　智能化系统机房工程 ·· (187)
　教学导航 ·· (187)
　7.1　机房工程等级划分 ·· (188)
　7.2　机房工程建设内容 ·· (189)
　7.3　机房工程施工图识读 ·· (190)
　　工程案例11　机房工艺及智能化施工图识读 ·· (191)
　　实训8　机房电气施工图识读 ·· (200)
　7.4　机房工程施工图设计 ·· (211)
　　7.4.1　设计原则 ·· (211)
　　7.4.2　机房工艺规划 ·· (211)
　　7.4.3　机房装修工程 ·· (215)
　　7.4.4　机房电气工程 ·· (218)

    7.4.5　机房空调与通风工程 ·· （226）

    7.4.6　机房消防系统 ·· （228）

    7.4.7　安全防范系统 ·· （231）

    7.4.8　机房动力环境监测系统 ··· （231）

  知识梳理与总结 ··· （233）

  思考与复习题 7 ··· （233）

项目 8　智能化工程综合训练 ·· （234）

  教学导航 ··· （234）

  工程案例 12　地下一层智能化平面图识读 ··· （235）

  综合实训 1　设计说明、机房布置及接地平面图识读 ······································ （237）

  综合实训 2　一层智能化平面图识读 ··· （242）

  综合实训 3　有线电视系统图识读 ··· （247）

  综合实训 4　内外网综合布线系统图识读 ··· （250）

  综合实训 5　安全防范系统图识读 ··· （253）

  综合实训 6　标准层智能化平面图设计 ··· （255）

  知识梳理与总结 ··· （258）

项目 **1**

楼宇智能化工程基础

扫一扫看
项目 1 教
学课件

知识目标	（1）了解楼宇智能化包含的子系统及其功能。 （2）了解楼宇智能化工程识读方法。 （3）了解楼宇智能化工程设计流程。 （4）熟悉常用 AutoCAD 绘图命令
能力目标	（1）具有利用网络查找相关资料和国家现行相关规范的能力。 （2）具有利用 AutoCAD 绘图的能力
素养目标	（1）具有团队协作与沟通的能力。 （2）具有分析和解决问题的能力
教学资源与载体	AutoCAD 软件、天正电气软件、Excel 软件、相关资料和现行相关规范、多媒体教学平台、教材、智能化实训室
教学方法	工程案例教学法、任务驱动法
参考学时	4 学时
教学过程设计	智能建筑的起源及概念→智能化工程包含的内容→智能化施工图的识读流程→智能化施工图设计流程→复习 AutoCAD 的使用方法
考核与评价内容	课堂练习、施工图设计与识读实训、设计图纸成果
评价方式	自我评价（10%）、小组评价（30%）、教师评价（60%）

1.1 楼宇智能化系统的主要内容

扫一扫看拓展知识:
智慧城市建设中智能
建筑发展趋势

智能建筑起源于 20 世纪 80 年代,90 年代初逐渐被人们所认同,它是以现代建筑技术、现代计算机技术、现代自动控制技术、现代通信技术、现代图像显示技术为技术支撑的建筑综合体。

世界上第一座智能建筑是 1984 年美国联合科技公司在康涅狄格（Connecticut State）州哈伏特（Hart Ford）市将一座金融大厦进行改造并取名 City Place（都市大厦），改造时在传统装修内容的基础上新增了计算机网络、程控电话交换机、高速通信线路等基础设施,并对大楼内的机电设备如空调、给排水、消防、保安、供配电、照明、电梯等系统通过计算机进行集中控制与管理,实现了设备管理自动化,使用户感到比原来更加舒适、方便、安全和高效。

何为智能建筑?最新的国家标准 GB 50314—2015《智能建筑设计标准》对智能建筑做了如下定义:"智能建筑是以建筑物为平台,基于对各类智能化信息的综合应用,集架构、系统、应用、管理及优化组合为一体,具有感知、传输、记忆、推理、判断和决策的综合智慧能力,形成以人、建筑、环境互为协调的整合体,为人们提供安全、高效、便利及可持续发展功能环境的建筑。"简单地理解就是以计算机和网络为核心的信息技术向建筑行业的应用与渗透,体现了建筑艺术与信息技术的完美结合。本书要探讨的内容就是为了构建智能建筑所涉及的各种工程应用技术,即楼宇智能化系统工程,那么楼宇智能化系统工程又包含哪些内容呢?

智能化系统工程的配置需以信息设施系统、建筑设备管理系统、公共安全系统、机房工程、信息化应用系统、智能化集成系统等设计要素展开,如图 1-1 所示。

各子系统包含的主要内容如下。

扫一扫看智能化系统包含内容图片

1.1.1 信息设施系统

信息设施系统是智能化系统工程的基础,实现对建筑物内外的语音、数据、图像和多媒体等形式的信息予以接收、交换、传输、处理、存储、检索和显示等功能,满足建筑物的应用与管理对信息通信的需求,形成建筑物公共通信服务综合基础条件。包括信息网络系统、公共导引及信息发布系统、时钟系统、音视频会议系统、有线电视系统、公共广播系统、电话交换系统、卫星/无线通信系统等,如图 1-2 所示。

1.1.2 建筑设备管理系统

建筑设备管理系统对大楼内的机电设备如空调、给排水、消防、保安、供配电、照明、电梯等系统进行集中控制与管理,实现建筑设备运行监控信息的共享,达到能耗监测、节约资源、优化环境质量等目的,为人们提供舒适、方便、安全和节能的环境,如图 1-3 所示。

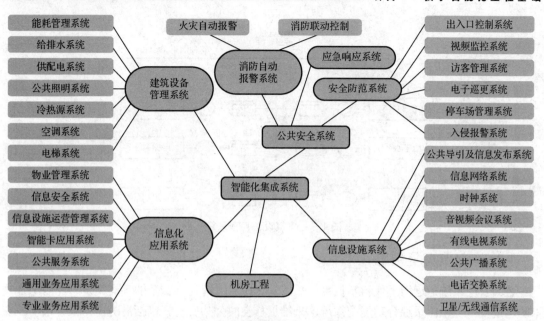

图 1-1　楼宇智能化系统工程包含的子系统

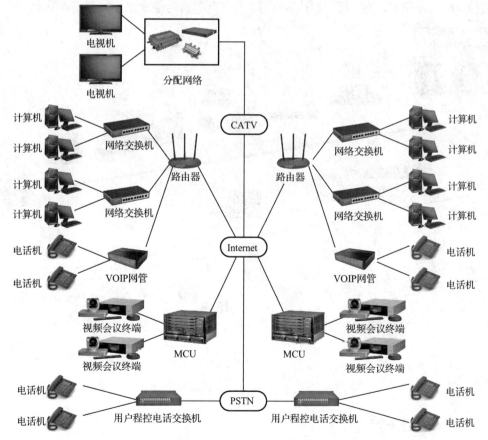

图 1-2　信息设施系统框图

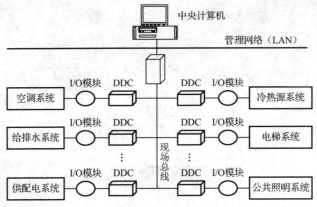

图 1-3　建筑设备管理系统

1.1.3 公共安全系统

公共安全系统是运用现代科学技术，采用具有应对危害社会安全的各类突发事件的综合技术防范或安全保障体系综合功能的系统，来维护社会的公共安全。包括消防自动报警系统、安全防范系统和应急响应系统，其中安全防范系统包括安全防范综合管理（平台）、入侵报警、视频监控、出入口控制、电子巡更、访客管理、停车场管理等子系统，如图 1-4 所示。

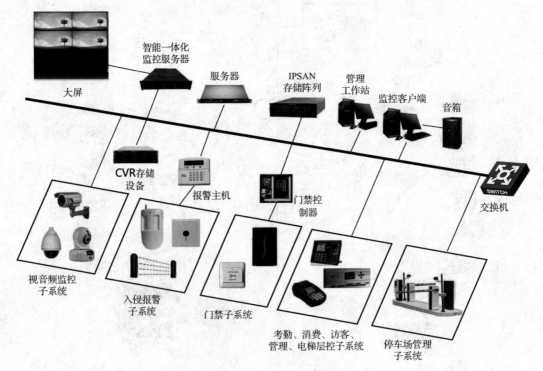

图 1-4　安全防范系统

1.1.4 机房工程

机房工程是提供适合各智能化系统设备及装置安置和运行的环境，确保各智能化系统安全、可靠和高效地运行与便于维护的综合工程，由机房工艺、机房建筑装修、机房荷载、机房供配电与照明、机房防雷与接地、机房空调与通风、机房消防、机房智能化工程等多个专业协作完成，如图1-5所示。

供配电系统工程

低压配电柜系统工程

UPS不间断电源

智能化系统工程

气体消防工程

防雷接地工程

新风系统工程

机房精密空调系统

金属铝质天花板工程

抗静电地板工程

机房装修工程

图1-5 机房工程

智能化系统工程的机房包括消防控制室、安防监控中心、信息接入机房、有线电视前端机房、电话交换机房、电子信息机房、智能化集成机房、应急响应中心和智能化设备间（弱电间、电信间）等，上述机房可根据工程具体情况和业主管理需求独立设置或合并设置。

1.1.5 信息化应用系统

信息化应用系统是在信息设施系统和建筑设备管理系统等的基础上实现的，满足建筑物各类专业化业务、规范化运营及管理需要的软件应用系统，如公共服务、智能卡应用、物业管理、信息设施运行管理、信息安全、通用业务应用和专业业务应用等软件应用系统。

1.1.6 智能化集成系统

智能化集成系统是基于统一的信息平台，将智能化工程的各类子系统集成在一起，形成具有信息汇聚、资源共享、协同运行、优化管理等综合应用功能的系统，从而实现建筑物的运营及管理目标，如图1-6所示。

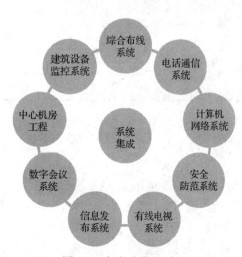

图1-6 智能化集成系统

扫一扫看智能化施工图的识读微视频

1.2 楼宇智能化施工图识读

1.2.1 工程图纸基本规定

1. 工程图纸的格式与幅面大小

一个完整的图框由边线框、图框线、标题栏、会签栏等组成，由边框线围成的图面称为图纸的幅面，如图 1-7 所示。

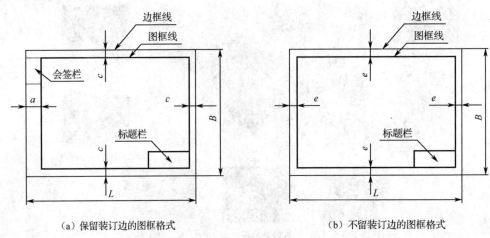

（a）保留装订边的图框格式　　　　（b）不留装订边的图框格式

图 1-7　图框格式

绘制图纸时，应采用表 1-1 中规定的图纸基本幅面尺寸，尺寸单位为 mm，基本幅面代号有 A0、A1、A2、A3、A4 五种。

表 1-1　图纸基本幅面尺寸　　　　　　　　　（mm）

幅　面		A0	A1	A2	A3	A4
幅面尺寸（B×L）		841×1 189	594×841	420×594	297×420	210×297
周边尺寸	a	20			10	
	c	10			5	
	e	25				

由表 1-1 看出，各种幅面图纸的长边与短边的比例一致，均为 1.414 213 562，也就是 2 的开平方，即图纸差一号，面积就差一倍。

例如，A0 的尺寸为 841 mm×1 189 mm，A1 的尺寸为 594 mm×841 mm，A2 的尺寸为 420 mm×594 mm，A3 的尺寸为 297 mm×420 mm，A4 的尺寸为 210 mm×297 mm……以此类推，A4 图纸的长度等于 A3 图纸的宽度，A4 图纸的宽度约等于 A3 图纸长度的一半。

必要时，也可以加长图纸的幅面，但需按图 1-8 所示的格式加长，粗实线所示为第一选择的基本幅面；细实线所示为第二选择的加长幅面；虚线所示为第三选择的加长幅面。

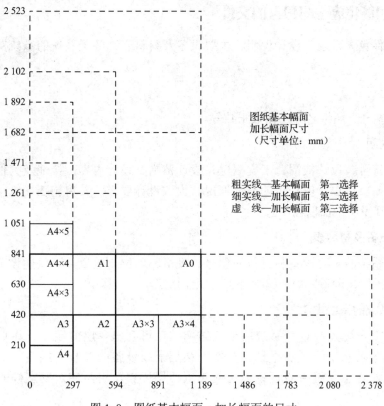

图 1-8　图纸基本幅面、加长幅面的尺寸

2. 图纸比例

图纸上所画图形的大小与物体实际大小的比值称为比例。智能化设备布置图、平面图和构件详图通常按比例绘制。比例的第一个数字表示图形的尺寸，第二个数字表示实物为图形的倍数。例如，1:10 表示图形大小只有实物大小的 1/10。比例的大小是由实物大小与图纸幅面代号相比较而确定的，一般在平面图中可选取 1:10、1:20、1:50、1:100、1:200、1:500。施工时，如需确定智能化设备安装位置的尺寸或用尺量取时应乘以比例的倍数，例如，图纸比例是 1:100，图纸上量得某段线路为 15 cm，则实际长度为 15 cm×100=1 500 cm=15 m。

1.2.2 智能化施工图的特点

（1）智能化工程图纸大多采用统一的图形符号并加注文字符号绘制而成。

（2）线路中的各种设备、元件都是通过导线连接成为一个系统的。

（3）在进行智能化工程图纸识读时应阅读相应的土建工程及其他安装工程图纸，以了解相互间的配合关系。

（4）智能化工程图对于设备的安装方法、质量要求及使用维修方面的技术要求等往往不能完全反映出来，因此在阅读图纸时对有关安装方法、技术要求等问题，要参照相关图集和规范。

1.2.3　智能化施工图包含的文件

施工图文件包含目录、设计说明、主要设备及材料表、各子系统的系统图、各子系统平面图等。

1. 目录

列出图纸编号、图纸名称、图纸张数等。

2. 设计说明

包含图形符号、设计依据、工程概况、设计范围、设计内容、接地及其他，使读图人员通过设计说明就可以了解项目的整体概况、大致设计要求，并将施工图纸中无法表达清楚的问题在设计说明中加以说明。

3. 主要设备及材料表

列出各子系统的主要设备和材料的型号、规格、单位、数量，可供建设单位和施工单位参考做工程预算、设备采购和编制施工组织计划等。

4. 各子系统的系统图

系统图不仅可以反映整个系统的框架结构，还可列出各层前端（或终端）设备的类型、数量，主干及水平线缆的型号、规格，楼层配线设备的型号、规格、数量及设备设置楼层和位置，各子系统中心设备机房的设置楼层位置，引至建筑物室外的线缆型号、规格等。

5. 各子系统平面图

平面图可反映出各子系统机房、进线间、弱电间的具体位置，前端（或终端）设备的安装位置，引至室外的线缆敷设路由及敷设方式，机房至各层弱电间的主干线缆及由弱电间引至各前端（或终端）设备的水平线缆型号、规格、敷设路由、敷设方式、电缆桥架及钢管的规格等。

6. 各子系统中心机房设备布置及接地平面图

图中可反映出机房内的区域规划、设备布置方式，主要人行通道和次要人行通道的尺寸，主要设备选型、数量。

1.2.4　智能化施工图识读方法

识读智能化系统施工图必须熟悉电气图基本知识（表达形式、通用画法、图形符号、文字符号）和智能化系统工程图的特点，掌握一定的识读方法，才能迅速全面地读懂图纸，以实现读图的意图和目的。通常的识读方法为：了解项目概况先浏览，重点内容反复看；安装方法查规范找技术要求。具体到一套图纸时，可按以下顺序识读（浏览），然后再重点阅读。

1. 看标题栏及图纸目录

需了解项目承建单位、工程项目名称、设计日期、图纸名称及数量等。

2. 看设计说明书

了解工程总体项目概况、设计依据、图形符号、设备安装高度、设计范围、图纸中未能表达清楚的各有关事项。

了解设计内容：各子系统组成、功能，系统设置标准、设备及系统线缆选型要求，中心机房设置情况、接地及其他安装注意事项等。

3. 系统图识读

各子系统工程中都包含系统图，识读时需分析的主要内容有：

（1）各子系统组成及网络传输模式。

（2）中心机房设置楼层及主要设备选型。

（3）前端（或终端）设备设置类型及数量。

（4）系统水平、主干线缆选型，引至建筑物室外的线缆选型。

4. 平面图识读

各子系统都包含平面图，有的平面图是几个子系统合为一张，一般情况下设计院出图为消防一张平面图，其他智能化工程1~2张平面图。识读平面图时，需分析的主要内容有：

（1）中心机房、弱电间的设置位置。

（2）前端（或终端）设备的安装位置、类型等。

（3）中心机房引至室外及各弱电间的主干线缆及由弱电间引至各前端（或终端）设备的水平线缆的敷设部位、敷设方法及所用线缆的型号、规格、管径、桥架选型等。

（4）再通过阅读系统图，了解系统组成后，就可依据平面图编制工程预算和施工方案组织施工了。因此对平面图必须熟读。阅读平面图时，一般可按以下顺序：室外进线→中心机房→主干线→弱电间设备→水平线→前端（或终端）设备。

5. 主要设备及材料表

各子系统选用的主要设备、材料的型号、规格和数量，是业主和施工单位编制采购计划的重要依据之一。

6. 中心机房设备布置及接地平面图

各子系统中心机房内的区域规划，主要设备选型、数量，在中心机房内的摆放位置，背面、正面、侧面距离墙面的尺寸，通道的尺寸，接地方式、接地线路、接地电阻的要求等。

7. 识读注意事项

1）结合土建施工图进行识读

智能化施工与土建施工结合得非常紧密，施工中常常涉及各工种之间的配合问题。智能化施工平面图只反映了前端（或终端）设备的平面布置情况，结合土建施工图的阅读还可以了解前端（或终端）设备的立体布设情况。

2）施工图中各图纸需配合阅读

对于具体工程来说，为说明系统组成时需要有系统图；为说明前端设备、器件的具体安装位置时需要有平面布置图；为说明设备、材料的特性、参数时需要有设备材料表等。

这些图纸各自的用途不同，但相互之间是有联系并协调一致的。在识读时应根据需要，将各图纸配合识读，以达到对整个工程或子系统全面了解的目的。

1.3 楼宇智能化施工图设计

扫一扫看智能化工程设计流程框图

1.3.1 设计原则

智能化系统包含很多子系统，它们的系统组成不同，功能各异，但其方案设计应遵循技术先进、功能齐全、节约成本的原则，应综合考虑业主需求、施工可行、维护方便等因素，并为以后的发展、扩建、改造留有空间。

1. 先进性和适用性

系统设计既要考虑采用当今先进的智能化技术及功能完善的产品，又要兼顾以后整个系统的操作方便、扩展和升级。

2. 安全性和可靠性

系统设计需把安全性和可靠性放在第一位，在系统故障或因事故中断后，可确保数据的完整性、准确性，同时系统具有完整的管理措施，确保系统的安全运行。

3. 经济性和实用性

在确保满足用户需求的基础上，达到技术与经济统一的优化设计。

4. 开放性和灵活性

系统应具有开放性和兼容性，可与未来扩展设备具有互联性和互操作性。

5. 集成性和可扩展性

系统设计充分考虑集成性，确保总体架构的先进性、可扩展性和兼容性。不同品牌、不同类型的先进产品可达到有效集成和方便扩展。

1.3.2 设计依据

1）现行的国家相关规范和标准

- GB 50314—2015《智能建筑设计标准》；
- GB 51348—2019《民用建筑电气设计标准》；
- GB 50016—2014《建筑设计防火规范》；
- GB 50116—2013《火灾自动报警系统设计规范》；
- GB 50311—2016《综合布线系统工程设计规范》；
- GB/T 50312—2016《综合布线系统工程验收规范》；
- GB 50200—2018《有线电视网络工程设计标准》；
- GB 50174—2017《数据中心设计规范》；

2）业主的设计委托书

3）双方签订的工程设计合同

1.3.3　设计步骤

1. 智能化系统工程施工图设计与土建工程同步进行

（1）建筑专业下发平行作业，即建筑方案设计图纸。

（2）根据建筑物各层的使用功能，分析用户需求，与业主沟通，确定建筑物的功能需求、性能需求和可扩充需求等，确定需要设置的建筑智能化系统及其设置原则，形成业主设计委托书。

（3）根据需要设置各智能化子系统，与建筑专业配合确定中心机房及电信间的位置。

（4）与其他专业的配合：针对中心机房、电信间的设置位置，为其他专业提供相应的环境要求资料，如中心机房对建筑专业的装修要求，对其他专业诸如机房荷载、供电、空调、消防灭火等的要求。

（5）根据建筑平面图，依据设计委托书，绘制各层前端（或终端）设备的位置，确定线缆敷设路由和敷设方式。

（6）根据中心机房、电信间的位置，前端（或终端）设备的数量及未来系统发展需要，确定中心机房的设备、楼层设备的位置及数量，选择主干及支干路由的走向及线缆的型号规格。

（7）根据方案和用户需求，选择合适的智能化设备，需考虑的因素有：质量、价格、技术参数、售后服务、质保体系等。

（8）绘制图纸，施工图纸包括以下内容：目录、设计说明书、设备及材料表、中心机房设备布置及接地平面图、各子系统系统图、各层子系统平面图。

2. 智能化系统工程施工图设计在土建工程设计完成后进行

（1）从业主处获取各专业施工图设计图纸（包括建筑、结构、水道、暖通、强电等专业），进行现场勘察。

（2）对照各专业图纸，确认以下内容：

① 中心机房、电信间的位置。

② 各楼层走廊、电梯厅、大厅、房间等场所的使用功能及装修情况。

③ 如当前设计没有可用的中心机房或建筑面积不满足系统需求，则需与业主、技术负责人商定中心机房的设置，并按照规范要求及时给其他专业提供中心机房、电信间需要的环境要求；并提请结构专业人员重新核定新增中心机房的荷载是否满足机房的要求。

④ 根据其他各专业在走廊、房间等场所的布管路由，确定智能化系统的主干及支干路由。

（3）根据建筑物各层的使用功能，依据各专业图纸，分析用户需求，确定建筑物的功能需求、性能需求和可扩充需求等，确定需要设置的建筑智能化系统及其设置原则，

（4）其他的步骤与前（5）～（8）相同。

1.4 AutoCAD 常用绘图命令

本节内容是在已经学过的 AutoCAD 绘图软件基础上，列出一些常用 AutoCAD 绘图命令的使用方法，供教师、学生参考。

1.4.1 绘图参数设置

无论是建筑制图还是其他行业的制图，都要遵循各自行业的标准。AutoCAD 的默认设置并不完全符合某一行业的绘图习惯。因而，要绘制出规范的建筑工程样图，绘图之前的环境设置是非常必要的，本书以 AutoCAD 2007 为例进行讲解。

1. 自定义右键功能

在"选项"对话框中，切换到"用户系统配置"选项卡，单击"自定义右键单击"菜单，在弹出的对话框中可以自定义鼠标右键功能。合理定义右键功能可以方便绘图，提高绘图效率，常用设置如图 1-9 所示。

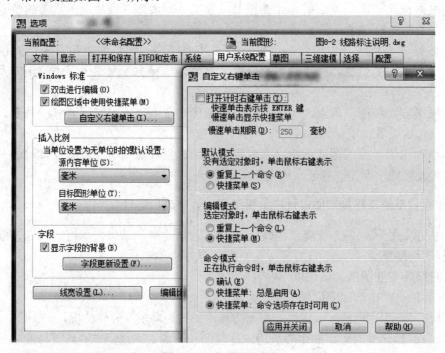

图 1-9 "选项"对话框

2. 草图设置

利用"草图设置"对话框，可以对捕捉和栅格、极轴追踪、对象捕捉进行设置。有以下三种方法可以打开如图 1-10 所示的"草图设置"对话框：

（1）选择"工具"→"草图设置"菜单命令。

（2）右击状态栏任一控制键，在弹出的快捷菜单中选择"设置"选项。

（3）在命令行中执行"dsettings"命令。

对话框中各个选项的意义如下：

"捕捉和栅格"选项卡：用于绘制对象时，提供一种辅助光标定位方式。"栅格"控制显示间距的大小，"捕捉"控制光标移动的间距大小和方向。

"极轴追踪"选项卡：用于设定在极轴角增量整数倍角斜线上准确捕捉点。

"对象捕捉"选项卡：捕捉所绘制图形上面的固定特征点。

3．设置全局比例因子（命令：ltscale）

如果线型比例设置不适合，则会使一些输出图线（如点画线、虚线等）变为一条实线。对于有间隔的图线，为达到绘制

图 1-10　"草图设置"对话框

长度满足制图标准规定的工程图，对于选用线型库中的间隔图线（如点画线、虚线等）应该反复尝试调整比例因子找到合适的全局比例因子。

（1）选择"格式"→"线型"菜单命令中的"显示细节"，在"全局比例因子"文本框中直接输入数值，如图 1-11 所示。

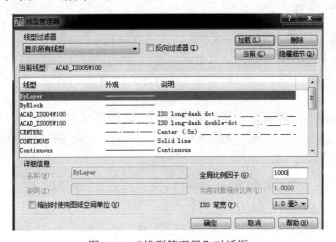

图 1-11　"线型管理器"对话框

（2）在命令行执行"ltscale"命令。

4．设置图层及图层线型和颜色

图层相当于图纸绘图中使用的重叠图纸，在绘制图形时可将不同的对象绘制在不同的图层上，这样用户就可以独立地对每个图层中的绘制内容进行编辑、修改，而对其他图层没有任何影响。

1）创建图层

单击"图层特性管理器"对话框中的"新建"按钮，在对话框下方的图层列表中依次出现名为"图层 1"、"图层 2"……的新图层，此时即表示成功创建了新的图层。

（1）有如下几种方式调用"layer"命令创建图层：

● 选择"格式"→"图层"菜单命令；

● 单击"图层"工具栏中的"图层特性管理器"按钮；

● 在对话框内单击"新建"图标按钮。

（2）执行"layer"命令后，系统将打开如图 1-12 所示的"图层特性管理器"对话框，AutoCAD 中对图层的所有操作都可以在该对话框中完成。

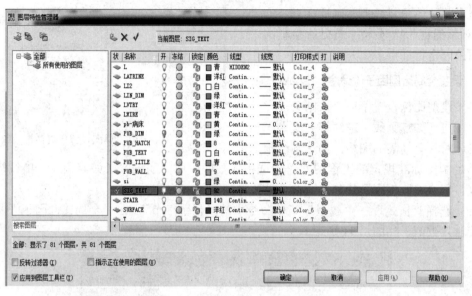

图 1-12 "图层特性管理器"对话框

2）命名图层

选中要重命名的图层，将鼠标移动到所选图层的图层名上，单击鼠标左键，图层名呈可编辑状态，在图层名位置处输入新的图层名称，然后按 Enter 键即可完成图层命名。

3）设置图层特性

创建好图层并重命名其名称后即可对其特性进行设置，图层特性主要包括图层颜色、图层线型、图层线宽及图层打印样式。

（1）设置图层颜色特性：在"图层特性管理器"对话框中单击"颜色"特性图标，在打开的如图 1-13 所示的"选择颜色"对话框中即可设置图层的颜色特性。在该对话框中选中相应的颜色图标后，单击"确定"按钮即可。

（2）设置图层线型特性：在"图层特性管理器"对话框中单击"线型"特性图标，在打开的如图 1-14 所示的"选择线型"对话框中即可设置图层的线型特性。由于系统默认只加载了 Continuous 线型，因此要使用其他线型，还需要加载。

可通过如下方法来加载线型，具体操作如下：

在"选择线型"对话框中单击"加载"按钮，打开如图 1-15 所示的"加载或重载线型"对话框。在该对话框的"可用线型"列表框中选择所需的线型，然后单击"确定"按钮返回"选择线型"对话框；在"选择线型"对话框中再次选中加载的线型后，单击"确定"按钮即可。

图 1-13 "选择颜色"对话框

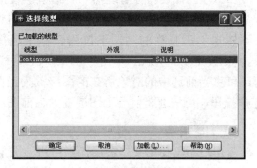

图 1-14 "选择线型"对话框

（3）设置图层线宽特性：在"图层特性管理器"对话框中单击"线宽"特性图标，在打开的如图 1-16 所示的"线宽"对话框中即可设置图层的线宽特性。在该对话框中选中所需的线宽后，单击"确定"按钮即可。

图 1-15 "加载或重载线型"对话框

图 1-16 "线宽"对话框

4）控制图层状态

控制图层开/关状态：是指设定图层的开启或关闭，系统默认是将图层置于开启状态，被关闭的图层上的对象不会显示在绘图区中，也不能打印输出。但在执行某些特殊命令需要重新生成视图时，该图层上的对象仍然会被作为计算的对象。

控制图层冻结/解冻状态：在默认状态下控制图层开关状态的图标是 💡，该图标表示图层处于开启状态。单击该图标，当图标 💡 变为 💡 状态时，该图层即被关闭。单击"确定"按钮，使修改的设置生效并退出"图层特性管理器"对话框。

控制图层锁定/解锁状态：在默认状态下控制图层锁定及解锁状态的图标是 🔓，该图标表示图层处于解锁状态。单击该图标，当图标 🔓 变为 🔒 状态时，该层即被锁定。锁定图层后，该层上的对象不可编辑，但仍然会显示在绘图区中，这时即可方便地编辑其他图层上的对象。

5）设置当前图层

若要在某个图层上创建具有该图层特性的对象，则首先应将该图层置为当前层。在 AutoCAD 中有如下几种设置当前图层的方法：

（1）在"图层特性管理器"对话框中选中需置为当前层的图层，单击"当前"按钮。

（2）在"图层特性管理器"对话框中选中需置为当前层的图层，单击鼠标右键，在弹出的快捷菜单中选择"置为当前"命令。

（3）在"图层特性管理器"对话框中直接双击需置为当前层的图层。

（4）当用户退出"图层特性管理器"对话框后，可在"图层"工具栏的图层下拉列表框中选择所需的图层，如图 1-17 所示。单击"图层"工具栏中的  按钮，可将当前选中的对象所在的图层置为当前图层；单击 按钮，可快速将前一个图层置为当前图层。

图 1-17 "图层"工具栏

6）删除图层

若用户不再使用某个图层，则可将该图层删除（图层 0、当前图层、依赖外部参照的图层及包含对象的图层不能被删除）。其具体操作如下：打开"图层特性管理器"对话框，在该对话框中选中需删除的图层，单击"确定"按钮即可。

1.4.2 绘图命令

AutoCAD 的绘图命令在下拉菜单"绘图"中，常见的绘图工具在绘图工具条中，如图 1-18 所示。

1. 画直线 LINE

1）输入方式

命令：LINE（常用快捷命令 L）

菜单：绘图→直线

工具栏：绘图→直线

2）命令及提示说明

命令：line

指定第一点：定义直线的第一点。如果以按 Enter 键响应，则为连续绘制方式，该段直线的第一点为上一个直线或圆弧的终点。

指定下一点或 [放弃（U）]：定义直线的下一个端点。

指定下一点或 [放弃(U)]：放弃刚绘制的一段直线。

指定下一点或 [闭合©/放弃(U)]：封闭直线段使之首尾相连成为封闭多边形。

2. 绘制多段线 PLINE

1）输入方式

命令：PLINE（常用快捷命令 PL）

（a）下拉菜单"绘图"　　（b）绘图工具条

图 1-18　绘图命令

菜单：绘图→多段线

工具栏：绘图→多段线

2）命令及提示说明

命令：pline

指定起点：在绘图区之内任意一点单击

当前线宽为 0.0000

指定下一个点或 [圆弧(A)/半宽(H)/长度(L)/放弃(U)/宽度(W)]: w（设置线宽）

指定起点宽度 <0.0000>: 5　　　　//输入 5

指定端点宽度 <5.0000>:　　　　　//回车，取默认值 5

3. 画矩形 RECTANG

1）输入方式

命令：RECTANG（常用快捷命令 REC）

菜单：绘图→矩形

工具栏：绘图→矩形

2）命令及提示说明

命令：rectang

指定第一个角点或[倒角®/标高(E)/圆角(VP)/厚度(T)/宽度(W)]：定义矩形的一个顶点。

指定另一个角点或[面积(A)/尺寸(D)/旋转®]：定义矩形的另一个顶点。

4. 画圆 CIRCLE

1）输入方式

命令：CIRCLE（常用快捷命令 C）

菜单：绘图→圆

工具栏：绘图→圆

2）命令及提示说明

命令：circle

指定圆的圆心或[三点（3P）/两点（2P）/相切、相切、半径（T）]：在绘图区之内任意一点单击。

指定圆的半径或[直径（D）]：单击任意一点或输入数值。

5. 画圆环 DONUT

圆环是一种可以填充的同心圆，其内经可以为 0，也可以和外径相等。

1）输入方式

命令：DONUT（常用快捷命令 DO）

菜单：绘图→圆环

在默认的"绘图"工具栏中没有与该命令对应的按钮，可以在自定义"绘图"工具栏中找到并拖放到绘图工具栏中。

2）命令及提示说明

命令：donut

指定圆环的内径<XX>：输入数值。

指定圆环的外径<XX>：输入数值。

指定圆环的中心点<退出>：单击任意点。

6. 画正多边形 POLYGON

在 AutoCAD 中可以精确绘制边数多达 1024 的正多边形。

1）输入方式

命令：POLYGON（常用快捷命令 POL）

菜单：绘图→正多边形

工具栏：绘图→正多边形

2）命令及提示说明

命令：polygon

输入边的数目<X>：输入正多边形的边数。最大为 1024，最小为 3。

指定多边形的中心点或[边(E)]：指定绘制的正多边形的中心点或采用输入其中一条边的方式产生正多边形。

输入选项[内接于圆(I)/外切于圆(C)] <I>：绘制的多边形内接于随后定义的圆或绘制的正多边形外切于随后定义的圆。

指定圆的半径：绘制的正多边形外切于随后定义的圆。

7. 定数等分 DIVIDE

如果要将某条线段等分成一定的段数，可以采用"DIVIDE"命令来完成。

1）输入方式

命令：DIVIDE（常用快捷命令 DIV）

菜单：绘图→点→定数等分

2）命令及提示说明

命令：divide

选择要定数等分的对象：单击需要等分的目标。

输入线段数目或 [块(B)]:b

输入要插入的块名：

是否对齐块和对象？[是(Y)/否(N)] <Y>:

输入线段数目：输入数值。

8. 其他常用绘图命令

其他常用绘图命令如表 1-2 所示。

表 1-2　其他常用绘图命令

序号	命 令 名 称	主 要 功 能
1	INSERT（插入）	插入块
2	BLOCK（块）	定义块（只能在当前文件中使用）
3	WBLOCK（写块）	保存为一个文件
4	BHATCH（图案填充）	在指定的区域内填充图形
5	MTEXT（标注多行文本）	通过对话框输入文本、定义字体、修改字高等
6	TEXT/DTEXT（标注单行文字）	在指定位置直接输入文字

1.4.3　编辑命令

图形编辑就是对图形进行修改、复制、移动、删除等操作，可以提高作图的效率，充分体现出计算机绘图的优势。

1. 删除命令（ERASE）

删除命令用于删除指定的对象。

1）输入方式
命令：ERASE（常用快捷命令 E）
菜单：修改→删除
工具栏：修改→删除

2）命令及提示说明
命令：erase
选择对象：
选择对象：
选择对象后回车即可完成指定对象的删除指令。

2. 复制命令（COPY）

复制也称拷贝，指将文件图形从一处复制一份完全一样的到另一处，而原来的一份依然保留。

1）输入方式
命令：COPY（常用快捷命令 CO）
菜单：修改→复制
工具栏：修改→复制

2）命令及提示说明
命令：copy
选择对象：找到 1 个。
指定基点或位移（D）：单击任意一点。
指定第二点或退出放弃：单击要复制到的点。

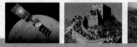

3. 镜像命令（MIRROR）

图形按照一条直线对称出另一个图形，此图形就是镜像图形。

1）输入方式

命令：MIRROR（常用快捷命令 MI）

菜单：修改→镜像

工具栏：修改→镜像

2）命令及提示说明

命令：mirror

选择对象：找到 3 个。

指定镜像线的第一点：

指定镜像线的第二点：

要删除源对象吗？[是（Y）否（N）]<N>：默认为 N，即不删除源对象，回车完成命令。

4. 偏移命令（OFFSET）

将指定的对象做同心复制，对线而言，圆心无穷远，平行复制。

1）输入方式

命令：OFFSET（常用快捷命令 O）

菜单：修改→偏移

工具栏：修改→偏移

2）命令及提示说明

命令：offset

指定偏移距离：20。

选择要偏移的对象：

指定点以确定偏移所在一侧：

扫一扫看阵列
命令的使用方
法微视频

5. 阵列命令（ARRAY）

将原对象以指定的格式（矩形或环形）做多重复制。

1）输入方式

命令：ARRAY（常用快捷命令 AR）

菜单：修改→阵列

工具栏：修改→阵列

2）命令及提示说明

命令：array

显示"阵列"对话框，如图 1-19 所示，有两种阵列方式：矩形阵列

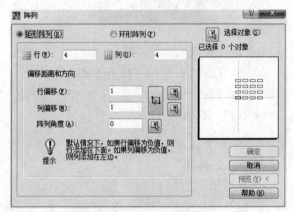

图 1-19 "阵列"对话框

和环形阵列。

矩形阵列：选择对象后，输入行数、列数、行偏移和列偏移，注意对话框下面的提示，行偏移和列偏移有正负之分。如行数或列数为 1，则行偏移或列偏移为 0，矩形阵列还可同时设置阵列角度。

环形阵列：选择对象后，输入阵列的中心、阵列的总数及填充角度或项目间角度，注意对话框下面的提示，对于填充角度，正值为逆时针旋转，负值为顺时针旋转。

注意：阵列的总数包括原始对象。

6. 剪切命令（TRIM）

1）输入方式

命令：TRIM（常用快捷命令 TR）

菜单：修改→修剪

工具栏：修改→修剪

2）命令及提示说明

命令：trim

选择剪切边…

选择对象或（选择全部）：

选择要修剪的对象或[栏选(F)/窗交(C)/投影(P)/边(E)/删除(R)/放弃(u)]：F 指定第一个栏选点；单击被剪对象任意一点

指定下一个栏选点或[放弃(u)]：

7. 延伸命令（EXTEND）

1）输入方式

命令：EXTEND（常用快捷命令 EX）

菜单：修改→延伸

工具栏：修改→延伸

2）命令及提示说明

命令：extend

选择边界的边…

选择对象或<全部选择>：

选择要延伸的对象或[栏选(F)/窗交(C)/投影(P)/边(E)/放弃(u)]：

指定第一个栏选点：

指定下一个栏选点或[放弃(u)]：

8. 移动命令（MOVE）

1）输入方式

命令：MOVE（常用快捷命令 M）

菜单：修改→移动

工具栏：修改→移动

2）命令及提示说明

命令：move

选择对象：找到 1 个

选择对象：

指定基点或 [位移(D)] <位移>:

指定第二个点或 <使用第一个点作为位移>:

扫一扫看拓展知识：快捷键的设置方法微视频

9. 其他常用的编辑命令

其他常用的编辑命令如表 1-3 所示。

表 1-3 其他常用的编辑命令

序号	命 令 名 称	命 令 功 能
1	ROTATE（旋转）	将选择集中的图形绕定点旋转一定角度
2	SCALE（缩放）	将选择集中的图形在 X 和 Y 方向上按相同的比例系数放大或缩小
3	STRETCH（拉伸）	将选中图形的某一部分拉伸、移动和变形，其余部分保持不变
4	LENGTHEN（长度）	改变开放对象的长度或角度
5	BREAK（打断）	将直线段、圆、圆弧、多义线等分为两段
6	CHAMFER（倒直角）	对直线、多义线、构造线等建立倒角
7	FILLET（倒圆角）	对直线、多义线、构造线等建立倒圆角
8	EXPLODE（分解）	将块、尺寸分解为单个实体，使多义线失去宽度

知识梳理与总结

本项目的主要目的是了解智能建筑的定义，掌握楼宇智能化工程包含的子系统，了解电气制图的基本规定，熟悉智能化施工图纸的识读与设计流程，掌握 AutoCAD 常用的绘图、编辑命令等内容。为了便于学生掌握学习任务，该项目分为三部分讲述：第一部分为楼宇智能化工程概述，讲述智能建筑的概念及楼宇智能化工程包含的内容；第二部分讲述拿到一套完整的工程图纸后应该怎么去识读；第三部分讲述楼宇智能化工程的设计流程。此项目中重点需要掌握以下几个方面的内容：

1. 掌握智能化工程包含的内容；
2. 理解电气制图的相关规定；
3. 理解智能化施工图的识读流程；
4. 了解智能化工程的设计流程；
5. 学会 AutoCAD 的常用绘图命令。

思考与练习题 1

扫一扫看思考与练习题 1

扫一扫看思考与练习题 1 参考答案

1. 何为智能建筑？

2．简述楼宇智能化工程包含的内容。

3．工程图纸的格式与幅面有哪些？

4．简述楼宇智能化工程的设计流程。

5．教师给出某大门建筑平面图，学生以图 1-20 所示的智能化平面图为例，利用 AutoCAD 软件完成智能化平面图绘制。

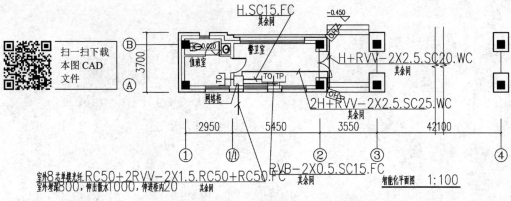

图 1-20 某大门智能化平面图

项目2

综合布线工程

扫一扫看
项目2教
学课件

教学导航

知识目标	（1）掌握综合布线系统的组成、功能。 （2）掌握综合布线系统施工图的识读方法。 （3）掌握综合布线系统的设计要求和设计流程
能力目标	（1）具有综合布线系统施工图的识读能力。 （2）具有综合布线系统工程设计能力。 （3）具有利用网络查找相关资料和国家现行相关规范的能力
素养目标	（1）具有团队协作与沟通的能力。 （2）具有分析和解决问题的能力
教学资源与载体	1套完整的综合布线系统施工图纸，AutoCAD软件、天正电气软件、相关资料和现行相关规范、多媒体教学平台、教材、智能化实训室
教学方法	工程案例教学法、任务驱动法
参考学时	14
教学过程设计	夯实基础→给出工程图纸→讲解施工图识读方法→通过案例教学讲解设计要求→按照工程图纸讲解设计流程和方法
考核与评价内容	实训任务工单、设计图纸成果、施工图识读
评价方式	自我评价（10%）、小组评价（30%）、教师评价（60%）

在智能建筑领域，综合布线系统已经成为建筑物的基础设施，它在为智能建筑承载语音、数据、图像、多媒体业务等信息传递提供保障的同时，也为智能建筑的现代化管理提供高质量的通信平台。它既能使语音、数据、图像通信设备、交换设备和其他信息管理系统彼此相连，又可使这些设备与外部通信网络相连。包括建筑物到外部网络或电话通信线路上的连接点和到工作区的语音或数据终端之间的所有电缆及相关的布线部件，是一套标准化、开放式的布线系统。

综合布线系统的工程建设应纳入建筑工程建设的统一规划中。设计时，应根据建筑物的平面布置、各层功能、用户的近远期需求、工程实施的便捷等进行设计，确保工程施工的质量和安全，做到技术先进、经济实用。

2.1　系统特点

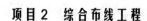

扫一扫看拓展知识：
智能建筑网络的传输
对象与特征

1. 实用性

实施后的布线系统能够适应现代和未来通信技术的发展，实现语音、数据、图像等信号的传输。

2. 灵活性

综合布线系统的信息点可以连接不同类型的终端设备，如电话机、计算机、打印机、传真机、各种传感器件及图像监控设备等，方便使用、搬迁、更改和管理。

3. 兼容性

综合布线系统中，除去敷设在建筑物内的线缆外，其余所有的接插件都是模块化的标准件，方便管理和使用。

4. 可扩展性

由于综合布线系统采用统一的标准，无论计算机设备、通信设备、控制设备的技术在未来如何发展，系统都可以很方便地将这些设备连接到系统中。

采用一套单一的模块化的布线，综合了智能建筑内的多种布线系统，替代了原来建筑物内各种布线系统各自为政的局面，解决了目前在建筑物中所面临的有关语音、数据、监控等设备的布线不兼容问题；同时，通过冗余布线，避免了建筑物中用户搬迁或新增设备时重新布线、无谓投资的矛盾，满足建筑物未来的新业务需求。

2.2　常用术语和缩略语

1. 常用术语

（1）布线：能够支持电子信息识别相连的各种线缆、跳线、接插软线和连接器件组成的系统。

（2）信道：连接两个应用设备的端到端的传输通道。

（3）信息点（TO）：线缆终接的信息插座模块。

（4）水平线缆：楼层配线设备到信息点之间的连接线缆，可以是电缆，也可以是光缆。

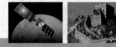

（5）集合点（CP）：楼层配线设备与工作区信息点之间水平线缆路由中的连接点。

（6）CP 线缆：连接集合点 CP 至工作区信息点的线缆。

（7）CP 链路：楼层配线设备与集合点（CP）之间，包括两端的连接器件在内的永久性的链路。

（8）永久链路：信息点与楼层配线设备之间的传输线路。它不包括工作区线缆和连接楼层配线设备的设备线缆、跳线，但可以包括一个 CP 链路。

（9）用户接入点：多家电信业务经营者的电信业务共同接入的部位，是电信业务经营者与建筑建设方的工程界面。

（10）用户单元：建筑物内占有一定空间、使用者或使用业务会发生变化的、需要直接与公用电信网互联互通的用户区域。

（11）光纤到用户单元通信设施：光纤到用户单元工程中，建筑规划用地红线内地下通信管道、建筑内管槽及通信光缆、光配线设备、用户单元信息配线箱及预留的设备间等安装空间。

（12）配线光缆：用户接入点至园区或建筑群光缆的汇聚配线设备之间，或用户接入点至建筑规划用地红线服务内与公用通信管道互通的人（手）孔之间的互通光缆。

（13）信息配线箱：安装于用户单元区域内的完成信息互通与通信业务接入的配线箱体。

（14）桥架：梯架、托盘、槽盒的统称。

2．常用缩略语

（1）BD：建筑物配线设备。

（2）CD：建筑群配线设备。

（3）CP：集合点。

（4）FD：楼层配线设备。

（5）POE：以太网供电。

（6）SW：交换机。

（7）TE：终端设备。

（8）TO：信息点。

2.3 综合布线系统构成

扫一扫看综合布线概述微视频

2.3.1 系统构成

1．基本构成

综合布线系统基本构成包括建筑群子系统、干线子系统、配线子系统，配线子系统中可以设置集合点（CP），也可以不设置集合点，如图 2-1 所示。

2．系统构成

图 2-2 中建筑物内的 FD 之间、不同建筑物的 BD 之间可设直达路由，如图 2-2（a）所示。TO 可不经过 FD 直接连至 BD，FD 也可不经过 BD 直接连至 CD，如图 2-2（b）所示。

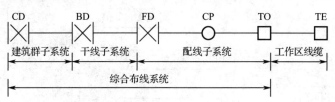

图 2-1　综合布线系统基本构成

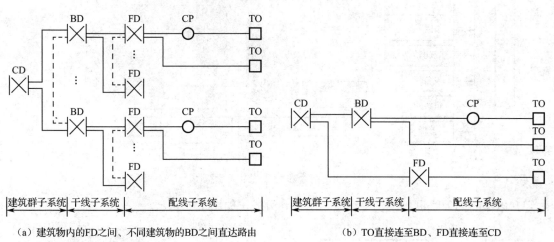

（a）建筑物内的FD之间、不同建筑物的BD之间直达路由　　（b）TO直接连至BD、FD直接连至CD

图 2-2　综合布线系统构成

3. 系统引入部分构成

综合布线系统连接外部网络或其他建筑物的引入线缆，可通过入口设施、线缆与 BD 或 CD 互连，如设置设备间的建筑物，设备间所在的 FD 可与设备间的 BD/CD 及入口设施安装在同一设备间内，如图 2-3 所示。

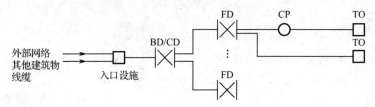

图 2-3　综合布线系统引入部分构成

2.3.2　系统工程设计内容

综合布线系统工程设计包括工作区、配线子系统、干线子系统、建筑群子系统、设备间、进线间、管理等，如图 2-4 所示。

1. 工作区

一个独立的需要设置终端设备（TE）的区域划分为一个工作区，包括信息插座模块（TO）及 TO 延伸至终端设备处的连接线缆和适配器。

2. 配线子系统

配线子系统由工作区的信息插座模块、信息插座模块至电信间配线设备（FD）的水平

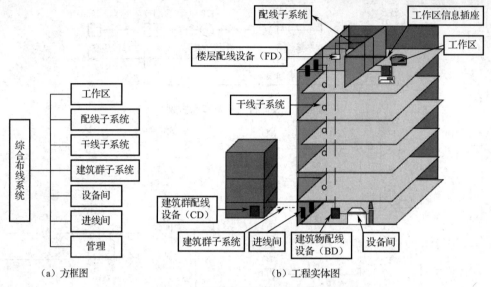

图 2-4　综合布线系统组成示意图

线缆、电信间的配线设备及设备线缆和跳线等组成，如图 2-5 所示。

图 2-5　配线子系统组成

3. 干线子系统

干线子系统由设备间至电信间的语音主干线缆和数据主干线缆、安装在设备间的建筑物配线设备（BD）及设备线缆和跳线等组成，如图 2-6 所示。

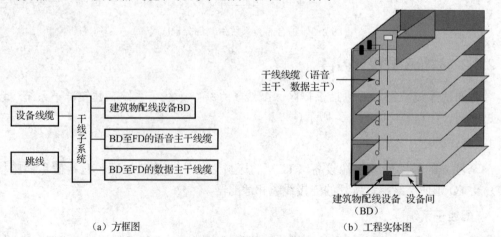

图 2-6　干线子系统组成

4. 建筑群子系统

建筑群子系统由连接多个建筑物之间的语音主干线缆和数据主干线缆、建筑群配线设备（CD）及设备线缆和跳线等组成，如图 2-7 所示。

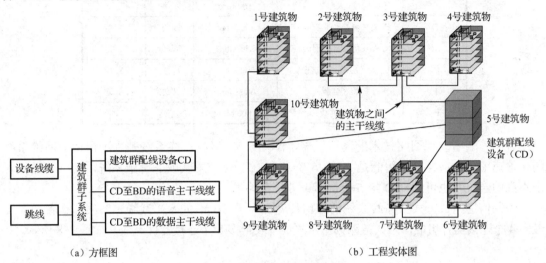

（a）方框图　　　　　　　　　　　　　　（b）工程实体图

图 2-7　建筑群子系统组成

5. 设备间

设备间是在每幢建筑物的适当地点进行网络管理和信息交换的场地。对于综合布线系统工程而言，设备间主要安装建筑群及建筑物配线设备、电话交换机、计算机网络设备，入口设施也可安装在设备间。

6. 进线间

进线间是建筑物外部通信和信息管线的入口部位，并可作为入口设施和建筑群配线设备的安装场地。

7. 管理

管理应对工作区、电信间、设备间、进线间、布线路径环境中的配线设备、线缆、信息插座模块等设施按一定的模式进行标识、记录和管理。

2.3.3　系统分级与组成

1. 布线信道分级与组成

（1）分级与类别：电缆布线系统的分级与类别如表 2-1 所示。

表 2-1　电缆布线系统的分级与类别

系统分级	产　品　类　别	支持最高带宽	支持应用器件	
			电缆	连接硬件
A	—	100 Kbps	—	—
B	—	1 Mbps	—	—

续表

系统分级	产品类别	支持最高带宽	支持应用器件	
			电缆	连接硬件
C	3类（大对数）	16 Mbps	3类	3类
D	5类（屏蔽、非屏蔽）	100 Mbps	5类	5类
E	6类（屏蔽、非屏蔽）	250 Mbps	6类	6类
E_A	6_A类（屏蔽、非屏蔽）	500 Mbps	6_A类	6_A类
F	7类（屏蔽）	600 Mbps	7类	7类
F_A	7_A类（屏蔽）	1 000 Mbps	7_A类	7_A类

说明：随着现代网络技术的飞速发展，A、B、C级的布线系统基本不再适应网络系统的传输速率，目前经常采用的是 E 级 6 类和 E_A 级 6_A 类屏蔽或非屏蔽系统，对于普通的要求不高的建筑物也可选择 D 级 5 类屏蔽或非屏蔽系统。

（2）信道组成方式：布线系统信道由长度不大于 90 m 的水平线缆、跳线和设备线缆及最多 4 个连接器件组成，永久链路则由水平线缆及最多 3 个连接器件组成，如图 2-8 所示。

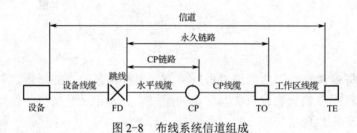

图 2-8　布线系统信道组成

2. 光纤信道分级与组成

（1）信道分级：光纤信道分为 OF-300、OF-500、OF-2000 三个等级，各等级光纤信道支持的应用长度分别不小于 300 m、500 m、2 000 m。

（2）信道组成方式：水平光缆与主干光缆可以在楼层电信间的光缆配线设备处经光纤跳线连接，或在楼层电信间经接续（熔接或机械连接）构成光纤信道，也可以将楼层电信间作为主干光缆或水平光缆走线路径的场所，如图 2-9（a）、（b）、（c）所示。

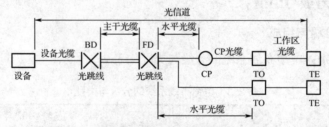

（a）光缆在电信间FD经跳线连接至设备间BD

图 2-9　光纤信道组成

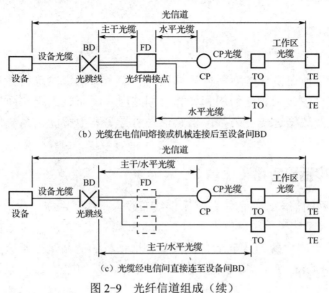

（b）光缆在电信间熔接或机械连接后至设备间BD

（c）光缆经电信间直接连至设备间BD

图 2-9 光纤信道组成（续）

2.3.4 系统拓扑结构

综合布线系统应为开放式网络拓扑结构，可以支持语音、数据、图像、多媒体等业务信息的传输。系统拓扑结构如图 2-10 所示，与电话通信网和计算机网络的拓扑结构相似，如将图中的 FD、BD、CD 换成相应的通信交换设备或网络交换设备，就变成了一个完整的电话通信网和计算机网络。

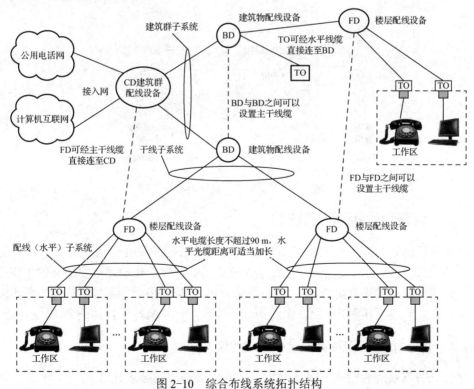

图 2-10 综合布线系统拓扑结构

2.4　系统典型应用

综合布线系统目前在模拟电话网、计算机网、安全防范、建筑设备管理等系统中广泛应用。工程实施过程中，一般电话网和计算机网共用一套布线系统，而安全防范、建筑设备管理、能耗计量及数据远传、公共广播、信息引导等其他智能化系统采用独立的专用布线系统。

2.4.1　模拟电话网应用（语音）

根据模拟电话网的需求，目前规范采用铜缆布线，干线子系统、建筑群子系统均采用 3 类大对数电缆布线，配线子系统信道由 4 对 5/5e/6/6e 类对绞电缆和电缆连接器件构成。FD、BD、CD 结点采用直联设备。从电话交换设备到电话机的链路是一条透明的铜缆电路，信道总长度不大于 2 000 m，最终组成一个星形模拟电话网，如图 2-11 所示。

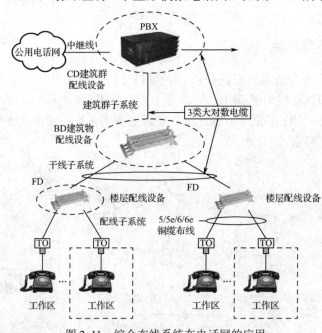

图 2-11　综合布线系统在电话网的应用

2.4.2　计算机网络应用（数据）

根据计算机网络的需求，工程实施中常采用光缆与铜缆混合传输的方案，配线子系统信道由 4 对 5/5e/6/6e 类对绞电缆和电缆连接器件构成，对于传输速率要求高的工作区也可采用光纤到用户单元的布线方案；干线子系统和建筑群子系统信道由光缆和光缆连接器件组成，用于支持千兆、万兆以太网，最终组成一个星形计算机网络，如图 2-12 所示。

2.4.3　安全防范系统应用（数据和图像）

根据安全防范系统的需求，对于网络带宽和传输速率的要求比较高，因此在工程实施

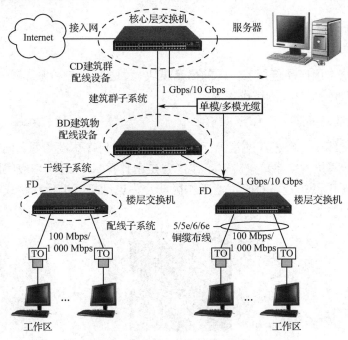

图 2-12　综合布线系统在计算机网络的应用

中建议安全防范系统采用专用的综合布线系统，配线子系统常采用 5/5e/6/6e 类铜缆布线。对于传输距离较远的场所也可采用光纤直接到摄像机的布线方案，干线子系统、建筑群子系统采用单模或多模光纤的传输方案，用于支持千兆、万兆以太网，最终组成一个星形安全防范专用网络，如图 2-13 所示。

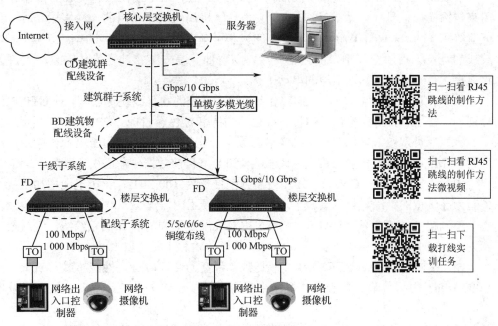

扫一扫看 RJ45 跳线的制作方法

扫一扫看 RJ45 跳线的制作方法微视频

扫一扫下载打线实训任务

图 2-13　综合布线系统在安全防范系统的应用

2.5 系统常用产品

综合布线系统常用产品包括工作区的信息模块、面板、传输介质、交叉/直通的连接设备（配线设备）、布线工具及测试设备等。

1. 工作区及信息插座

工作区由与配线子系统相连的信息插座（TO）延伸到终端设备处之间的连接线缆及适配器组成。对于计算机网络系统来说，工作区就是由计算机、UTP 双绞线跳线、适配器等构成的系统；对于电话语音系统来说，工作区就是由电话机、电话软跳线等构成的系统，如图 2-14 所示。

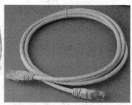

（a）信息插座模块　　　　　（b）信息插座面板　　　　　　　（c）语音、数据跳线

图 2-14　信息插座、面板、跳线实物图

2. 传输介质

1）双绞线

双绞线是由两根相互绝缘的铜线以均匀的扭矩对称扭绞在一起形成的传输介质，既可用来传输模拟信号（电话语音信号），又是计算机局域网中常用的一种传输介质，分为非屏蔽双绞线（Unshielded Twisted Pair，UTP）和屏蔽双绞线（Shielded Twisted Pair，STP）。双绞线的优点为占用空间小、便宜、灵活、易弯曲、易安装；缺点为传输衰减大，因而传输距离短，有时有来自邻近信道的串话干扰。

常用的双绞线为 4 对 UTP 线，用于配线子系统的水平线缆传输。4 对 UTP 电缆的颜色分别为：蓝色、白蓝，橙色、白橙，绿色、白绿和棕色、白棕。常用的 UTP 电缆型号有：

（1）3 类双绞线（CAT3）：线缆最高频率带宽为 16 MHz，用于语音传输及最高传输速率为 10 Mbps 的数据传输，最大网段长为 100 m，目前数据传输已很少采用。

（2）5 类双绞线（CAT5）：线缆最高频率带宽为 100 MHz，该类电缆增加了绕线密度，外套为高质量的绝缘材料，衰减小，串扰少，主要用于语音、100 Mbps 的快速以太网。

（3）超 5 类双绞线（CAT5e）：超 5 类双绞线是增强型的 5 类双绞线，线缆最高频率带宽为 100 MHz，主要用于语音、100 Mbps 数据传输和千兆位以太网。

（4）6 类双绞线（CAT6）：线缆最高频率带宽为 250 MHz，性能超过 CAT5e，最适用于 1 000 Mbps 数据传输。随着计算机网络对带宽的要求越来越高，目前该线缆已发展为主流产品。

（5）7 类双绞线（CAT7）：线缆频率带宽为 600 MHz，目前正在推广中。

另外，常见的非屏蔽双绞线还有 3 类和 5 类 25 对、50 对和 100 对的大对数双绞线电

缆，目前主要用于电话语音信号的传输，双绞线传输介质如图2-15所示。

| 5类UTP | 6类UTP | 3类大对数UTP | 5类STP | 7类STP |

图2-15 双绞线传输介质

2）光纤

光纤是光导纤维的简写，是可以传导光波的一种传输介质。光纤由纤芯、包层、涂层、表皮等组成，多条光纤制作在一起时称为光缆。光纤具有重量轻、频带宽、损耗低、保密性能好、抗干扰能力强等优点。其缺点为质地脆、机械强度差、接续困难、分光耦合不灵活等。在综合布线系统中常用于计算机网络的数据主干传输，光纤结构如图2-16所示。

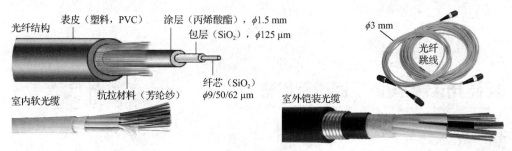

图2-16 光纤结构

按光在光纤中的传输路径不同分为多模光纤和单模光纤，传输多路径光波的光纤称为多模光纤；当光纤纤芯的尺寸与光波的波长大致相同，如纤芯直径在 5～10 μm，光波在光纤中以一种模式传播时，这种光纤称为单模光纤。光信号在光纤中的传输过程如图2-17所示。

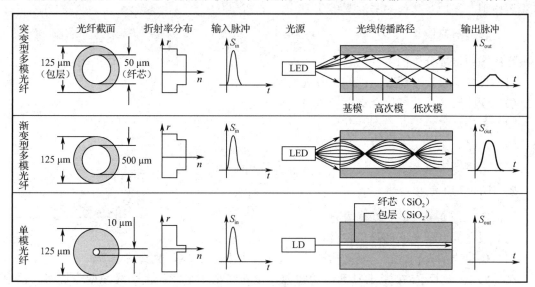

图2-17 光信号在光纤中的传输过程

图 2-17 中突变型多模光纤用于小容量短距离网络，渐变型多模光纤用于中等容量和中等距离网络，单模光纤用于大容量长距离网络系统。

3. 配线设备

配线设备包括语音配线设备和数据配线设备，语音配线设备用于端接电话传输电缆，常用的产品为 110 语音配线架，包括 25 对、50 对、100 对等规格；数据配线设备用于端接数据传输电缆和光缆。常用的产品为 RJ45 配线架和光纤接线盒，快接式配线架有 24 口、48 口等规格，民用建筑常用光纤接线盒有 12 口、24 口、48 口、96 口等规格，如图 2-18 所示。

（a）110 语音配线架　　　　（b）光纤接线盒　　　　（c）24 口 RJ45 配线架

图 2-18　常用楼层配线设备

2.6　综合布线系统施工图识读方法

扫一扫看光纤熔接训练方法

1. 设计说明书

设计说明书中需要了解的主要内容有：

（1）了解项目概况。

（2）读懂图形符号。

扫一扫看光纤熔接过程微视频

（3）了解设计内容：内外网划分情况，设备间设置位置、水平及主干线缆选型、信息点设置原则，接地及其他安装注意事项等。

2. 系统图识读

系统图中需要分析的主要内容有：

（1）设备间设置楼层及主配线设备选型。

（2）配线设备设置楼层及选型。

（3）各层信息点设置类型、数量。

（4）水平、主干、建筑群线缆选型。

（5）了解网络组网方式。

3. 平面图识读

扫一扫看某教师公寓综合布线系统图的识读微视频

平面图中需要分析的主要内容有：

（1）设备间、弱电间的设置位置。

（2）信息点的设置位置、类型（单孔、双孔、内网、外网、光纤终端等）。

（3）设备间引至室外电话及网络的线缆、设备间至弱电间的主干线缆型号规格、弱电间引至各信息点水平线缆的型号规格、敷设路由、敷设方式。

工程案例 1　某教师公寓综合布线施工图识读

该案例为某大学单层教师公寓改造工程 1 套完整的智能化工程图纸，公寓楼内设有公寓、会客室、管理间、活动室、休息室等房间，建筑面积 4 023.49 m²，层高 3.3 m。除卫生间、楼梯间、各专业管道井外，其他场所均设有吊顶。识读步骤如下。

1. 某教师公寓设计说明

某教师公寓设计说明如图 2-19（a）～（d）所示。

（1）工程概况：本工程使用功能为教师公寓，共计一层，总建筑面积 4 023.49 m²，建筑层高 3.3 m。

（2）设计依据：设计合同和甲方工程设计委托书及现行国家相关规范。

（3）设计内容：在教师公寓内设综合布线系统，用于支持教师公寓内的语音、数据的信号传输，系统由设备间、干线子系统、配线子系统、建筑群子系统、工作区等组成。设备间与一层弱电间合用；干线子系统数据部分采用八芯多模光纤，语音部分采用 25 对大对数电缆；配线子系统由配线设备、6 类八芯非屏蔽双绞线、6 类信息模块等组成，双孔信息插座设在各公寓、活动室、管理室内，系统按语音数据各一半考虑；建筑群子系统采用室外电话电缆和网络光纤，引至一层的弱电间内。

（4）综合布线系统图形符号：如表 2-2 所示。

表 2-2　图形符号一览表

图形符号	符号代称	图形符号	符号代称
2TO	双孔信息插座 h=300 mm	H	6 类八芯非屏蔽双绞线
⋈	25 对 110 语音配线架及 24 口 RJ45 配线架	D	3 类 25 对大对数电缆
SW	网络设备	G	八芯多模光纤
IU	光纤接线盒	⊻	浪涌保护器
CT	线槽内敷设	SCE	吊顶内敷设
RC	穿水煤气钢管	WC	暗敷在墙内
SC	穿焊接钢管	WS	沿墙面敷设
FC	地板或地面下敷设		

2. 综合布线系统图

某教师公寓综合布线系统图如图 2-20 所示。

分析系统图 2 20 及表 2-3 可知：

（1）建筑物地上一层，设双孔信息插座。

（2）一层共设 3 个弱电间，右侧弱电间负责 1～9 轴与 A～L 轴中间的 48 个信息点；左侧弱电间负责 10～18 轴与 A～L 轴之间的 48 个信息点；另一个弱电间设在 10 轴、N 轴，负责 M～Q 轴中间的 72 个信息点。各弱电间内设 1.6 m 高的 19 英寸标准机柜，内装 24 口配线架、25 对语音配线架、光纤接线盒，并预留网络设备的安装位置，弱电间设备

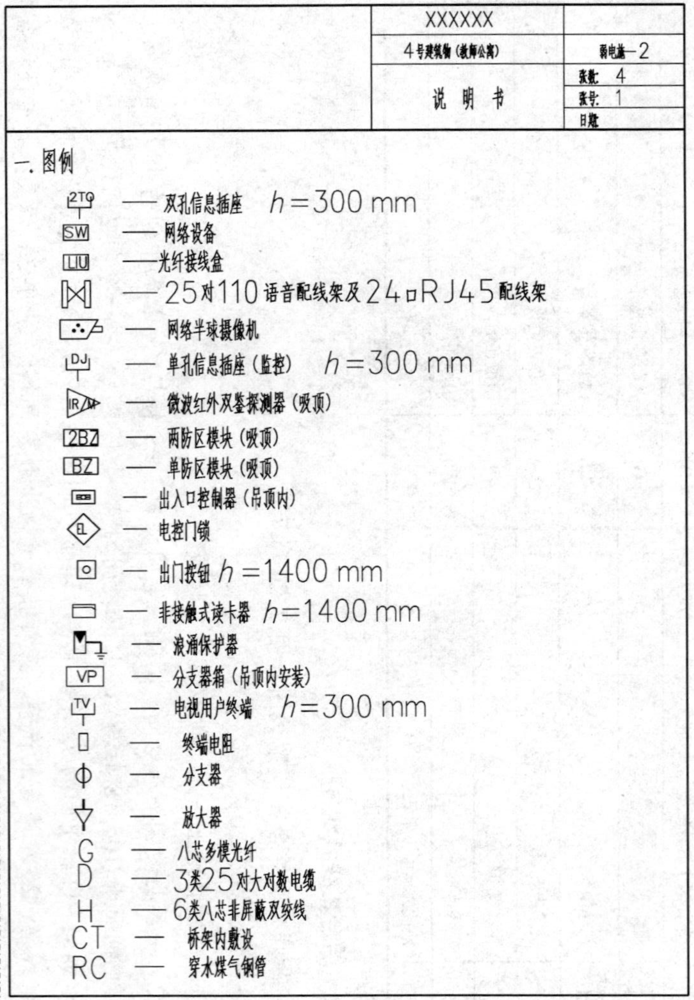

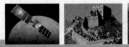

一、图例

TP	双孔信息插座 h=300 mm
SW	网络设备
□	光纤接线盒
⊠	25对110语音配线架及24口RJ45配线架
	网络半球摄像机
DU	单孔信息插座(壁挂)
RX	微波红外双鉴探测器(顶面)
2BZ	两防区模块(顶面)
BZ	单防区模块(顶面)
	出入口老模组(吊顶内)
	电信门锁
	出口按钮 h=1400 mm
	非接触式读卡器 h=1400 mm
VP	凝滤保护器
TV	电视用户终端(吊顶内安装)
□	集端电阻
Φ	分支器
∇	放大器
G	八芯单模光纤
D	3类25对大对数双绞线
H	6类八芯非屏蔽双绞线
CT	穿墙内敷设
RC	穿楼内金属管

SC	穿焊接钢管
SCE	吊顶内敷设
FC	地板或地面下敷设
CC	暗敷在屋面或顶板内
WC	暗敷在墙内
WS	沿墙面敷设

二、设计依据

1. 设计合同及甲方提供的工程设计委托书
2. 国家有关设计规范
《综合布线系统工程设计规范》 GB 50311—2016
《民用建筑电气设计规范》 JGJ 16—2008
《安全防范工程技术规范》 GB 50348—2004
《入侵报警系统工程设计规范》 GB 50394—2007
《视频安防监控系统工程设计规范》 GB 50395—2007
《出入口控制系统工程设计规范》 GB 50396—2007
《有线电视系统工程技术大规范》 GB 50200—1994
其他有关的国家及地方现行规程规范、规范。
3. 各专业提供的设计资料

三、工程概况

1. 建筑名称:4号楼建筑(教师公寓)
2. 建设地点:XXXXXX
3. 主要功能:公寓
4. 建筑基底面积:4 098.68 m
5. 总建筑面积:4 023.49 m²
6. 建筑层数:地上一层
7. 建筑层高:3.3 m。
8. 建筑高度:7.85 m(室外地坪至屋脊顶点);6.5 m(室外地坪至檐口与屋脊的平均高度)。

图签(张号1):

XXXXXX		弱电施-2
4号楼建筑(教师公寓)		张数 4
说明书		张号 1
		日期

图签(张号2):

XXXXXX		弱电施-2
4号楼建筑(教师公寓)		张数 4
说明书		张号 2
		日期

扫一扫下载设计说明CAD文件

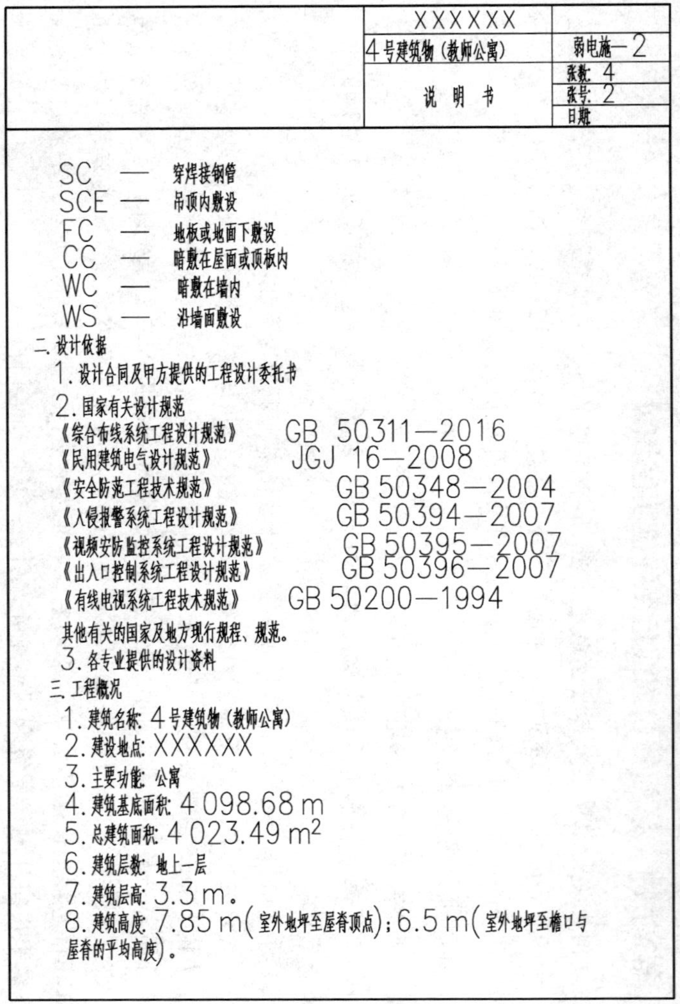

(a) 张号1 　　(b) 张号2

图2-19 设计说明

（c）张号3

XXXXXXX 4号建筑物（教师公寓） 说　明　书	弱电施-2
	张数　4
	张号　3
	日期

四、设计范围
1. 综合布线系统
2. 安全防范系统
3. 有线电视系统

五、设计内容
1. 在公寓内设综合布线系统，用于支持教师公寓内的语音、数据的信号传输。综合布线系统由以下几部分组成。
1）设备间：设备间设于一层管理间。
2）干线子系统：干线子系统垂直部分采用六芯多模光纤，语音部分采用……
3）配线子系统：配线子系统采用超5类非屏蔽双绞线及6类八芯非屏蔽双绞线……信息模块。
4）工作区：双孔信息插座设在各公寓、管理间、活动室，系统线路……
　　插座一半水平。
5）建筑群子系统：室外电话电缆和网络光纤引至一层管理间。
　　综合布线系统采用暗敷方式……穿管的钢管数。
2. 安全防范系统
安全防范系统由视频监控系统、入侵报警系统、出入口控制管理系统组成。
2.1. 视频安防监控系统：系统设摄像机、监视器等，网络数字全景摄像机，显示系统，部分采用POE供电的防水摄像机，监视器……入口大厅，在公寓内，在公寓大堂……设置监控室，摄像机线缆在管理室，管理室设视频监控录像，同时在管理室……监控管理室设在一层管理室内，同时……本地存储，并预留……监控设备与校园安防管理中心。
2.2. 入侵报警系统由一层管理室内入侵报警主机、被动红外及微波红外双鉴探测器等组成，入侵报警系统采用主机设在一层管理室内，微波红外双鉴探测器在一层设在入口，当有非法入侵时，系统有自动报警，同时总线制与分线混合的传输方式，并与校园安防中心相连。系统有自动报警，由一层管理室可联网打开室内的摄像机进行录像。

（d）张号4

XXXXXXX 4号建筑物（教师公寓） 说　明　书	弱电施-2
	张数　4
	张号　4
	日期

进行警报。在无人时进行设防，有人时发送报警信号至管理室和安防中心。
2.3. 出入口控制管理系统：出入口控制管理系统由管理主机、出入口控制器、电磁锁、读卡器、出门按钮等组成。管理工作站设在一层管理间，与管理工作站相连用电脑，在一层出入口设出入口控制设备，信号引至几楼安防中心。
2.4. 安全防范系统中使用的产品应符合国家现行法规和相关技术标准，并经检测或认证合格。
2.5. 安全防范系统线路对桥架穿管敷设，与综合布线系统共用桥架。
3. 有线电视系统
系统信号采自市有线电视网，系统采用分配分支方式，用户输出口电平为69±6dB。电视干线电缆采用SYWV-75-9，支线电缆采用SYWV-75-5。电视放大器设在一层管理间内，分支分配器箱采用嵌入式安装，电视终端设在各公寓、活动室、管理室。管理室设置电视分配箱数。

六、其他
1. 有关施工要求参照《智能建筑弱电工程施工图集》。
2. 土建施工时，负责弱电专业线缆施工人员应密切配合做好管线和预留孔洞的施工，并应与其他专业施工人员配合布置好现场的设备。
3. 室外进线管与基础接地地线相连接。
4. 金属线槽采用支架敷设，引出的金属构件应与支架连接。
5. 所有带全属外壳的弱电设备金属底座应与等电位联结体（PE）相连。
6. 弱电系统采用联合接地，要求接地电阻不大于1Ω。做法见GB02D501-2《等电位联结安装》。

图2-19　设计说明（续）

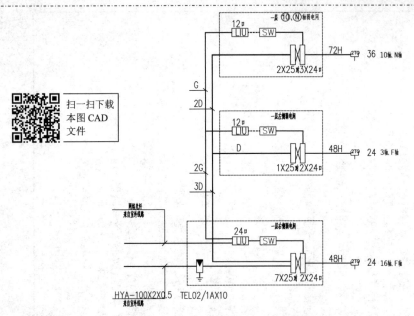

扫一扫下载
本图CAD
文件

图 2-20 某教师公寓综合布线系统图

统计如表 2-3 所示。

表 2-3 弱电间主要设备统计表

弱 电 间	左侧弱电间	右侧弱电间	10 轴、N 轴弱电间	总计
24 口 RJ45 配线架（套）	2	2	3	7
25 对 110 语音配线架（套）	1	7	2	10
24 口光纤接线盒（套）	0	1	0	1
12 口光纤接线盒（套）	1	0	1	2
1.6 m 19 英寸标准机柜（套）	1	1	1	3
LC 头及耦合器（套） （不含室外引入光纤头）	8	16	8	32
浪涌保护器	0	10	0	10

（3）语音主干采用 3 类 25 对大对数电缆，数据干线采用八芯多模光纤，由右侧弱电间引出 3 根 3 类 25 对的大对数电缆和 2 根八芯多模光纤，其中 1 根 3 类 25 对大对数电缆和 1 根八芯多模光纤引至左侧弱电间，2 根 3 类 25 对大对数电缆和 1 根八芯多模光纤引至 10 轴、N 轴的弱电间；由各弱电间引至各双孔信息插座的水平线缆采用 6 类八芯非屏蔽双绞线。

（4）建筑群子系统语音线缆为来自室外的 HYA-100×2×0.5 电话电缆，在电话电缆进线处采用 10 个 TEL02/1A 的浪涌保护器满足防雷要求；数据线缆为来自室外的网络光纤。

3. 一层弱电平面图

一层弱电平面图如图 2-21 所示。

阅读平面图，通常应先读懂建筑平面图，了解建筑物概况，然后逐一分析信息插座布置、线路走向等。

　　（1）建筑物概况：该层共有64套单间公寓，6套带会客室的公寓，2间管理室，2间活动室，4间休息室，2个过厅，1个门厅，2套公共卫生间，2个楼梯间、5个中间走廊、3个弱电间、3个暖计量间。该建筑物长为86.3 m，宽为66.7 m，图中用轴线表示出其中的尺寸关系。沿水平方向轴线编号为1～18，沿垂直方向用A、B、1/B、C、D、E、1/E、F～Q轴线表示。

　　（2）信息插座的设置：每套单间公寓、管理室设1套双孔信息插座，带会客室的公寓在会客室和公寓内各设1套双孔信息插座，活动室设2套双孔信息插座，共计84套双孔信息插座，168个信息点。

　　（3）弱电间的设置：一层共设3个弱电间，右侧弱电间设在16轴、F轴，左侧弱电间设在3轴、F轴，中间弱电间设在10轴、N轴，与强电专业合用。

　　（4）室外引入线路：室外电话电缆HYA-100×2×0.5和网络光纤各自穿RC50的水煤气钢管由建筑物的东南侧埋地引至右侧弱电间内，管子伸出散水1 000 mm，室外埋深800 mm，室内伸进弱电间内墙100 mm，露出地面50 mm。

　　（5）室内线路敷设：由各弱电间至信息插座的线缆沿弱电桥架在走廊吊顶内敷设，由弱电桥架至信息插座的线缆穿焊接钢管沿吊顶或沿墙暗敷。由图纸右上角的"线缆穿管及敷设方式一览表"可知，图中未标注的弱电桥架规格为200×50，走廊内沿吊顶敷设，弱电间内沿墙明敷；未标注的综合布线线路为2H穿SC20焊接钢管沿吊顶或沿墙暗敷。

　　（6）弱电桥架、钢管材料的估算：根据平面图给出的出图比例在AutoCAD中估算出弱电桥架和钢管的总长度，并在实际统计数量的基础上留10%～15%的余量。

　　（7）水平线缆用线量（m）的估算：每个楼层（含弱电间）水平布线线缆用线量（m）的估算，工程上一般按如下公式计算：

$$C=[0.55(L+S)+6]\times n$$

式中　C——每个楼层的用线量；

　　　L——楼层内信息插座至配线间的最远距离；

　　　S——楼层内信息插座至配线间的最近距离；

　　　n——每层楼的信息插座（TO）的数量。

扫一扫下载一层弱电平面图CAD文件

　　整座楼的水平线缆用线量：$W=\Sigma MC$（M为楼层数）。如左侧弱电间引出的水平线缆的用线量为（层高3.3 m）：距弱电间最远的信息点位于G轴、9轴公寓内，$L\approx56$ m，距弱电间最近的信息点位于G轴、2轴活动室内，$S\approx13$ m，则由左侧弱电间引出的水平线缆用线量$C=[0.55\times(56+13)+6]\times48=2109.6$ m。

　　注：实际工程中，6类八芯非屏蔽双绞线以箱为单位订购，每箱305 m；大对数电缆以轴为单位订购，每轴305 m；钢管的规格以DN表示其公称直径。

4. 设备材料统计

　　估算某教师公寓改造工程综合布线系统弱电桥架、钢管、光纤、线缆的用量，列出综合布线系统设备材料清单，并填入下列设备材料表中，如表2-4所示。

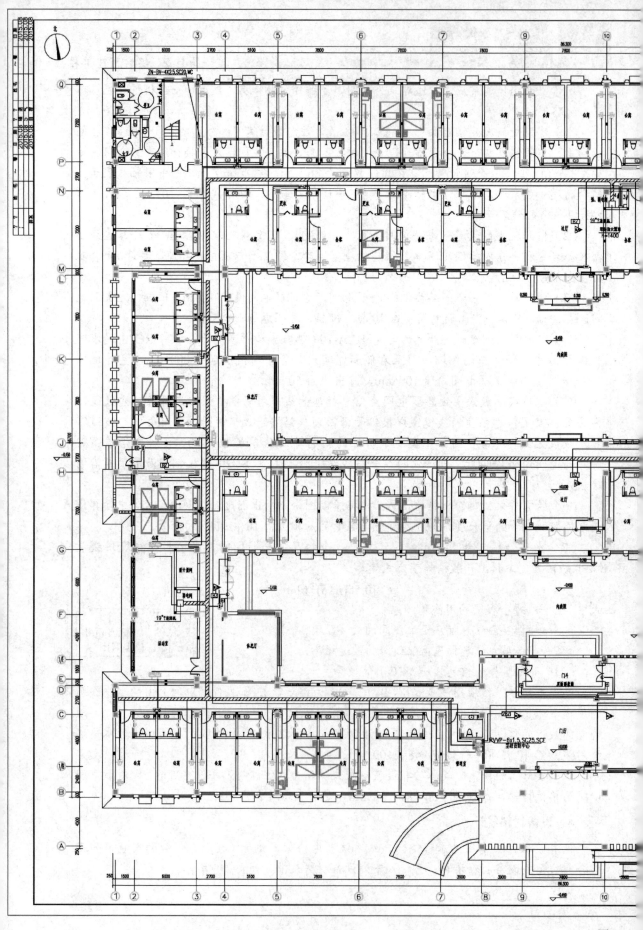

图2-21

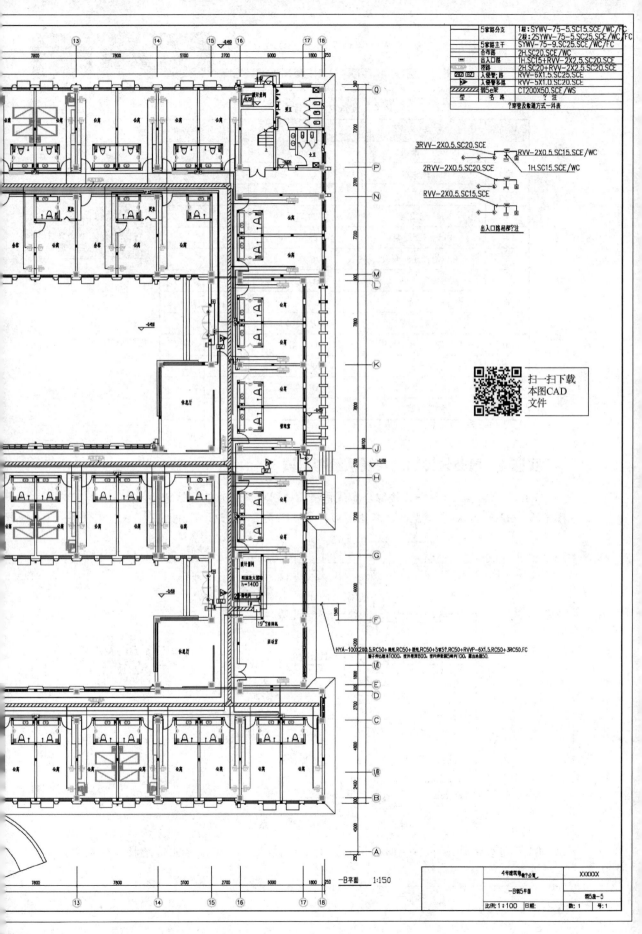

扫一扫下载
本图CAD
文件

	5家路分支	1根:SYWV-75-5.SC15.SCE/WC/FC
		2根:2SYWV-75-5.SC25.SCE/WC/FC
	5家路主干	SYWV-75-9.SC25.SCE/WC/FC
	合布路	2H.SC20.SCE/WC
	出入口路	1H.SC15+RVV-2X2.5.SC20.SCE
	密路	2H.SC20+RVV-2X2.5.SC20.SCE
	入侵警;路	RVV-6X1.5.SC25.SCE
	入侵警多桥	RVV-5X1.0.SC20.SCE
	弱5e架	CT200X50.SCE/WS
型	名 称	? 注

?穿管及敷踟方式一H表

3RVV-2X0.5.SC20.SCE —— RVV-2X0.5.SC15.SCE/WC

2RVV-2X0.5.SC20.SCE —— 1H.SC15.SCE/WC

RVV-2X0.5.SC15.SCE

出入口路局部?注

HYA-100X2X0.5.RC50+射光.RC50+射光.RC50+5省5?.RC50+RVVP-6X1,5.RC50+3RC50.FC
踤子佃凸皺本1000。宴外是架800。宴内岸架第5峰片100。罩边岩50。

4号建筑等?公寛	XXXXXX
一日平5平面	锅5岸-5
比例: 1:100	日期:	数: 1	号: 1

一B平面   1:150

一B平面图

表 2-4　设备材料统计表

序号	名　称	型号及规格	单位	数量
1	19 英寸标准机柜	1.6 m	个	
2	光纤接线盒	24 口	套	
3	光纤接线盒	12 口	套	
4	RJ45 配线架	24 口	套	
5	110 语音配线架	25 对	套	
6	双孔信息插座带面板	6 类	套	
7	浪涌保护器	TEL02/1A	套	
8	八芯多模光纤		m	
9	大对数电缆	3 类 25 对，305 m/轴	轴	
10	6 类八芯非屏蔽双绞线	305 m/箱	箱	
11	弱电桥架	200×50	m	
12	水煤气钢管	DN50	m	
13	焊接钢管	DN20	m	

扫一扫看
设备材料
统计表

实训 1　某办公楼综合布线系统图识读

如图 2-22 所示为某办公楼综合布线系统图，图中 TO 为单孔信息插座，G1 为 12 芯多模光纤，G2 为 24 芯多模光纤，其他图形符号参照表 2-2，识读系统图并完成以下任务：

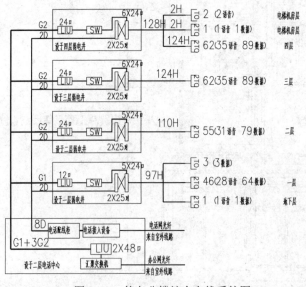

扫一扫下载
本图 CAD
文件

图 2-22　某办公楼综合布线系统图

（1）列表统计地下层～四层语音、数据信息点及单孔、双孔信息插座的数量，如表 2-5 所示。

表2-5 信息点点位统计表

	单孔信息插座	双孔信息插座	语音信息点	数据信息点
地下层				
一层				
二层				
三层				
四层				
电梯机房层				
小计				

扫一扫看信息点点位统计表

扫一扫看弱电井设备统计表

扫一扫看语音、数据主干线缆统计表

（2）列出由弱电井引至地下层~四层的6类非屏蔽双绞线根数。

（3）列表统计一~四层弱电井内主要设备的数量，如表2-6所示。

表2-6 弱电井内设备统计表

弱 电 井	一层	二层	三层	四层	总计
24口RJ45配线架（套）					
25对110语音配线架（套）					
48口光纤接线盒（套）					
24口光纤接线盒（套）					
12口光纤接线盒（套）					
1.6 m 19英寸标准机柜（套）					
LC头及耦合器（套）（不含室外引入光纤头）					

（4）列出由二层电话中心引至一~四层的语音、数据主干线缆的规格及数量，如表2-7所示。

表2-7 语音、数据主干线缆统计表

	语音主干线缆规格及数量	数据主干线缆规格及数量
二层电话中心~一层		
二层电话中心~二层		
二层电话中心~三层		
二层电话中心~四层		

2.7 综合布线系统施工图设计

2.7.1 系统总体要求

1. 确定选用屏蔽系统或非屏蔽系统

在综合布线工程中应根据用户需求、现场环境等实际情况，确定选用屏蔽系统或非屏蔽系统。在 GB 50311—2016《综合布线系统工程设计规范》中规定，当遇到下列情况之一时可采用屏蔽布线系统。

（1）综合布线区域内存在的电磁干扰场强高于 3 V/m 时，宜采用屏蔽布线系统。

（2）用户对电磁兼容性有较高的要求（电磁干扰和防信息泄漏）时，或出于网络安全保密的需要，如在政府机关、军事、公安等重要部门，宜采用屏蔽布线系统。

（3）采用非屏蔽布线系统无法满足安装现场条件对线缆的间距要求时，宜采用屏蔽布线系统。

（4）当布线环境温度影响到非屏蔽布线系统的传输距离时，宜采用屏蔽布线系统。

2. 综合布线工程的产品类别及信道、链路等级的选用

应综合考虑建筑物的性质、功能、应用网络和业务对传输带宽及线缆长度的要求、业务终端类型、业务需求及发展、性能价格、现场安装条件等因素。布线系统等级与类别的选用如表 2-8 所示。

表 2-8　布线系统等级与类别的选用

业务种类	配线子系统		干线子系统		建筑群子系统	
	等　级	类　别	等　级	类　别	等　级	类　别
语音	D/E	5/6（4 对）	C/D	3/5（大对数）	C	3（室外大对数）
数据	$D/E/E_A/F/F_A$	5/6/6_A/7/7_A（4 对）	$E/E_A/F/F_A$	5/6/6_A/7/7_A（4 对）		
	OF-300 OF-500 OF-2000	OM1/OM2/OM3/OM4 多模、OS1/OS2 单模光缆及相应等级连接器件	OF-300 OF-500 OF-2000	OM1/OM2/OM3/OM4 多模、OS1/OS2 单模光缆及相应等级连接器件	OF-300 OF-500 OF-2000	OS1/OS2 单模光缆及相应等级连接器件
其他应用	可采用 5/6/6_A 类 4 对对绞电缆和 OM1/OM2/OM3/OM4 多模、OS1/OS2 单模光缆及相应等级连接器件					

注：① 5/6/6_A/7/7_A（4 对）中 5 表示 5 类对绞电缆；6 表示 6 类对绞电缆；6_A 表示超 6 类对绞电缆；7 表示 7 类对绞电缆；7_A 表示超 7 类对绞电缆。

② 其他应用指建筑物其他弱电子系统采用网络端口传输数字信息时的应用，如数字视频安防监控系统、建筑设备管理系统、出入口控制系统等。

3. 器件选择

同一布线信道及链路的线缆、连接器件要保持系统等级与阻抗的一致性，对于综合布线系统，电缆和接插件之间的连接应考虑阻抗匹配和平衡与非平衡的转换适配。在系统设

计时，应保证布线信道和链路在支持相应等级应用中的传输性能，如果选用 6 类布线产品，则线缆、连接硬件、跳线等都应达到 6 类，才能保证系统为真正的 6 类。如果采用屏蔽布线系统，则所有部件都应选用带屏蔽的硬件。

4. 综合布线系统线缆的选择

- 屏蔽与非屏蔽双绞线的选择；
- 不同级别双绞线的选择；
- 电缆和光缆的选择。

2.7.2 配线子系统设计

1. 基本要求

配线子系统信道的最大长度不大于 100 m，水平线缆的最大长度不大于 90 m，设备线缆、工作区设备线缆与跳线之和不大于 10 m，如图 2-23 所示。

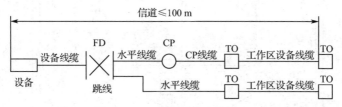

图 2-23 配线子系统线缆划分

图 2-23 中，FD 与 TO 之间包括 CP 时，FD 与 CP 之间最小长度为 15 m，最大长度为 85 m，CP 与 TO 之间最小长度为 5 m；FD 与 TO 之间没有 CP 时，FD 与 TO 之间最小长度为 15 m，最大长度为 85 m，FD 及工作区设备线缆最小长度为 2 m，最大长度为 5 m；跳线最小长度为 2 m。

配线子系统采用集合点（CP）时，集合点配线设备与 FD 之间水平线缆的长度不应小于 15 m，且集合点配线设备容量需按满足 12 个工作区信息点需求，同一个水平电缆路由不允许超过一个集合点（CP）；从集合点引出的 CP 线缆需终接于工作区的 8 位模块通用插座或多用户信息插座。

2. 工作区要求

（1）每个工作区的服务面积需根据建筑物不同的使用功能确定。

（2）根据工程项目的实际应用功能，考虑近远期终端设备的设置要求、用户性质、网络构成及实际需要设置工作区信息插座的数量，并预留适当的余量。

（3）每一个工作区信息插座的数量不宜少于 2 个，并支持不同的终端设备接入，可根据业主使用功能的调整进行调换。

（4）预埋底盒的数量由插座盒面板开口的数量确定，一般情况下，每个底盒安装的信息点（RJ45 模块或光纤适配器）数量不超过 2 个，且信息插座的底盒不作为过线盒使用，其安装高度一般为底距地面 300 mm，同时需要求电气专业在每个工作区至少配置 1 个 220 V 带保护接地的交流电源插座，电源插座与信息插座的水平间距不小于 200 mm，保护接地与零线要完全分开，如图 2-24 所示。

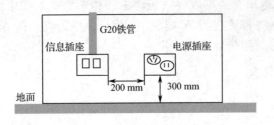

扫一扫看工作区设计案例微视频

图 2-24　信息插座安装要求

实例 2-1　某大学教师公寓工作区设计

如图 2-25 所示为某大学教师公寓局部图纸。

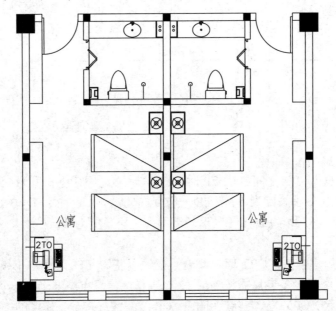

图 2-25　教师公寓（图中 2TO 为双孔信息插座）

工作区的设置要求：根据建筑功能需求，每间公寓可作为一个工作区，按工作区的设计要求，每个工作区内设置 2 个信息插座，1 个为语音终端，用于建筑物内部与外部的通话，1 个为数据终端，用于支持校园内数据、电子邮件、www 访问、文件传输、视频会议、计算机辅助教学 CAI、图书管理和服务、Internet 网络服务等，以实现网络资源的共享。

信息插座的设置：根据建筑专业家具布置，进门的一面墙中间布置了一张桌子用于摆放电视机，靠近窗户的墙布置一张电脑桌，用于摆放计算机，因此信息插座的位置应设在靠近电脑桌的墙面上，安装高度距地面 300 mm，方便教师使用，面板选用双孔面板。

与其他专业的配合：要求电气专业在信息插座旁边设置 1 个 220 V 带保护接地的交流电源插座，与其边缘距离不小于 200 mm。

实例2-2 独立单人、多人办公室信息点设计

独立单人、多人办公时，信息插座可以安装在靠近办公桌附近的墙面或地面上，布局如图2-26（a）、（b）所示。

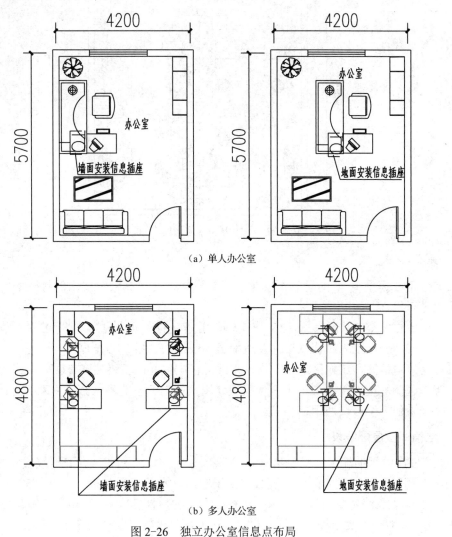

（a）单人办公室

（b）多人办公室

图2-26 独立办公室信息点布局

实例2-3 集中办公区信息点设计

集中办公区信息点布局时，必须考虑空间的利用率和便于办公人员工作。信息插座的设计应根据工位的摆放设计安装在墙面和地面，如在土建施工阶段不能确定工位布局时，可在集中办公区域布设集合点CP，待精装修时再引至地面或墙面的信息插座；如在土建施工阶段工位布局可以确定，则不需布设集合点CP，如图2-27所示。

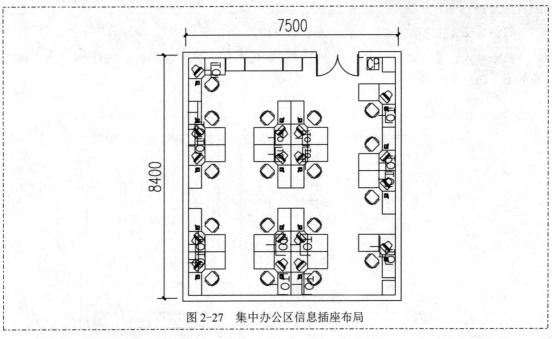

图 2-27　集中办公区信息插座布局

3. 水平线缆要求

（1）水平线缆采用 4 对屏蔽或非屏蔽对绞电缆，在有高带宽要求的特殊场所，也可以采用室内光纤。

（2）由电信间至工作区每一个 8 位模块通用插座的水平线缆为 1 根 4 对对绞电缆，至每一个双工或 2 个单工光纤连接器件及适配器的线缆为 1 根 2 芯光缆。

（3）连接电信间与工作区的每一根水平线缆在电信间侧应终接在 FD 处相应的配线模块上，在工作区侧需全部终接在 1 个 8 位模块通用插座上，不能将 1 根 4 对对绞电缆终接在 2 个或 2 个以上的 8 位模块通用插座上。

4. 电信间楼层配线设备

电信间 FD 常用的配线设备包括 110 语音配线架、RJ45 配线架、光纤接线盒等。110 语音配线架主要用于端接干线侧电话及数据主干电缆，常用规格包括 25 对、50 对、100 对等，1 个 25 对 110 语音配线架可以卡接 1 根 25 对大对数电缆，1 个 50 对 110 语音配线架可以卡接 2 根 25 对大对数电缆，1 个 100 对 110 语音配线架可以卡接 4 根 25 对大对数电缆；光纤接线盒用于端接数据主干和水平光缆，民用建筑中常用的规格包括 12 口、24 口、48 口、96 口等，1 个 12 口的光纤接线盒可以端接 12 芯的光纤，以此类推，1 个 96 口的光纤接线盒可以端接 96 芯光纤；RJ45 配线架用于端接水平侧由工作区信息模块引至 FD 的水平线缆，由 24 个或 48 个 8 位模块通用插座组成，每一个 RJ45 插座可终接 1 根 4 对对绞电缆。电信间 FD 的连接方式如图 2-28 所示。

楼层配线设备的选择：水平侧配线设备的选择根据工作区信息点的数量、选择的水平线缆类型、规格等进行选配；主干侧各类配线模块应按电话交换设备、计算机网络的构成及主干线缆的容量、模块类型、规格进行选配，具体计算过程见干线子系统工程案例，楼层配线设备安装在电信间的 19 英寸标准机柜内。

扫一扫看电信间常用楼层配线设备介绍微视频

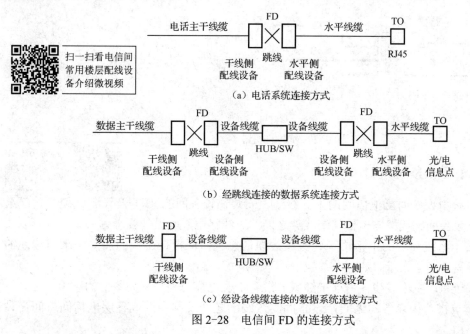

（a）电话系统连接方式

（b）经跳线连接的数据系统连接方式

（c）经设备线缆连接的数据系统连接方式

图 2-28 电信间 FD 的连接方式

5. FD 的规划

合理地规划 FD 是综合布线系统工程设计方案是否合理的关键。FD 的数量按其服务的楼层范围及信息点位的数量确定，如果该层信息点数量不大于 400 个，水平线缆长度不大于 90 m，可设置一个 FD；如超出此范围，则可设置两个或多个 FD；如每层的信息点数量较少，也可几层合用 1 个 FD，但需保证水平线缆的长度不大于 90 m。那么如果出现某些信息点至 FD 的距离超过 90 m，该如何解决呢？解决办法有两种：一是在超长信息点附近增加 FD，二是采用光缆进行传输，如图 2-29 所示。

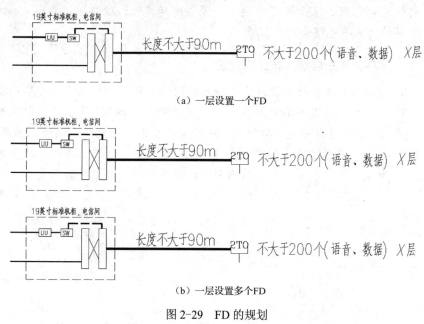

（a）一层设置一个FD

（b）一层设置多个FD

图 2-29 FD 的规划

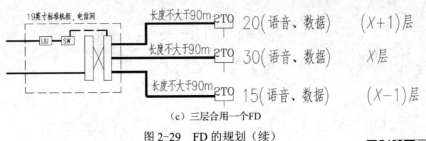

（c）三层合用一个FD

图 2-29　FD 的规划（续）

扫一扫看干线子系统主干线缆设计实例

2.7.3　干线子系统设计

干线子系统由设备间至电信间的主干线缆、安装在设备间的 BD 及设备线缆、跳线组成，用于提供设备间配线架与电信间配线架之间的干线路由。其设计要求为：

（1）干线子系统需要的主干语音、数据线缆的总量，需根据工程的实际需求与线缆的规格而定并预留适当的余量。

（2）干线子系统主干线缆需考虑电缆或光缆备份及电缆与光缆互为备份的路由。

（3）在建筑物若干设备间之间，设备间与进线间之间及同一层或各层电信间之间需设置主干线缆路由。

（4）语音、数据主干线缆所需容量的配置需满足如下要求：

- 对于语音业务，主干一般选用 3 类或 5 类大对数电缆，大对数电缆的对数应按每 1 个电话 8 位模块通用插座（即 1 个语音信息点）配置 1 对线，并在总需求线对数量的基础上预留不小于10%的备用线对。
- 对于数据业务，需按每台以太网交换机设置 1 个主干端口和 1 个备份端口配置。当主干端口为电接口时，按每个端口 4 对线对容量配置；当主干端口为光端口时，按 1 芯或 2 芯光纤容量配置。
- 当工作区至电信间的水平光缆需延伸至设备间的光配线设备时，主干光缆的容量需包括所延伸的水平光缆光纤的容量。

实例 2-4　某办公楼三层综合布线系统设计

如图 2-30 所示为某办公楼三层综合布线系统图，三层设 81 组双孔信息插座，语音 81 个，数据 81 个，系统采用 6 类非屏蔽系统，楼层配线设备 FD 设在三层电信间内。语音主干线缆选用 25 对大对数电缆，数据主干线缆选用室内多模光纤，语音配线架选用 25 对 110 语音配线架，水平侧配线架选用 24 口 RJ45 配线架。试配置语音、数据主干线缆的容量，电信间配线设备的容量，由电信间引出的水平 4 对对绞电缆的数量。

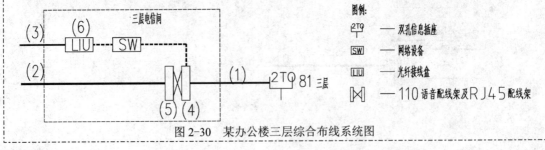

图 2-30　某办公楼三层综合布线系统图

计算过程如下：

（1）每个双孔信息插座需配置 2 根 4 对对绞电缆，则由三层电信间需引出 162 根 4 对对绞电缆终接至各信息插座，如图中标注（1）处。

（2）电信间语音主干线缆的选择：大对数电缆总对数按每个语音信息点配置 1 对，并在此基础上预留不少于 10%的余量，如选用 25 对大对数电缆，则需配置 25 对大对数电缆的数量为：[(81×1 对)×(1+10%)]÷25 对=3.56 根≈4 根，如图中标注（2）处。

（3）电信间数据主干线缆的选择：通常以每 1 个 SW 为 24 个端口计算，81 个数据信息插座需配置 4 台 SW，以每台 SW（24 个端口）设置 1 个主干端口和 1 个备份端口，则共需设置 8 个数据端口，如数据主干线缆采用 4 对对绞电缆，每个数据端口按 1 根考虑，则共需设置 8 根 4 对对绞电缆；如数据主干线缆采用光缆，每个数据端口按 2 芯光纤考虑，则共需光纤的芯数为 16 芯。工程设计时数据主干常采用光缆，根据常用光缆的规格，需选择 24 芯室内多模光缆，如图中标注（3）处。

（4）电信间水平侧配线设备的选择：选用 24 口 RJ45 配线架，需配置数量为 81×2÷24=6.75 台≈7 台，如图中标注（4）处。

（5）电信间干线侧语音配线架的选择：配线架根据以上语音配线主干电缆的计算数量为 4 根 25 对大对数电缆，则需配置 25 对 110 语音配线架 4 个，如图中标注（5）处。

（6）光纤接线盒的规格根据数据干线光缆的配置容量确定，一般 19 英寸标准机柜安装的光纤接线盒规格为 12/24/48 口，该工程需配置 1 个 24 口的光纤接线盒，如图中标注（6）处。

2.7.4　建筑群子系统（简称 CD）设计

（1）CD 宜安装在进线间或设备间，并可与入口设施或 BD 合用场所。

（2）CD 配线设备内、外侧的容量选择需与建筑物内连接的 BD 配线设备连接的主干线缆的容量相一致。

（3）建筑群主干线缆的敷设方式一般选择管道敷设、直埋敷设、架空敷设等，其要求应按照通信专业相关标准规范执行。

- 管道敷设：初期投资较高，宜扩容，适用于统一规划、分布实施的大中型园区。它是目前工程较常采用的敷设方式。
- 直埋敷设：需选择钢带铠装线缆，初期投资省，不易扩容，适用于初期功能完全确定的小型园区。
- 架空敷设：不占园区道路，节约投资，但影响整个园区美观。新建园区已很少采用。
- 常用 PVC 多孔管如图 2-31 所示。

地下通信管道用 PVC 多孔管　　　蜂窝七孔管　　　　　蜂窝三孔管　　　　　蜂窝五孔管

图 2-31　常用 PVC 多孔管实物图

栅格九孔管

栅格六孔管

栅格四孔管

栅格三孔管

图 2-31　常用 PVC 多孔管实物图（续）

实例 2-5　某大学新校区室外综合布线系统设计

如图 2-32 所示为某大学新校区室外综合布线系统图。

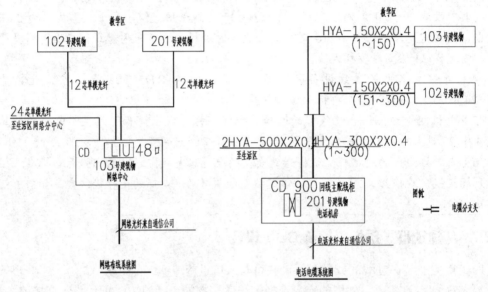

图 2-32　室外综合布线系统图

　　该项目校园网络中心设在 103 号建筑物内，电话机房设在 201 号建筑物内，建筑群子系统网络数据主干采用 12 芯单模光纤分别引至 102 号和 201 号建筑物，采用 24 芯单模光纤引至校园生活区网络分中心；语音主干由电话机房引出 300 对电话电缆经电缆分支头后分成 2 根 150 对电话电缆各自引至 103 号和 102 号建筑物内，引出 2 根 500 对电话电缆引至校园生活区。设在 201 号建筑物电话机房的 CD 配线设备干线侧容量要与引出至各建筑物的电话电缆容量相匹配，配线设备市政引入侧的容量与市政引入的电话光纤容量相匹配；同理，设在 103 号建筑物校园网络中心的 LIU 配线设备干线侧容量要与引出至各建筑物的光纤容量相匹配；配线设备市政引入侧的容量与市政引入的网络光纤容量相匹配。

2.7.5　设备间、电信间设计

扫一扫看设备间设计要求演示文稿

扫一扫看电信间设计要求演示文稿

1. 设备间

　　设备间是建筑物的电话交换设备和计算机网络设备及建筑物配线设备（BD）安装的房间。对综合布线工程设计而言，设备间主要安装总配线设备。当信息通信设施与配线设备分别设置时考虑到设备电缆有长度限制的要求，安装总配线架的设备间与安装电话交换机及计算机的网络设备间之间的距离不宜太远。

如建筑物内设置电话交换设备（即电话中心）和网络信息中心，根据设备安全和管理的需要，设备间设电话交换设备和网络交换设备，可设在同一楼层，也可设在不同的楼层；如建筑物内没有电话和网络的中心设备，则可设置一个设备间，用于放置语音配线设备、网络设备及数据配线设备等。

设备间设计要求如下：

（1）设备间宜处于干线子系统的中间位置，同时要兼顾干线电缆与光缆的数量和敷设长度。

（2）设备间宜尽量远离高低压变配电、无线电发射等有干扰源存在的地方。

（3）对建筑专业要求：设备间梁下净高不应小于 2.5 m，外开双扇门，门宽不小于 1.5 m。

（4）对暖通专业要求：设备间室内温度为 10～35 ℃，相对湿度为 20%～80%。

（5）对强电专业要求：设备间内预留 2 个 220 V 带保护接地的单相电源插座，用于设备维修；设备供电根据所选用的设备数量和供电需求提出相应的要求。

实例 2-6　某大楼一层设备间综合布线系统设计

图 2-33 所示为某大楼一层综合布线系统图，由图可知，该建筑物内不设置电话及信息网络中心，因此在该建筑物一层设置了设备间，即 BD 与 FD 合用一层设备间。设备间内安装了 1 个 19 英寸标准机柜，内设 48 口光纤接线盒 LIU、网络交换设备 SW、110 语音及 RJ45 配线架及其配套设备。

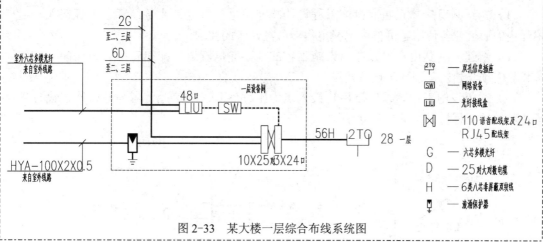

图 2-33　某大楼一层综合布线系统图

2．电信间

1）电信间的设置

电信间（也称为弱电间）主要是为楼层安装配线设备和计算机网络设备（SW）的场所，并可考虑设置接地装置、电源插座、UPS 配电箱等设施。根据工程中配线设备与网络设备的数量、机柜的尺寸、布置，电信间的使用面积不应小于 5 m²。当建筑面积满足使用

要求时，也可安装建筑物其他的智能化系统设备，诸如安防、消防、BAS 等系统。对于设置了设备间的建筑物，设备间所在楼层配线设备（FD）可以安装在设备间内，即设备间与电信间合用同一场地，如图 2-33 所示。

2）电信间设计要求

（1）电信间宜处于楼层平面的中间位置，同时要兼顾水平线缆的数量和敷设长度。

（2）电信间与强电竖井宜分开设置，电信间内或紧邻电信间需设置线缆竖井。

（3）对建筑专业要求：使用面积可根据实际工程安装的配线及信息网络设备的数量确定。电信间采用外开丙级防火门，门宽不小于 0.7 m。

（4）对暖通专业要求：电信间室内温度为 10～35 ℃，相对湿度为 20%～80%。

（5）对强电专业要求：电信间内预留 2 个 220 V 带保护接地的单相电源插座，用于设备维修；设备供电根据所选用的设备数量和供电需求提出相应的要求。

扫一扫看光纤用户接入点设计要求演示文稿

2.7.6　光纤到用户单元通信设施设计

随着"宽带中国"战略目标的逐步推进，民用建筑中光纤到用户单元的通信设施工程已不仅仅在住宅中实施，考虑到公用建筑中商住楼及一些自用办公楼的部分楼层或区域会出租给相关企业作为办公场所，从而使这些区域的使用面积、空间划分及使用功能会随着租户的不同而发生变化。同时，对信息通信业务和带宽要求比较高的企业一般会建立自己的企业级计算机局域网和自用的布线系统，并直接接入公共通信网。对于这类用户，可以采用光纤到用户单元的布线方式，避免传统布线系统实施后可能出现的信息点位置与数量上的偏差而造成的不必要浪费，同时也为用户自由选择电信经营者提供了便利条件。

光纤到用户单元通信设施设计要求如下：

（1）光纤到用户单元通信设施工程设计能够满足多家电信业务经营者平等接入、用户单元内的通信业务使用者可自由选择电信业务经营者的要求。

（2）新建光纤到用户单元通信设施工程的地下通信管道、配线管网、电信间、设备间等设施，须与建筑工程同步设计建设。

（3）通信设施工程建设应以用户接入点为工程界面，电信经营者与建筑物建设方各自承担相关的工程量，如图 2-34 所示。

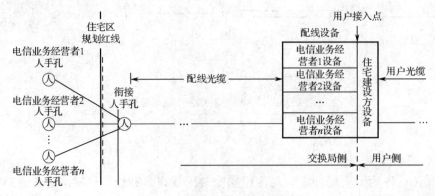

图 2-34　通信设施工程建设框图

具体工程实施如下：

① 规划红线范围内的建筑群通信管道及建筑物内的配线管网由建筑物建设方负责建设。

② 建筑群及建筑物内通信设施的安装空间及设备用房由建筑物建设方负责建设。

③ 电信业务经营者与建筑物建设方共用配线箱时，由建筑物建设方提供箱体并安装，箱体内连接配线光缆的配线模块由电信业务经营者提供并安装，连接用户光缆的配线模块由建筑物建设方负责提供安装；如分别设置配线箱，则各自负责机柜及机柜内光纤配线设备的安装。

④ 用户接入点用户侧以内的配线设备、用户光缆及用户单元内的信息配线箱、终端盒、信息插座、用户线缆（包括铜缆部分）由建筑物建设方负责建设。

（4）用户接入点设计要求。用户接入点是多家电信业务经营者的电信业务共同接入及用户通过跳纤自由选择电信业务经营者的部位，是用户光缆与配线光缆互联的部位。用户接入点应采用机柜或共用光缆配线箱，在实际工程中机柜采用 600 mm 或 800 mm 宽的 19 英寸标准机柜，共用光缆配线箱箱体需满足不少于 144 芯光纤的终接。其连接方式如图 2-35 所示。

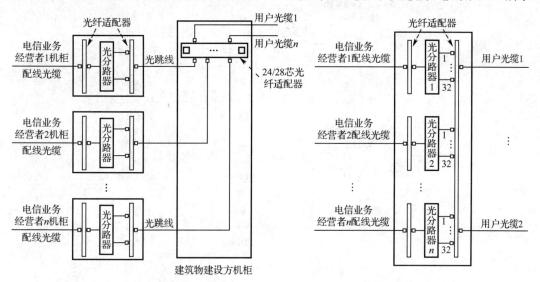

（a）采用机柜安装的用户接入点连接方式　　　　（b）采用共用光缆配线箱安装的用户接入点连接方式

图 2-35　用户接入点连接示意图

用户接入点的设置位置需根据不同类型的建筑形成的光纤配线区及所负责的数量确定，其设置需符合如下要求：

① 每一个光纤配线区设置 1 个用户接入点，负责 70～300 个用户单元，每一个用户单元内设 1 个信息配线箱，负责本用户单元内的用户传输。

② 当单栋建筑物作为 1 个独立配线区时，用户接入点应设于本建筑物综合布线系统的设备间或通信机房内，如图 2-36 所示。

当大型建筑物或超高层建筑物需划分为多个光纤配线区时，用户接入点要根据用户单元的分布情况均匀地设于建筑物不同区域的楼层电信间内，如图 2-37 所示。

③ 当单栋建筑物用户单元不足 300 户时，可以几栋建筑物形成的建筑群组成一个配线区，用户接入点设于建筑群物业管理中心机房、综合布线设备间或通信机房内，如图 2-38 所示。

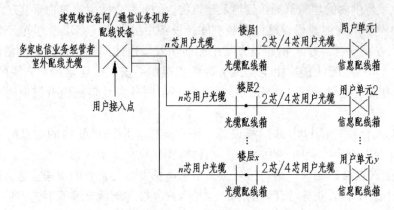

图 2-36　用户接入点设于单栋建筑物内设备间

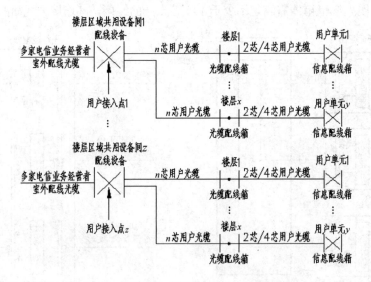

图 2-37　用户接入点设于楼层共用区域设备间

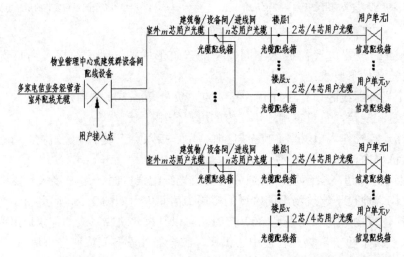

图 2-38　用户接入点设于建筑群物业管理中心或建筑群设备间

④ 用户接入点至用户单元信息配线箱的光缆光纤芯数需根据用户单元对通信业务的需求及配置等级确定，光缆与光纤的配置如表 2-9 所示。

表 2-9　光缆与光纤的配置

配　置	光纤（芯）	光缆（根）	备　注
高配置	2	2	考虑光纤与光缆备份
低配置	2	1	考虑光纤备份

⑤ 楼层光缆配线箱至用户单元信息配线箱之间采用 2 芯光缆。

⑥ 用户接入点配线设备至楼层光缆配线箱之间采用单根多芯光缆，光纤容量需满足用户光缆总容量需求，并预留 10%的余量。

实例 2-7　某写字楼光缆布线系统设计

某写字楼为出租性质的办公楼，共 30 层，每层建筑面积 1 000 m²，以建筑物的 1 个柱跨度 10 m×10 m 作为 1 个用户单元占有的区域，则涵盖的区域约为 100 m²，每层包括 10 个用户单元，该建筑物总计 300 个用户单元。根据上述要求，每一个光纤配线区负责 300 个用户单元，则该建筑物需要 1 个光纤配线区。光缆布线系统图如图 2-39 所示。下面说明图中各器件的配置方法。

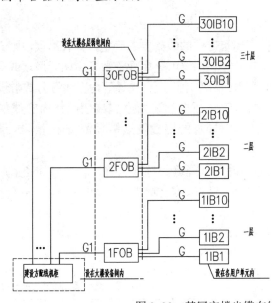

图 2-39　某写字楼光缆布线系统图

1）用户单元信息配线箱

每一个用户单元配置 1 个，每层共需 10 个，建筑物总计 300 个。

2）用户光缆

（1）按每一个用户单元配置 1 根 2 芯光缆（低配置）或 2 根 2 芯光缆（高配置），该项目以低配置为例讲解。

（2）用户单元信息配线箱至楼层光缆配线箱之间的水平光缆为每层 10 根 2 芯光缆。

（3）用户单元信息配线箱至建筑物用户接入点设备间配线设备之间的垂直用户光缆容量，按照水平用户光缆光纤总容量 20 芯，加上 10%的余量（取 2 芯）及光缆的规格，则每层需要 1 根 24 芯的用户光缆。

3）楼层光缆配线箱

仅作为用户光缆光纤熔接与盘留的转接箱，不具备跳线管理功能，可以明挂或暗装在建筑物的楼层电信间内。每一个楼层光缆配线箱空间需满足 10 根用户光缆的引入和 1 根 24 芯用户光缆的引出、光纤的熔接及盘留的需要。

4）设备间配线机柜（建筑物建设方使用）

（1）该建筑物共需要从设备间配线机柜引出 30 根 24 芯的用户光缆，引出机柜需满足 30 根 24 芯用户光缆的引入与盘留和 720 个光纤连接器尾纤熔接安装的需要。

（2）光纤配线架按选择 24 口考虑，基于每一个用户单元与电信业务经营者提供的 EPON 系统之间实际上只需要 1 芯光纤完成互通的情况，工程实施时可根据实际需要配置，则需配置 24 口光纤配线架的数量为 300÷24=12.5 个≈13 个。工程设计时，考虑从建设方配线机柜引出的光纤总芯数为 24 芯×30=720 芯，24 口光纤配线架的数量也可按满配考虑，即 720÷24=30 个。

2.7.7 导管、桥架及线缆设计

导管、桥架及线缆设计要求如下：

（1）配线子系统水平线缆的布放需根据建筑专业的装修要求确定，如有吊顶，则一般从电信间引出的水平线缆为沿吊顶内金属槽盒或导管、墙体内金属导管敷设；如无吊顶或需在地板下敷设，可根据现场环境条件选择地板下线槽、网络地板及金属导管内穿线等方式敷设。

（2）干线子系统的线缆一般选择沿电信间（弱电间）内金属线槽或管内穿线的垂直敷设方式，电信间的位置宜上下对齐，并按竖向导管的根数及规格预留楼板孔洞或预埋外径不小于 89 mm 的竖向金属套管群。

（3）布线导管或槽盒穿越建筑结构伸缩缝、沉降缝、抗震缝时，应采取补偿措施。

（4）暗敷设在钢筋混凝土现浇板内的布线导管或槽盒最大外径为楼板厚的 1/4～1/3。如现浇楼板厚度为 150 mm，则预埋在楼板内的导管或槽盒的最大外径不超过 50 mm。

（5）建筑群子系统的线缆选择室外电缆管道或电缆沟的敷设方式，考虑以后系统的扩展、维护及检修方便，实际工程中多采用室外电缆管道的敷设方式。

（6）由室外引入建筑物的管道需满足建筑结构地下室外墙体的防水要求，管道需采用热浸镀锌厚壁钢管，外径为 50～63.5 mm 钢管的壁厚不小于 3 mm，外径为 76～114 mm 钢管的壁厚不小于 4 mm。

（7）在建筑物墙内竖向暗敷导管时，导管外径不大于 50 mm。

（8）线缆敷设的弯曲半径应符合表 2-10 的要求。

表 2-10　线缆敷设的弯曲半径

线缆类型	弯曲半径（mm）/倍
2 芯或 4 芯水平光缆	>25 mm
其他芯数和主干光缆	不小于光缆外径的 10 倍
4 对屏蔽、非屏蔽电缆	不小于电缆外径的 4 倍
大对数主干电缆	不小于电缆外径的 10 倍
室外光缆、电缆	不小于线缆外径的 10 倍

注：当线缆采用金属桥架敷设时，桥架内侧的弯曲半径不小于 300 mm。

（9）线缆布放在导管或槽盒内的管径与截面利用率的计算。

扫一扫看钢管管径或截面利用率设计实例演示文稿

$$管径利用率=d/D$$

式中，d 为线缆外径；D 为导管或槽盒内径。

$$截面利用率=A_1/A$$

式中，A_1 为穿在管子或桥架内的线缆总截面积；A 为管子或槽盒的内截面积。

- 敷设暗管布放大对数电缆或 4 芯以上光缆时，直线管道的管径利用率为 50%～60%，弯曲管道的管径利用率为 40%～50%。
- 暗管布放 4 对对绞电缆或 4 芯及以下光缆时，管道的截面利用率为 25%～30%。
- 槽盒内的截面利用率为 30%～50%。

实例 2-8　线缆穿钢管暗管的计算

已知：DN15 水煤气钢管外径为 21.25 mm，壁厚为 2.75 mm，DN20 水煤气钢管外径为 26.75 mm，壁厚为 2.75 mm，某 4 对对绞电缆外径为 5.8 mm，则 1 根线缆穿钢管暗管敷设时需采用多大规格的钢管？截面利用率为多少？

解　根据课程学习内容，暗管布放 4 对对绞电缆或 4 芯及以下光缆时，管道截面利用率为 25%～30%。可进行如下计算：

单根线缆截面积为：

$$(5.8/2)^2×3.14=26.4 \text{ mm}^2$$

DN15 水煤气钢管的外径为 21.25 mm，壁厚为 2.75 mm，则内径为 21.25−2.75×2=15.75 mm，钢管的内截面积为 $(15.75/2)^2×3.14≈195 \text{ mm}^2$；DN20 水煤气钢管的外径为 26.75 mm，壁厚为 2.75 mm，则内径为 26.75−2.75×2=21.25 mm，钢管内截面积为 $(21.25/2)^2×3.14≈354 \text{ mm}^2$，1 根线缆穿 DN15 时截面利用率 $n=26.4/195≈13.5\%≤25\%$。因此 1 根线缆应选择穿 DN15 的钢管。

课堂练习　按以上计算方法计算 2 根、3 根 4 对对绞电缆（外径为 5.8 mm）的穿管规格及截面利用率。

2.7.8　管理及系统接地设计

扫一扫看系统接地要求演示文稿　扫一扫看课堂练习参考答案

1. 管理

管理是对进线间、设备间、电信间和工作区的配线设备、线缆、信息点等设施按一定的模式采用计算机进行文档记录与保存；进线间、设备间、电信间的配线设备采用统一的色标区别各类业务与用途的配线区；每一条电缆和光缆的两端需标明相同的标识符，配线设备、端接点、接地装置、敷设管线等部分需给定唯一的标识符，标识符要采用相同数量的字母和数字等标明。

对于简单且规模较小的综合布线工程可按图纸资料等纸质文档进行管理，并做到记录准确、及时更新、便于查阅；而对于规模较大的综合布线工程，可采用电子配线设备对信息点或配线设备进行管理，以显示与记录配线设备的连接、使用及变更状况，从而提高综合布线工程的维护水平与网络安全。

综合布线系统相关设施的工作状态信息包括：组成局域网的拓扑结构、设备和线缆的用途、使用部门、终端设备配置状况、占用器件编号、色标、各项主要指标参数及完好状况、故障记录等，还可包括设备位置和线缆走向等内容。如综合布线工程在实施过程中，工作区信息插座面板标示包含面板信息，如三层 301 房间 1#计算机；水平及干线线缆标示包含本端与对端信息；设备间、电信间配线设备端口编号包含线缆配线架端口信息等。

2. 系统接地要求

（1）在进线间、设备间及电信间应设置楼层或局部等电位接地端子板。

（2）综合布线系统应采用联合接地系统，联合接地电阻不大于 1 Ω。如单独设置接地体，接地电阻不大于 4 Ω。

（3）电信间安装的各个配线柜（架、箱）应采用适当截面的绝缘铜导线单独布线至就近的等电位接地装置，也可采用竖井内等电位接地铜排引至建筑物联合接地装置。

（4）线缆在雷电防护区交界处，屏蔽电缆屏蔽层的两端应做等电位连接并接地。

（5）综合布线的电缆采用金属槽盒或钢管敷设时，线槽或钢管应保持连续的电气连接，并应有不少于两点的良好接地。

（6）当线缆从建筑物外面进入建筑物时，电缆和光缆的金属护套或金属件应在入口处就近与等电位接地端子板连接。

（7）当电缆从建筑物外面进入建筑物时，应选用适配的信号线路浪涌保护器，信号线路浪涌保护器应符合设计要求。

（8）屏蔽布线系统的接地做法，一般在配线设备（FD、BD、CD）的安装机柜（机架）内设有接地端子，接地端子与屏蔽模块的屏蔽罩相连通，机柜（机架）接地端子则经过接地导体连至大楼等电位接地体。

工程案例 2　某职工宿舍综合布线施工图设计

综合布线系统施工图设计是否合理，直接影响建筑物的工程总投资和建成后其支持的所有系统的使用功能。由于综合布线配线间及所需的电缆竖井、孔洞等设施都与建筑结构同时设计和施工，因此在具体实施综合布线的过程中，各专业之间要相互协调，紧密配合，切不可互相脱节和发生矛盾，避免疏漏造成不应有的损失或留下难以弥补的后遗症。

1. 设计原则

充分满足当期需要，适当考虑远期需求，采取"总体规划，分步实施，水平布线尽量一步到位"的原则。系统主干线缆一般敷设在建筑物的电信间内，更换或扩展比较容易，而水平布线是敷设在建筑物的天花板或管道里，施工费用比初始投资的材料费高。如若更换或增加水平布线，就要破坏建筑结构，影响建筑物的整体美观效果。因此，在设计水平布线时，尽量选用档次较高的线缆及连接件，减小未来更改的可能性，保护系统的整体投资。

2. 设计步骤

1）综合布线施工图设计与土建工程同步进行

（1）建筑专业下发平行作业，即建筑方案设计图纸。

（2）根据建筑物各层的使用功能，分析用户需求，与业主沟通，确定各层信息点的位置、数量及系统选型，形成设计委托书。

（3）与建筑专业配合确定电话机房、网络信息中心等设备间、电信间的位置。

（4）与其他专业的配合：针对电话机房、网络信息中心等设备间、电信间的设置位置，对其他专业提出相应的环境要求资料，如网络信息中心对建筑专业的装修要求，对其他专业诸如机房荷载、供电、空调、消防灭火等的要求。

（5）根据建筑平面图，依据设计委托书，绘制每个工作区的语音、数据信息点，确定每层楼信息点距离电信间的最长和最短距离，确定线缆走线路由和走线方式。

（6）根据设备间、电信间的设置位置，语音及数据信息点的数量及未来网络发展需要，确定主配线设备、楼层配线设备的位置及数量，确定主干路由和主干线缆的容量。楼层配线设备的数量和位置依据每层信息点的数量和距离弱电间的距离确定。配置原则遵循信息点数量小于 400 个及最远信息点距离弱电间的长度不大于 90 m。

（7）根据方案和用户需求，选择合适的布线产品，需考虑的因素有：质量、价格、技术支持、质保体系、售后服务。

（8）绘制图纸，施工图纸包括以下内容：目录、设计说明书、设备及材料表、综合布线系统图、各层综合布线平面图。

2）综合布线施工图设计在土建工程设计完成后进行

（1）从业主处获取各专业施工图设计图纸（包括建筑、结构、水道、暖通、强电等专业），进行现场勘察。

（2）对照各专业图纸，确认以下内容：

● 电话机房、计算机网络机房等设备间及电信间的位置；

● 各层走廊、电梯厅、大厅、房间等场所的装修情况；

● 若没有可用的设备用房，则需与业主技术负责人商定设备用房的设置位置，并需按照规范要求及时给其他专业提供设备间、电信间需要的环境要求；

● 如电信间为与其他智能化系统共用，则需与其他集成商确定综合布线机柜的安装位置和方式；

● 根据其他各专业在走廊内的布管路由，确定综合布线系统的主干路由；

● 对照强电专业的插座位置，确定信息点的布置位置，如有特殊用途的信息点，则需给强电专业提出供电需求。

（3）根据建筑物各层的使用功能，依据各专业图纸，分析用户需求，确定各层信息点的位置、数量及系统选型，形成业主设计委托书。

（4）其他步骤与前（5）～（8）相同。

3. 项目设计

1）项目概况

该工程项目为某工厂新建后勤中心检修职工宿舍楼，建筑面积为 4 028.71 m²，建筑层数为地上六层，建筑物高度为 20.36 m，建筑物层高为 3.3 m；二～六层建筑结构相同为标准层，每层宿舍、客厅、卧室、内走廊均设吊顶。

2）建设单位设计委托书

综合布线系统设计委托书

兹委托××设计院对我单位职工宿舍工程项目综合布线系统进行设计，具体设计要求如下：

在职工宿舍内设综合布线系统，用于支持宿舍内的语音、数据、电子邮件、www 访问、文件传输 FTP、Internet 网络服务等，以实现网络资源的共享。

职工宿舍内的计算机网络系统采用千兆以太网技术与厂区网络中心连接，全双工 100 Mbbs 交换到桌面，支持各种网络协议及网络拓扑形式，满足目前及今后网络发展的要求和宽带接入的要求。

电话电缆来自厂区行政办公楼的电话中心，网络光纤来自厂区网络中心（中心不在该楼内），电话和网络线缆在该建筑物的西南方向引入。综合布线系统采用 6 类非屏蔽系统。

每间宿舍、套间的卧室、值班室设 1 个网络终端、1 个电话终端，套间的客厅、活动室设 1 个电话终端。

3）设计步骤

（1）阅读建筑平面图，如图 2-40、图 2-41 所示，了解各层建筑使用功能。

（2）根据建筑平面图和设计委托书，统计各层信息点的数量，如表 2-11 所示。

表 2-11　各层信息点的配置

层数	宿舍（间）	套间卧室（间）	套间客厅（间）	值班室（间）	活动室（间）	网络终端（套）	语音终端（套）	双孔信息插座（套）	单孔信息插座（套）
首层	10					10	10	10	
		2				2	2	2	
			2				2		2
				1		1	1	1	
					1				1
标准层（二~六层）	15×5					15×5	15×5	15×5	
		2×5				2×5	2×5	2×5	
			2×5				2×5		2×5
总计	85	12	12	1	1	98	111	98	13

（3）工作区信息插座的配置和设置位置。

① 宿舍内：设网络终端和语音终端各 1 个，选择 1 套双孔信息插座；设置位置：根据建筑专业家具布置要求，双孔信息插座设在宿舍电脑桌附近，安装高度为 $h=300$ mm。

② 套间的卧室：设网络终端和语音终端各 1 个，选择 1 套双孔信息插座；设置位置：根据建筑专业家具布置要求，双孔信息插座设在套间卧室的床头柜附近，安装高度为 $h=300$ mm。

③ 套间的客厅：设语音终端 1 个，选择 1 套单孔信息插座；设置位置：根据建筑专业家具布置要求，单孔信息插座设在客厅的茶几附近，安装高度为 $h=300$ mm。

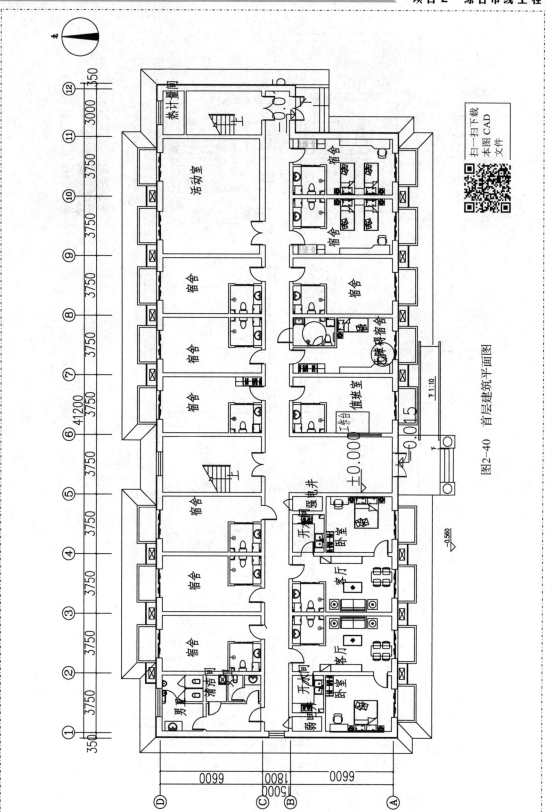

图2-40　首层建筑平面图

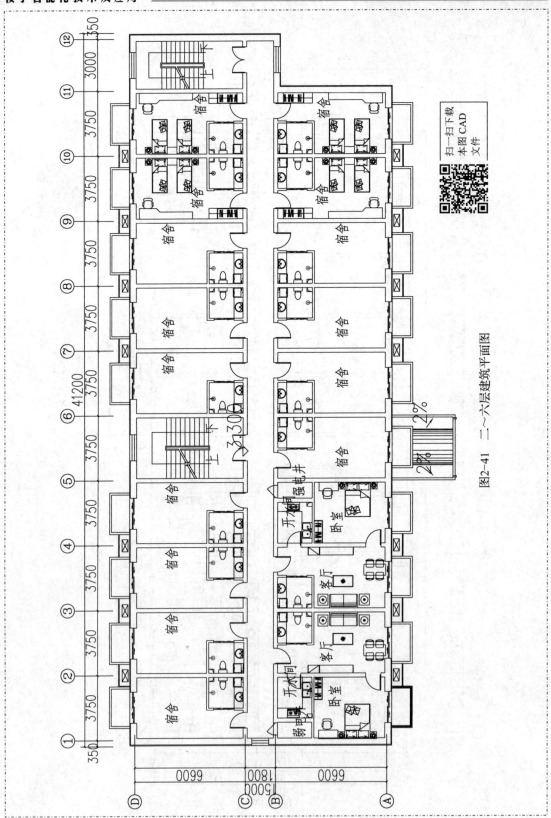

图2-41　二～六层建筑平面图

④ 值班室：设网络终端和语音终端各 1 个，选择 1 套双孔信息插座；设置位置：根据建筑专业家具布置要求，双孔信息插座设在值班室工作台附近，安装高度为 h= 1 000 mm。

⑤ 活动室：设语音终端 1 个，选择 1 套单孔信息插座；设置位置：单孔信息插座设在进门附近，安装高度为 h=300 mm。

（4）绘制各层信息插座点位布置图（学生在老师指导下绘制）。

（5）各层信息插座数量统计，如表 2-12 所示。

表 2-12　各层信息插座数量

层数	单孔信息插座带面板（套）	双孔信息插座带面板（套）	其中语音数量（套）
首层	3	13	16
二～六层	10	85	95
合计	13	98	111

（6）确定楼层配线设备的设置位置和数量。

配置原则：信息点数量小于 400 个，最远信息点距离弱电间的长度不大于 90 m。

根据建筑平面图可知：电信间的面积约 2 m^2，空间仅可容纳 1 个 19 英寸的标准机柜，而 1 个 2 000 mm 高的 19 英寸标准机柜一般可安装 100 个电话和 100 个数据信息点的配线设备及计算机网络设备。考虑本工程的实际需求，考虑未来检修维护的方便，确定一～三层合用一套配线设备，四～六层合用一套配线设备，分别设置在弱电间的三层和六层，所带信息点数量如表 2-13 所示。

表 2-13　楼层配线设备的设置及所带信息点数量

楼层配线设备的位置	楼层配线设备所负责楼层	信息点数量	语音点数量	数据点数量
三层	一～三层	101	54	47
六层	四～六层	108	57	51

（7）计算室外语音、数据线缆的容量，确定其引入位置。

进线线缆来自厂区的电话中心和网络信息中心，由建筑物的西南角直接引入一层弱电间内的配线设备，室外电话电缆的容量根据该大楼内所有语音终端数量确定，根据表 2-7 统计，该大楼语音终端共计 111 套，故引入 150 对的电话电缆即可满足该楼内语音通信的需求，至三层、六层的语音主干由一层的电话配线设备引出；室外数据光纤的容量根据该大楼内所有数据终端的容量确定，根据表 2-11 统计，该大楼数据终端共计 98 套，设置一台 8 端口的汇聚交换机，引入六芯室外多模光纤即可满足该建筑物的数据通信需求。

（8）计算三层楼层配线设备的数量及主干语音、数据线缆的容量。

① 由三层电信间引出 101 根 6 类 4 对非屏蔽对绞电缆至一～三层的信息插座。

② 电信间语音主干线缆的选择：总对数按每个语音信息点配置 1 对，并考虑在此基

础上预留不少于 10%的余量，如选用 25 对大对数电缆，则需配置 25 对大对数电缆的数量为：[(54×1 对)×(1+10%)]÷25 对=2.38 根≈3 根。

③ 电信间数据干线容量的计算：以每台网络交换机 SW 为 24 端口计算，47 个数据信息插座需配置 2 台 24 口 SW，每台配置 1 个主干端口、一个备份端口，则选择室内 8 芯多模光纤即可满足使用要求。

④ 电信间水平侧配线设备的选择：选用 24 口 RJ45 配线架，需配置数量为 101÷24≈4.2 台≈5 台，占用 19 英寸机柜 5U。

⑤ 电信间语音配线架的选择：根据以上语音主干线缆的计算为 3 根 25 对大对数电缆，需配置 3 套 25 对的语音配线架，占用 19 英寸机柜 1U。

⑥ 光纤接线盒根据数据干线光纤的容量配置 19 英寸标准机柜安装的 12 口光纤接线盒，占用 19 英寸机柜 1U。

⑦ 计算 19 英寸标准机柜的高度：根据上述计算，综合布线共占用 19 英寸机柜 7U，数据点 47 套，预留 24 口交换机 2 台，占用 19 英寸机柜 2U，总计占用 9U，选用高度大于 20U 的 19 英寸标准机柜即满足使用需求。

（9）同理，计算六层楼层配线设备的数量及主干语音、数据线缆的容量（学生在教师指导下自己计算）。

（10）电话配线柜容量的确定：室外引入 150 对电话电缆，分别引出 3 根 25 对大对数电缆至三层和六层的配线设备，则配置 200 回线的保安配线柜即满足需求。

（11）绘制综合布线系统图，如图 2-42 所示。

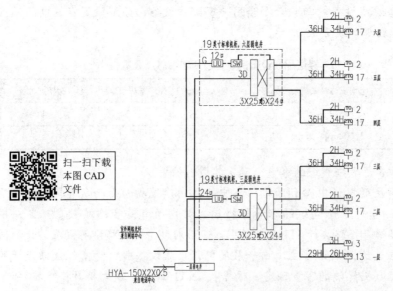

扫一扫下载
本图 CAD
文件

图 2-42　综合布线系统图

（12）根据信息插座点位布置图，确定首层、标准层综合布线线路路由及线缆敷设方式，确定水平和垂直金属线槽、钢管的穿线根数，并计算金属线槽、钢管的规格。

根据建筑物已知的装修要求，由弱电间引至各信息点的线路在走廊沿吊顶内金属线槽敷设，由金属线槽引至各房间信息点的线路穿水煤气钢管沿吊顶明敷或沿墙暗敷。

① 计算水平金属桥架的规格。根据厂家提供的资料可知，单根 6 类八芯非屏蔽对绞线缆的外径为 6.3 mm，金属桥架包含 100 mm×50 mm、200 mm×50 mm、100 mm×100 mm、200 mm×100 mm 等规格。由点位布置图可知，首层、标准层弱电间引出的 6 类八芯非屏蔽对绞线缆分别为 29 根和 36 根，则桥架的截面利用率计算如下。

单根 6 类八芯非屏蔽对绞线缆截面积为：

$$(6.3/2)^2 \times 3.14 \approx 31 \text{ mm}^2$$

29 根 6 类八芯非屏蔽对绞线缆截面积为 31×29=899 mm²，如采用 100 mm×50 mm 的金属桥架，则其截面利用率为 899÷(100×50)=17.98%<30%，满足线缆敷设要求。同理，36 根 6 类八芯非屏蔽对绞线缆需敷设在 100 mm×50 mm 的金属桥架内。

② 计算线缆的穿管规格。DN15 水煤气钢管外径为 21.25 mm，壁厚为 2.75 mm；DN20 水煤气钢管外径为 26.75 mm，壁厚为 2.75 mm，计算 2 根 6 类 4 对非屏蔽双绞线穿多大的水煤气钢管暗管敷设？计算如下。

单根 6 芯非屏蔽对绞线缆截面积为：

$$(6.3/2)^2 \times 3.14 \approx 31 \text{ mm}^2$$

DN15 水煤气钢管的内径为 21.25−2.75×2=15.75 mm，则钢管的内截面积为：

$$(15.75/2)^2 \times 3.14 \approx 195 \text{ mm}^2$$

DN20 水煤气钢管的内径为 26.75−2.75×2=21.25 mm，则钢管的内截面积为：

$$(21.25/2)^2 \times 3.14 \approx 354 \text{ mm}^2$$

2 根 6 类 4 对非屏蔽对绞线缆穿 DN15 时截面利用率 n=31×2/195≈32%≥30%，2 根 6 类 4 对非屏蔽对绞线缆穿 DN20 时截面利用率 n=31×2/354≈17.5%≤25%，因此 2 根 6 类 4 对非屏蔽对绞线缆应选择穿 DN20 的水煤气钢管。

（13）绘制标准层综合布线平面图，如图 2-43 所示。

（14）绘制首层综合布线平面图（学生在教师指导下完成）。

（15）根据完成的综合布线图纸计算主要设备材料清单，如表 2-14 所示。

表 2-14 主要设备材料表

序号	名 称	型号及规格	单位	数量	备注

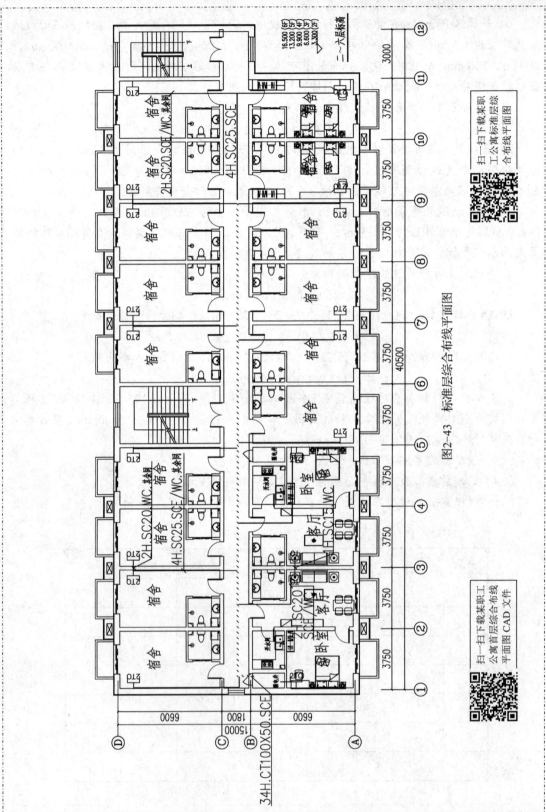

图2-43 标准层综合布线平面图

（16）根据建筑专业图纸、设计委托书及上述的设计内容编写设计说明书，内容包括设计依据（相关国家标准和规范等）、工程概况、设计范围、设计内容、接地及其他施工要求、图形符号等，同时将图纸中表达不清楚的问题写在设计说明中。

（17）根据绘制图纸编写图纸目录，如表2-15所示。

表2-15 图纸目录

序号	图 纸 名 称	张数	备注
1	目录	1	
2	说明书	1	
3	设备及材料表	1	
4	综合布线系统图	1	
5	首层综合布线平面图	1	
6	标准层综合布线平面图	1	

实训2 某科研办公楼综合布线施工图设计

扫一扫下载某科研办公楼建筑平面CAD文件

1. 项目概况

该项目为新建科研办公楼，建筑面积为 3257.6 m²，建筑层数为地上四层，建筑物高度为 14.4 m，建筑物层高为 3.6 m；二～四层建筑结构相同，为标准层，建筑功能为办公，每层除楼梯间外，其他场所和房间均设吊顶。

2. 建设单位设计委托书

综合布线系统设计委托书

兹委托××设计院对我单位新建科研办公楼项目综合布线系统进行设计，具体设计要求如下：

在新建科研办公楼内设内外网综合布线系统，内网用于支持内部办公、科研开发、资源共享等，外网用于支持办公楼内的语音、Internet 网络服务、电子邮件、www 访问、文件传输 FTP、Internet 网络服务等，以实现网络资源的共享。

办公楼内外计算机网络系统采用千兆以太网技术与网络中心连接，全双工 100 Mbps 交换到桌面，支持各种网络协议及拓扑形式，满足目前及今后网络发展的要求和宽带接入的要求。

市政电话和网络光纤由建筑物东侧引至一层电话及网络机房内，综合布线系统采用 6 类非屏蔽系统。

办公室每个工位设 1 个内网终端、1 个外网终端、1 个电话终端，值班室、接待室设 1 个外网终端、1 个电话终端，休息室设 1 个电话终端，图书阅览室、档案室设 1 个内网终端、1 个电话终端。

3. 实训步骤

（1）阅读建筑平面图，了解建筑使用功能，如图 2-44、图 2-45 所示。

（2）根据设计委托书，对照建筑平面图布置电话及内外网信息点。

（3）统计各层信息点数量。

（4）根据建筑平面和机房布局规划布线路由，绘制综合布线系统草图。

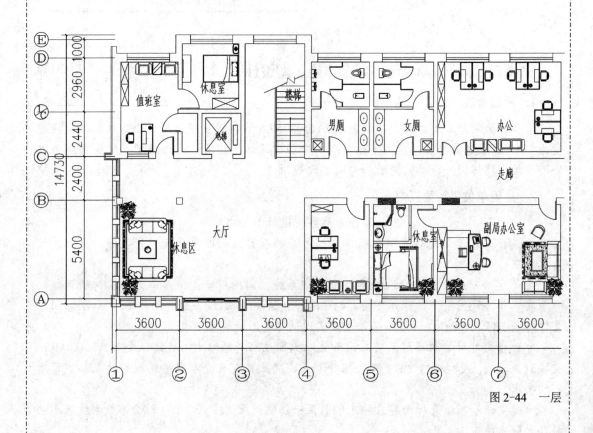

图 2-44 一层

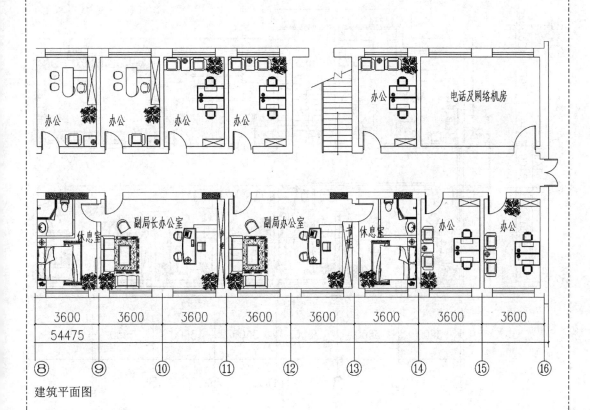

建筑平面图

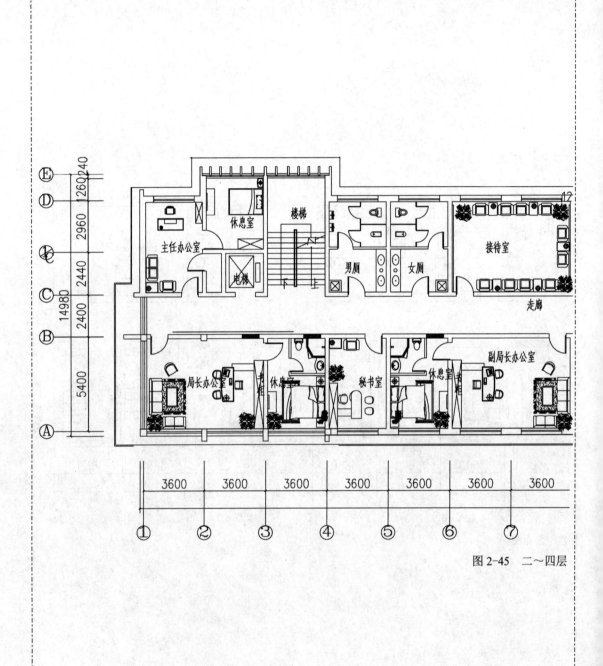

图 2-45 二～四层

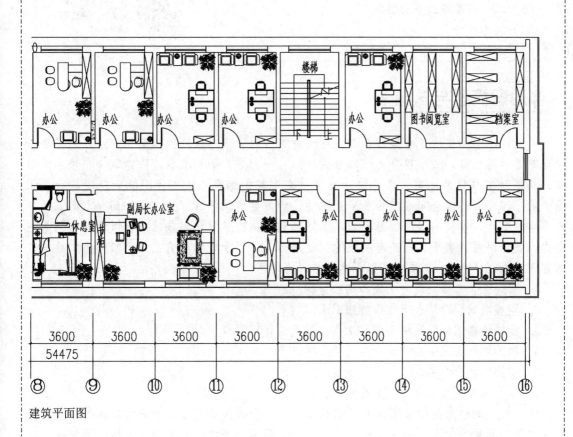

建筑平面图

（5）根据布线系统草图在平面图上绘制布线路由，规划垂直干线走线位置。

（6）计算桥架、钢管的规格，绘制布线平面图。

（7）根据平面图、系统图统计设备材料清单。

扫一扫下载某科研办公楼综合布线系统图 CAD 文件

（8）编写设计说明。

（9）编制图纸目录。

4．实训成果

扫一扫下载某科研办公楼一~四层综合布线平面图 CAD 文件

（1）综合布线系统图。

（2）一层布线平面图。

扫一扫下载某科研办公楼综合布线图设计说明 CAD 文件

（3）二～四层布线平面图。

（4）设备材料表。

（5）设计说明。

知识梳理与总结

本项目的主要目的是掌握综合布线系统施工图的识读与设计的步骤和方法。为了便于学生掌握学习任务，该项目分为三部分讲述：第一部分为知识准备，讲述综合布线系统组成、功能及实施目的；第二部分讲述拿到一套完整的综合布线工程图纸后应该怎么去识图；第三部分讲述综合布线工程各子系统的设计方要求及设计方法。第二部分与第三部分是本章的重点，涉及的内容由易到难，由局部到整体逐步深化，基础知识以设计实例为主要内容展开讲解，实现了理论与实践的深度融合，体现了以学生为主体、教师为主导的教学方法。此项目中重点需要掌握以下几个方面的内容：

1．掌握综合布线系统的组成和拓扑结构；

2．能够准确识读综合布线系统施工图；

3．能够根据图纸编制综合布线工程主要设备材料清单；

4．熟悉综合布线系统的设计规范和要求；

5．掌握综合布线系统工程设计步骤和方法；

6．学会简单项目综合布线系统施工图设计。

该项目中的难点是综合布线系统工程设计，综合布线系统工程的设计要求是关键，所以在学习的过程中要学会查阅设计规范，充分利用网络资源，拓宽知识领域，反复练习，学会融会贯通、举一反三，这样才能快速、高质量地达到学习目的。

思考与练习题 2

扫一扫看思考与练习题 2

扫一扫看思考与练习题 2 参考答案

1．基础知识题

（1）简述综合布线系统的组成及应用。

（2）综合布线系统的传输介质有哪些？

（3）简述干线子系统包含的内容及主干线缆容量选择的设计要求。

（4）建筑群主干线缆的敷设方式有哪些？

（5）简述综合布线设备间设计要求。

（6）用户单元通信设施的建设中电信经营者与建设方的工程界面在哪里？

（7）简述光纤接入系统用户接入点的设置原则。

2. 案例题

（1）已知某一楼宇共有 6 层，每层信息点数为 20 个，每一楼层的最远信息插座离楼层弱电间的距离均为 60 m，每一楼层的最近信息插座离楼层弱电间的距离均为 10 m，请估算出整座楼宇的水平线缆用线量。

（2）如图 2-46 所示为某大楼局部综合布线系统图，线缆选型：水平线缆选择 6 类八芯非屏蔽双绞线，语音主干线缆选用 25 对大对数电缆，数据主干线缆选用室内多模光纤，语音配线架选用 100 对 110 语音配线架，水平侧配线架选用 24 口 RJ45 式配线架，每个无线接入点需端接 1 根 6 类八芯非屏蔽双绞线。试计算：

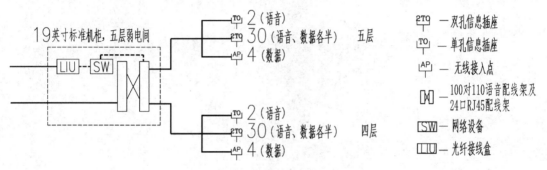

图 2-46 某大楼局部综合布线系统图

① 由五层弱电间引至四层、五层的水平线缆根数；

② 语音、数据主干线缆的容量；

③ 五层弱电间内配线设备的数量（包含 100 对 110 语音配线架、24 口 RJ45 配线架、光纤接线盒）。

（3）已知某一建筑物的某一个楼层有计算机网络信息点 100 个、语音点 50 个，计算出楼层配线间所需要使用的 25 对 110 语音配线架的数量。

（4）已知某幢建筑物的计算机网络信息点数为 200 个且全部汇接到设备间，那么在设备间中应安装多少个 24 口 RJ45 配线架？

（5）已知某建筑物其中一楼层采用光纤到桌面的布线方案，该楼层共有 40 个光纤点，每个光纤信息点均布设 1 根室内 2 芯多模光纤至建筑物的设备间，请问设备间的机柜内应选用多少个 12 口光纤配线架？

（6）假设有一栋高度为 420 m、建筑面积为 150 000 m² 的 100 层超高层建筑。其中 21～50 层（共 30 层）为出租性质的房屋，需要提供"光纤到用户单元"的功能。如每一层建筑面积为 1500 m²，每一个用户单元为 100 m²，则每一层有 15 个用户单元，按照约 300 个用户单元设置 1 个光纤配线区（用户接入点）考虑，设于该建筑物楼层的光纤到用户单元系统的设备间为多家电信经营者共同使用。按低配置考虑方案，请绘制光缆布线系统图，并计算：

① 该建筑物需设置几个用户接入点？多少层合用 1 个楼层配线设备间？设在多少层电信间合适？

② 楼层配线箱至各用户单元的光缆如何配置？

③ 大楼设备间建设方配线机柜至楼层配线设备箱的光缆如何配置？建设方光缆配线设备如何选择？

 扫一扫看综合布线基础测试题　　 扫一扫看综合布线基础测试题参考答案　　 扫一扫看综合布线系统阶段测试一　　 扫一扫看综合布线基础测试2参考答案

项目 **3**

有线电视工程

知识目标	（1）掌握有线电视系统的组成、功能。 （2）掌握有线电视系统施工图的识读方法。 （3）掌握有线电视系统的设计要求和设计流程
能力目标	（1）具有有线电视系统施工图的识读能力。 （2）具有有线电视系统工程设计能力。 （3）具有利用网络查找相关资料和国家现行相关规范的能力
素养目标	（1）具有团队协作与沟通的能力。 （2）具有分析和解决问题的能力
教学资源与载体	1 套完整的有线电视系统施工图纸、AutoCAD 软件、天正电气软件、相关资料和现行相关规范、多媒体教学平台、教材、智能化实训室
教学方法	工程案例教学法、任务驱动法
参考学时	8
教学过程设计	夯实基础→给出工程图纸→讲解施工图识读方法→通过案例教学讲解设计要求→按照工程图纸讲解设计流程和方法
考核与评价内容	课堂练习、施工图识读与设计实训成果
评价方式	自我评价（10%）、小组评价（30%）、教师评价（60%）

有线电视是利用高频电缆、光缆、微波等传输介质，在一定的用户中进行分配和交换声音、图像及数据信号的系统，起源于共用天线系统，最初是为了解决偏远地区收视或城市局部被高层建筑遮挡影响收视而建立的，真正意义上的有线电视系统出现在 20 世纪 50 年代后期的美国，人们利用卫星、无线、自制等节目源通过线路单向广播传送高清晰、多套的电视节目。1985 年，我国为适应电视事业的不断发展，吸取国外经验，制定了适合我国电视标准的 30 MHz～1 000 MHz 全频道邻频传输系统（包括增补频道）。实践证明，750 MHz 邻频传输系统可保证大型电视系统的需要，具有传输频率低、网络损耗小、技术成熟、性能稳定、系统容量大等优点，特别适合于综合办公楼、大酒店等用户集中的地区，但在规划、设计上需考虑技术的进步和今后发展的需要。

3.1 系统特点及组成

1. 系统特点

我国的有线电视系统是在完全空白的基础上建立起来的，虽起步较晚，但发展十分迅速。它具有以下几个特点：

（1）网络频谱不断拓宽。从最早的全频道系统发展到邻频系统，提高了频谱利用效率，邻频系统由 300 MHz 过渡到 450 MHz，发展到今天普遍采用的 860 MHz，光纤干线已到 860 MHz，1GHz 的系统也在试验中。与之相对应的是传送电视频道容量的扩大，从 300 MHz 系统的 27 套节目，扩展到 450 MHz 系统的 46 套，到 550 MHz 系统的 59 套，到 860 MHz 系统的 93 套。

（2）收视节目多，图像质量好。在有线电视系统中可以收视当地电视台开路发送的电视节目，也可以收视卫星上发送的我国及国外 C 波段、Ku 波段电视频道的节目，同时收视当地有线电视台发送的自办节目。自办节目可以播放优秀的影视片，也可以是自制的电视节目。

（3）经济适用性强。有线电视系统与个人接收相比，既经济实惠，又可以极大地丰富节目内容。对于一个城市而言，再也看不到杂乱无章的天线，而是集中的天线阵，使城市更加美化。

（4）高带宽。有线电视网利用光纤和电缆传输，带宽可达 1 GHz。这是传输多种媒体信息的关键之一，通过频率分割，可双向传输高质量的数字电视、高保真的数字电话及高速率的数据，实现有线电视系统增值业务的快速发展。

2. 系统组成

有线电视系统一般由四部分组成：信号源系统、前端系统、干线传输系统和用户分配系统，如图 3-1 所示。

1）信号源系统

信号源系统是提供传送广播电视信号节目的源头，包括卫星地面站接收的模拟、数字电视信号，本地微波站发射的电视信号，本地电视台发射的电视信号及自办节目等。

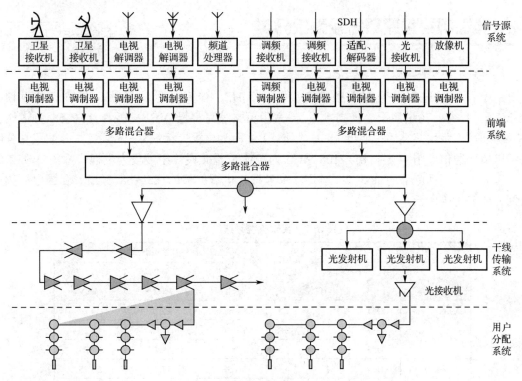

图 3-1　有线电视系统组成框图

2）前端系统

前端系统是位于信号源与干线传输系统之间的信号处理和转换设备，将天线接收的信号、摄录设备输出的信号处理后，通过混合设备同时将多路信号合并为一路电视信号，输送到干线传输系统。主要包括天线放大器、调制器、解调器、混合器、滤波器、衰减器、光发射机等。

3）干线传输系统

干线传输系统位于前端设备和用户分配网络之间，其作用是将前端输出的各种信号不失真地、稳定地传输给分前端及用户分配系统，传输媒介可以是射频同轴电缆、光缆、微波或它们的组合。目前应用最多的是光缆和射频同轴电缆混合（HFC）传输方式。主要设备包括光发射机、光中继、光接收机、干线放大器，用于补偿干线上的传输损耗，根据距离远近及用户终端数量的不同，将输入的有线电视信号调整到合适的大小传输。

4）用户分配系统

用户分配系统用于把干线传输系统送来的电视信号均匀地送到各个电视用户终端，传输介质常采用射频同轴电缆，主要设备包括用户放大器、分支分配器及电视终端等。分支分配器为无源器件，其功能是将一路电视信号分成几路信号输出，相互组合直接接到用户电视终端面板上。

3.2 我国电视频道划分及系统分类

扫一扫看我国
电视频道的划
分表文档

1. 我国电视频道划分

1 个频道的电视信号占用频带宽度为 8 MHz，伴音信号的载频比图像信号载频高 6.5 MHz。1～12 频道属于"甚高频段"，常用英文缩写字母 VHF 表示；13～68 频道属于"特高频段"，常用英文缩写字母 UHF 表示。I 波段为电视广播的 1～5 频道；II 波段划分给调频广播和通信专用，其中 87～108 MHz 为 FM 广播频段；III 波段为电视广播的 6～12 频道；IV波段为电视广播的 13～24 频道；V波段为电视广播的 25～68 频道。我国电视频道的划分如表 3-1 所示。

表 3-1　我国电视频道的划分

开路电视		闭路电视		频率参数		
波段	频道	国际编号	国内编号	频率范围（MHz）	图像载频（MHz）	伴音载频（MHz）
I 波段（VHF）	DS1	1	1	48.5～56.5	49.75	56.25
	DS2	2	2	56.5～64.5	57.75	64.25
	DS3	3	3	64.5～72.5	65.75	72.25
II 波段（VHF）	DS4	4	4	76～84	77.25	83.75
	DS5	5	5	84～92	85.25	91.75
VHF		13	Z1	111～119	112.25	118.75
		14	Z2	119～127	120.25	126.75
		15	Z3	127～135	128.25	134.75
		16	Z4	135～143	136.25	142.75
		17	Z5	143～151	144.25	150.75
		18	Z6	151～159	152.25	158.75
		19	Z7	159～167	160.25	166.75
III波段（VHF）	DS6	6	6	167～175	168.25	174.75
	DS7	7	7	175～183	176.25	182.75
	DS8	8	8	183～191	184.25	190.75
	DS9	9	9	191～199	192.25	198.75
	DS10	10	10	199～207	200.25	206.75
	DS11	11	11	207～215	208.25	214.75
	DS12	12	12	215～223	216.25	222.75
VHF		20	Z8	223～231	224.25	230.75
		21	Z9	231～239	232.25	238.75
		22	Z10	239～247	240.25	246.75
		23	Z11	247～255	248.25	254.75
		24	Z12	255～263	256.25	262.75
		25	Z13	263～271	264.25	270.75

续表

开路电视		闭路电视		频率参数		
波段	频道	国际编号	国内编号	频率范围（MHz）	图像载频（MHz）	伴音载频（MHz）
VHF		26	Z14	271～279	272.25	278.75
		27	Z15	279～287	280.25	286.75
		28	Z16	287～295	288.25	294.75
		29	Z17	295～303	296.25	302.75
U 分米波（UHF）		30	Z18	303～311	304.25	310.75
		31	Z19	311～319	312.25	318.75
		32	Z20	319～327	320.25	326.75
		33	Z21	327～335	328.25	334.75
		34	Z22	335～343	336.25	342.75
		35	Z23	343～351	344.25	350.75
		36	Z24	351～359	352.25	358.75
		37	Z25	359～367	360.25	366.75
		38	Z26	367～375	368.25	374.75
		39	Z27	375～383	376.25	382.75
		40	Z28	383～391	384.25	390.75
		41	Z29	391～399	392.25	398.75
		42	Z30	399～407	400.25	406.75
		43	Z31	407～415	408.25	414.75
		44	Z32	415～423	416.25	422.75
		45	Z33	423～431	424.25	430.75
		46	Z34	431～439	432.25	438.75
		47	Z35	439～447	440.25	446.75
		48	Z36	447～455	448.25	454.75
		49	Z37	455～463	456.25	462.75
Ⅳ波段（UHF）	DS13	50	13	470～478	471.25	477.75
	DS14	51	14	478～486	479.25	485.75
	DS15	52	15	486～494	487.25	493.75
	DS16	53	16	494～502	495.25	501.75
	DS17	54	17	502～510	503.25	509.75
	DS18	55	18	510～518	511.25	517.75
	DS19	56	19	518～526	519.25	525.75
	DS20	57	20	526～534	527.25	533.75
	DS21	58	21	524～532	525.25	531.75
	DS22	59	22	542～550	543.25	549.75
	DS23	60	23	550～558	551.25	557.75
	DS24	61	24	558～566	559.25	565.75

续表

开路电视		闭路电视		频率参数		
波段	频道	国际 编号	国内 编号	频率范围 （MHz）	图像载频 （MHz）	伴音载频 （MHz）
分米波 （UHF）		62	24+1	566～574	567.25	573.75
		63	24+2	574～582	575.25	581.75
		64	24+3	582～590	583.25	589.75
		65	24+4	590～598	591.25	597.75
		66	24+5	598～606	599.25	605.75
V波段 （UHF）	DS25	67	25	606～614	607.25	613.75
	DS26	68	26	614～622	615.25	621.75
	DS27	69	27	622～630	623.25	629.75
	DS28	70	28	630～638	631.25	637.75
	DS29	71	29	638～646	639.25	645.75
	DS30	72	30	646～654	647.25	653.75
	DS31	73	31	654～662	655.25	661.75
	DS32	74	32	662～670	663.25	669.75
	DS33	75	33	670～678	671.25	677.75
	DS34	76	34	678～686	679.25	685.75
	DS35	77	35	686～694	687.25	693.75
	DS36	78	36	694～702	695.25	701.75
	DS37	79	37	702～710	703.25	709.75
	DS38	80	38	710～718	711.25	717.75
	DS39	81	39	718～726	719.25	725.75
	DS40	82	40	726～734	727.25	733.75
	DS41	83	41	734～742	735.25	741.75
	DS42	84	42	742～750	743.25	749.75
	DS43	85	43	750～758	751.25	757.75
	DS44	86	44	758～766	759.25	765.75
	DS45	87	45	766～774	767.25	773.75
	DS46	88	46	774～782	775.25	781.75
	DS47	89	47	782～790	783.25	789.75
	DS48	90	48	790～798	791.25	797.75
	DS49	91	49	798～806	799.25	805.75
	DS50	92	50	806～814	807.25	813.75
	DS51	93	51	714～722	715.25	721.75
	DS52	94	52	822～830	823.25	829.75
	DS53	95	53	830～838	831.25	837.75
	DS54	96	54	838～846	839.25	845.75
	DS55	97	55	846～854	847.25	853.75
	DS56	98	56	854～862	855.25	861.75

续表

| 开路电视 | | 闭路电视 | | 频率参数 | | |
波段	频道	国际编号	国内编号	频率范围（MHz）	图像载频（MHz）	伴音载频（MHz）
Ⅴ波段（UHF）	DS57	99	57	862～870	863.25	869.75
	DS58			870～878	871.25	877.75
	DS59			878～886	879.25	885.75
	DS60			886～894	887.25	893.75
	DS61			894～902	895.25	901.75
	DS62			902～910	903.25	909.75
	DS63			910～918	911.25	917.75
	DS64			918～926	919.25	925.75
	DS65			926～934	927.25	933.75
	DS66			934～942	935.25	941.75
	DS67			942～950	943.25	949.75
	DS68			950～958	951.25	957.75

由表中可见：Ⅰ与Ⅲ波段之间和Ⅲ与Ⅳ波段之间为增补频道，这是因 CATV 节目不断增加和服务范围不断扩大而开辟的新频道。

2. 系统分类

有线电视系统按带宽、使用器材、传输手段和结构类型等的不同可分为许多不同的种类。

1）按频道带宽分

分为邻频传输系统和隔频传输系统。

（1）邻频传输系统：即 300 MHz、450 MHz、550 MHz、750 MHz、860 MHz 系统。由于国家规定的 68 个标准频道是不连续，因此在系统内部可以利用这些不连续的频率来设置增补频道，用 Z 来表示。邻频传输系统频道划分及应用如表 3-2 所示。

表 3-2　邻频传输系统频道划分及应用

邻频系统类型	传输频道数目（个）	可传输的频道号
300 MHz 邻频系统	28	DS1-12+Z1-16
450 MHz 邻频系统	47	DS1-12+Z1-35
550 MHz 邻频系统	52	DS6-22+Z1-37
750 MHz 邻频系统	79	DS6-42+Z1-42
860 MHz 邻频系统	93	DS6-56+Z1-42

（2）隔频传输系统：频道在频谱上的排列是间隔的传输系统，即 VHF（甚高频）系统、UHF（超高频）系统、全频道（VHF+UHF）系统。其中 VHF 频段有 DS1～DS12 频道，UHF 频段有 DS13～DS68 频道。

2）按网络类型分

分为城域网、局域网和双向传输网。

（1）城域网：电视终端用户数为 2 000～100 000 户的城镇联网，或 100 000 户以上的大型城市网。一般由当地有线电视运营商管理，系统设一个信号源总前端中心，经干线传输至各地分前端，再传输至用户分配网。传输干线网络一般采用光纤传送技术与用户分配同轴电缆网连接，形成光缆、电缆混合网（即 HFC），其网络拓扑结构如图 3-2 所示。

图 3-2　HFC 网络拓扑结构

（2）局域网：电视终端用户数在 2 000 户以下的有线电视网，一般可采用全电缆网方式，当用户较分散、区域较大时，也可采用 HFC 传输。局域网可通过电缆或光缆与城域网连接，一般应用在单体建筑物或中小型园区中。

（3）双向传输网：在 HFC 网络的基础上，正向（下行）通道传输有线电视模拟信号、数字电视信号和各种数据业务信号，反向（上行）通道传输各种宽、窄带数字业务信号。

3.3　系统常用设备

 扫一扫看电视系统常用设备功能演示文稿　 扫一扫看电视系统常用设备功能微视频

有线电视系统常用设备包括卫星地面接收设备、解调器、调制器、混合器、放大器、分配器、分支器、电视终端等。

1）卫星地面接收设备

由抛物面天线、馈源、高频头、卫星接收机组成一套完整的卫星地面接收站。

（1）抛物面天线把来自空中的卫星信号反射，并汇聚至抛物面的焦点。

（2）馈源是在抛物面天线的焦点处设收集卫星信号的喇叭，将汇聚到焦点的能量全部收集起来。

（3）高频头（LNB，也称降频器）将馈源送来的卫星信号进行降频和放大后传送至卫星接收机。

（4）卫星接收机将高频头送来的卫星信号进行解调，解调出卫星电视图像信号和伴音信号，用于接收电视节目信号。

2）解调器

解调器用于接收开路或自办节目电视信号，其解调输出的视频信号和音频信号可直接送入调制器，从而实现将开路或自办电视节目转入有线电视系统传输的目的。

3）调制器

调制器用于将本地制作的视频节目信号、录像节目信号、卫星接收的电视信号及音频信号转换为已调制好的射频信号。

4）混合器

混合器将多路电视节目混合成一路，用同轴电缆传输，达到多路复用的目的。它具有滤除干扰杂波和抗干扰能力。

5）放大器

放大器用于放大电视信号，弥补有线电视系统中电缆、分支分配器等无源器件对电视信号的衰减，分为单频道放大器和宽带放大器。单频道放大器位于系统的前端，用来放大摄像机、录像机和接收天线输出的信号，只能放大一个频道的电视信号；宽带放大器可以对两个频道以上的电视信号同时放大。

6）分配器

分配器用于将一路信号平均分成二路、三路、四路，故又称为二分配器、三分配器、四分配器等。

7）分支器

分支器用于较高电平的馈电干线中，能以较小的插入损耗从干线取出部分信号供给终端用户，分支输出有一路、二路、四路等，故又称为一分支器、二分支器、四分支器等。

8）电视终端

电视终端用于连接电视机的用户终端面板。

有线电视常用设备实物图如图3-3所示。

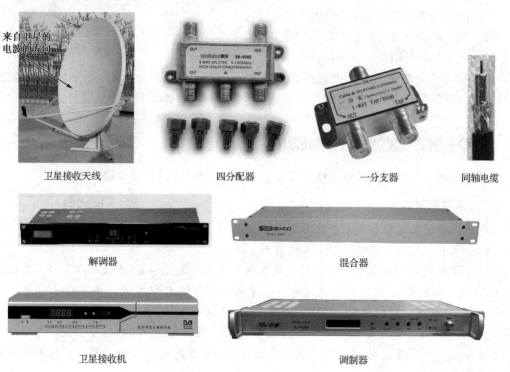

图3-3　有线电视常用设备实物图

3.4 有线电视系统施工图识读方法

1. 设计说明书

从设计说明书中需了解的主要内容有：

（1）了解项目概况。

（2）读懂图形符号。

（3）了解设计内容：放大器箱、分支器箱、电视用户终端的设置原则，接地及其他安装注意事项等。

2. 系统图识读

系统图识读需分析的主要内容有：

（1）信号源的形式。

（2）放大器、分支分配器的数量及设置位置。

（3）各层电视用户终端的设置数量。

（4）系统主干、支干及引至室外的线缆选型。

（5）分支分配器的规格选择。

（6）放大器输出电平的选择。

3. 平面图识读

平面图识读需分析的主要内容有：

（1）放大器、分支分配器的设置位置。

（2）电视用户终端的设置场所。

（3）室外信号源的选择、由室外引至该建筑物的线缆、放大器箱至分支分配器箱的主干线缆、分支器箱至各电视用户终端水平线缆的型号规格、敷设路由及敷设方式等。

工程案例 3　某教师公寓有线电视施工图识读

该案例的工程概况与工程图纸见项目 2 中的工程案例 1，识图步骤如下。

1. 设计说明

扫一扫看有线电视系统图识读微视频

设计说明参见工程案例 1 中的图 2-19，分析图 2-19 可知：

（1）工程概况及设计依据：与工程案例 1 相同。

（2）设计内容：在教师公寓内设有线电视系统（见图 3-4），方便教师在公寓内收看电视节目。电视信号来自市有线电视网，系统采用分支分配方式，用户输出口电平为 69±6 dB。电视主干线缆选用 SYWV-75-9，支干线缆选用 SYWV-75-5。放大器箱设在一层弱电间，挂墙明装，箱底距地 1 400 mm，分支器箱在走廊吊顶内挂墙安装，电视终端设在各公寓、活动室、管理室内，在有分支器箱的吊顶附近预留维修洞口，图形符号如表 3-3 所示。

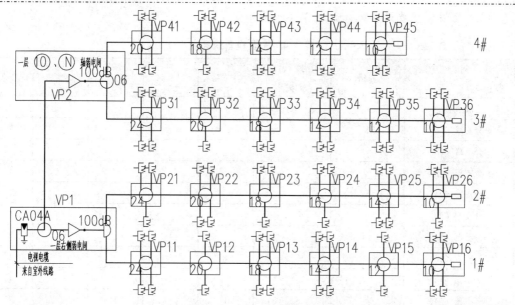

图 3-4 有线电视系统图

表 3-3 图形符号一览表

图形符号	设备名称	图形符号	设备名称
TV $h=300$ mm	电视用户终端	VP	分支器箱
□	终端电阻（75 Ω）	⊖	分支器
⊤	分配器	▷	放大器
SC	焊接钢管	RC	水煤气钢管
SCE	吊顶内敷设	CT	电缆桥架
FC	埋地敷设	WC	沿墙暗敷

说明：有线电视系统中放大器、分配器、分支器之间的线路均采用 SYWV-75-9 线缆，由分支器到用户终端的线路均采用 SYWV-75-5 的线缆。

2. 系统图分析

有线电视系统图如图 3-4 所示，分析系统图可知：

（1）来自室外的电视电缆经浪涌保护器后进入规格为 06 的一分支器，一分支器的主干引至 10 轴、N 轴弱电间的放大器内，支路引至右侧弱电间的放大器内，右侧弱电间放大器负责 1#、2#支路的 40 个电视终端的信号传输；10 轴、N 轴弱电间放大器负责 3#、4#支路的 42 个电视终端的信号传输。系统设 2 个放大器箱 VP1、VP2，分别设置在一层右侧和 10 轴、N 轴的弱电间内，右侧弱电间内由放大器引出的信号经二分配器分别引至 1#和 2#支路，10 轴、N 轴弱电间内由放大器引出的信号经 06 的一分支器后主干线缆引至 3#支路，支干线缆引至 4#支路。主干线末端分支器的主干输出均配置 75 Ω 的终端电阻。

（2）系统图主要设备统计如表3-4所示。

表3-4　主要设备统计表

设备名称 ＼ 弱电间及支路	右侧弱电间	10轴、N轴弱电间	1#支路	2#支路	3#支路	4#支路	总计
放大器	1	1					2
一分支器（06）	1	1					2
二分支器（20）			1				1
二分支器（12）			1				1
三分支器（24）				1			1
三分支器（20）					1		1
三分支器（18）				1		1	2
三分支器（16）				1			1
三分支器（10）				1			1
四分支器（24）			1		1		2
四分支器（20）				1		1	2
四分支器（18）			1		1		2
四分支器（14）			1	1	1	1	4
四分支器（12）				1		1	2
四分支器（10）				1	1	1	3
二分配器	1						1
放大器箱	1	1					2
分支分配器箱			6	6	6	5	23
浪涌保护器	1						1
电视终端			20	20	23	19	82
终端电阻			1	1	1	1	4

3. 一层弱电平面图

一层弱电平面图参见工程案例1中的图2-21。由平面图可知：

（1）一层右侧弱电间设在16轴、F轴，10轴、N轴的弱电间与强电专业合用。室外电视电缆穿 DN50 的水煤气钢管由建筑物的右侧埋地引至右侧弱电间内，管子伸出散水 1 000 mm，室外埋深 800 mm，室内伸进弱电间内墙 100 mm，露出地面 50 mm。

（2）根据建筑使用功能和家具布置，每间单身公寓、活动室、管理室各设 1 个电视终端，带会客间的公寓在会客间和公寓内各设 1 个电视终端。由设计说明和系统图可知，放大器箱 VP1、VP2 分设在右侧和 10 轴、N 轴的弱电间内，壁挂安装，高度为底距地面 1 400 mm，分支器箱在走廊吊顶内安装，右侧弱电间与 10 轴、N 轴弱电间放大器箱之间的线缆采用 SYWV-75-9 穿 SC25 的钢管沿吊顶内敷设，右侧弱电间放大器箱引出 2 根 SYWV-75-9 的线缆各自穿 SC25 的钢管沿吊顶内分别引至 1#和 2#支路的 VP11 和 VP21

分支器箱，再由 VP11、VP21 分支器箱采用 SYWV-75-9 穿 SC25 的钢管沿吊顶内敷设至 VP12、VP22，至最末端的 VP16、VP26 分支器箱，由各分支器箱引至 1 个电视终端的线路为 SYWV-75-5 穿 SC15 的钢管，引至 2 个电视终端的线路为 2SYWV-75-5 穿 SC25 的钢管，敷设方式为沿吊顶内或沿墙暗敷。10 轴、N 轴弱电间放大器箱引出的线路与右侧弱电间相同，分支器箱之间及分支器箱与电视终端的线路与上相同。

（3）钢管、线缆用量的估算：根据平面图给出的出图比例利用比例尺量出钢管及线缆的总长度，并在实际统计数量的基础上钢管留 10%～15% 的余量，线缆预留 15%～20% 的余量。

4. 课堂练习

设备材料统计。估算钢管、线缆的用量，列出设备材料清单，并填入表 3-5 中。

 扫一扫看钢管、线缆用量估算数

 扫一扫看主要设备材料表

表 3-5　主要设备材料表

序号	设备材料名称	单位	数量

实训 3　某科研办公楼有线电视系统图识读

图 3-5 为某科研办公楼有线电视系统图，图中图形符号参照表 3-3，识读系统图并完成以下任务：

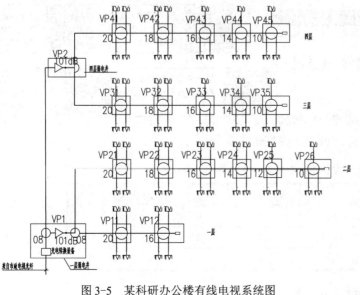

 扫一扫看设备材料统计表

图 3-5　某科研办公楼有线电视系统图

设备材料统计（包括各层放大器箱、分支分配器箱、放大器、分支分配器、电视终端），并填入表3-6中。

说明：有线电视系统中放大器、分配器、分支器之间的线路均采用 SYWV-75-9 的线缆，由分支器到用户终端的线路均采用 SYWV-75-5 的线缆。

表3-6　设备材料统计表

弱电间及支路 设备名称	一层弱电间	四层弱电间	一层	二层	三层	四层	总计
放大器							
一分支器（08）							
三分支器（16）							
三分支器（14）							
三分支器（12）							
三分支器（10）							
四分支器（20）							
四分支器（18）							
四分支器（16）							
四分支器（14）							
二分配器							
放大器箱							
分支分配器箱							
电视终端							
终端电阻							

3.5　有线电视系统施工图设计

 扫一扫看拓展知识：什么是非线性失真？

 扫一扫看拓展知识：关于载噪比的基础知识

3.5.1　系统设计指标和原则

1. 系统设计指标

 扫一扫看拓展知识：有线电视系统交扰调制比（CM）

 扫一扫看拓展知识：有线电视系统载波互调比（IM）

（1）系统载噪比、交扰调制比和载波互调比的最小设计值应符合表3-7的规定。

表3-7　系统载噪比、交扰调制比和载波互调比的最小设计值（dB）

项　　目	设　计　值	备　　注
载噪比（C/N）	44	不满足要求时会有雪花干扰
交扰调制比（CM）	47	不满足要求时会有图像背景干扰
载波互调比（IM）	58	不满足要求时会有网状干扰

（2）系统输出口电平设计值要求如下：

- 非邻频系统可取 70±5 dBμV；
- 邻频传输系统可取 64±4 dBμV。

（3）系统输出口频道间电平差的设计值需满足表 3-8 的要求。

表 3-8　系统输出口频道间的电平差（dB）

频　道	频　段	系统输出口电平差
任意频道	超高频段	13
	甚高频段	10
	甚高频段中 60 MHz 内	6
	甚高频段中 1 000 MHz 内	7
相邻频道		2

（4）图像质量评价依据表 3-9 要求实施。

表 3-9　图像质量评价标准

图像等级	主观评价	图　像　质　量	载噪比（dB）
5	优	不能察觉干扰和杂波	52
4	良	可察觉，但不令人讨厌	43
3	中	明显察觉，稍令人讨厌	37
2	差	很显著，令人讨厌	31
1	劣	极显著，无法收看	29

2. 系统设计原则

（1）保证电视终端用户电平要求，获得最佳的收看效果。

（2）尽量扩大有线电视覆盖范围，解决偏远地区收视问题。

（3）提高系统的抗干扰能力，并将系统的抗干扰能力作为设计的重要问题予以考虑和解决。

（4）保证图像的传输质量。传输过程不失真，系统不出现交调、互调及重影等影响图像质量的现象。

（5）解决远距离传输问题。

（6）防雷问题，由于接收天线多架设在建筑物高处或野外，设计中必须考虑防雷问题。

（7）其他问题，例如施工布线方便、电视终端位置方便用户使用、造价尽量降低等。

3.5.2　系统设计要点

目前在智能建筑中采用最多的有线电视系统不设独立前端，信号来自当地的有线电视运营商，且系统一般采用邻频传输，因此本项目主要讲述用户分配网络的设计要求。

1. 系统分配网络

系统分配网络一般采用如图 3-6 所示的几种方式。

以上几种分配网络结构并不是孤立的，在一个具体的用户分配网络设计过程中，往往是几种结构的组合，如分配—分配方式网络中采用分配—分支方式等。

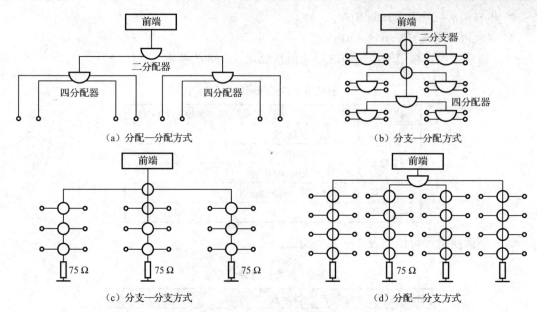

图 3-6　系统传输分配网络

2. 放大器设计要点

（1）分配网络末端放大器的输出电平一般不超过 102 dB。

（2）分配网络中用户电视终端多时，为了保证收看图像质量，放大器一般不采用串联，而采用并联的设置方式。

（3）放大器主要技术指标如表 3-10 所示。

表 3-10　放大器主要技术指标

项　目	单位	性　能　参　数	
频率范围	MHz	45～750 MHz	45～860 MHz
标称输出电平	dBμV	110	
增益调节范围	dB	0～20	
噪声系数	dB	≤10	
载波组合三次差拍比（84 个 PAL-D）	dB	64、71	
载波组合二次差拍比（84 个 PAL-D）	dB	55、68	
温度补偿范围	dB	±1.5	
反射损耗	dB	≥14	
抗雷击能力	kV	5（10/700 μS）	
电源电压（50Hz）	V	～220 V±15%	
功耗	VA	15	

3. 分配器、分支器设计要点

（1）信号主干线的末端一般不使用分配器。

（2）住宅设计时，分配器到每户电视终端盒应采用单独的暗管设置，不与引至其他住户电视终端的线路共用管道；一户内设置多个电视终端时可采用户内分配的方式。

（3）系统设备选择按双向传输设计。

（4）常用分支器的主要技术指标如表 3-11 所示。

表 3-11　常用分支器的主要技术指标（以传输 860MHz 邻频信号衰减为例，dB）

分 支 损 耗	6	8	10	12	14	16	18	20	24
插入损耗（一分支）	3	2.5	2.5	1.5	1.5	1.2	1.2	1	1
插入损耗（二分支）		4.8	4	3	3	2	2	1.5	1.5
插入损耗（三分支）			4.5	4.5	2	2	1.5	1.5	1
插入损耗（四分支）			4.5	4.5	2.5	2.5	1.5	1.5	1.5
插入损耗（六分支）				4.2	3	2	1.2	1.2	1.2
插入损耗（八分支）						4.2		2.2	1.5

（5）常用分配器的主要技术指标如表 3-12 所示。

表 3-12　常用分配器的主要技术指标

项　　目		技 术 指 标			
		二分配器	三分配器	四分配器	六分配器
分配损耗	VHF	≤3.7	≤5.8	≤7.5	≤10.5
（dB）	UHF	≤4	≤6.5	≤8	≤11
相互隔离	VHF	≥20			
（dB）	UHF	≥18			
反射损耗	VHF	≥16			
（dB）	UHF	≥10			

扫一扫看常用分支、分配器的技术指标演示文稿

4．用户电视终端设计要点

（1）住宅设计时，每套住宅最少设计一个电视终端，高标准住宅可按实际需求进行设计，并设在每套住宅的起居室或卧室内；非住宅类的用房，用户电视终端的布置需配合建筑使用功能和业主需求综合考虑后设置。

（2）电视用户终端一般为暗装距地 300 mm，其他特殊场合需配合建筑使用功能确定高度，如餐厅、会堂等用房；另外，还需要求电气专业人员在电视终端插座旁设置 1 个 220 V带保护接地的交流电源插座，与其边缘距离不小于 200 mm。

5．传输线缆的选择

（1）用户分配网中常用的传输线缆为射频同轴电缆，一般选择物理发泡同轴电缆，型号为 SYWV。

（2）放大器与分配器或分支器，分支分配器之间的线路为有线电视主干线，一般采用SYWV-75-9 或 SYWV-75-7 的线缆；分支分配器至用户电视终端之间的线缆为支干线路，一般采用 SYWV-75-5 的线缆。

（3）常用射频同轴电缆的主要技术指标如表 3-13 所示。

（4）随着网络技术的发展，智能建筑内的有线电视系统也可采用网络传输，具体设计要求及方法可参考项目 2 中的相关内容。

表 3-13　同轴电缆的主要技术指标

线 缆 型 号	衰耗常数（1 000 MHz）	外径（mm）
SYWV-75-5	22 dB/100 m	7.3
SYWV-75-7	14.4 dB/100 m	10.3
SYWV-75-9	11.3 dB/100 m	12.2
SYWV-75-12	8.5 dB/100 m	15

扫一扫看传
输线缆的选
择演示文稿

6. 系统防雷接地设计要点

（1）在进线间、设备间及电信间应设置楼层或局部等电位接地端子板。

（2）有线电视系统应采用联合接地系统，如单独设置接地体，接地电阻不大于 4 Ω。

（3）电信间安装的放大器或分支器箱应采用适当截面的绝缘铜导线单独布线至就近的等电位接地装置，也可采用电信间内等电位接地铜排引至建筑物联合接地装置。

（4）线缆在雷电防护区交界处，屏蔽电缆屏蔽层的两端应做等电位连接并接地。

（5）有线电视的电缆采用金属线槽或钢管敷设时，线槽或钢管应保持连续的电气连接，并应有不少于两点的良好接地。

（6）当线缆从建筑物外面进入建筑物时，电缆和光缆的金属护套或金属件应在入口处就近与等电位接地端子板连接。

（7）当电缆从建筑物外面进入建筑物时，应选用适配的信号线路浪涌保护器，信号线路浪涌保护器应符合设计要求。

3.5.3　有线电视施工图设计步骤

1. 有线电视系统施工图设计与土建工程同步进行

（1）建筑专业下发平行作业，即建筑方案设计图纸。

（2）根据建筑物各层的使用功能，分析用户需求，与业主沟通，确定各层电视终端的位置、数量、信号来源及需接收的电视频道数目，形成业主设计委托书。

（3）与建筑专业配合确定进线间、电信间的位置，可与其他智能化系统合用，如为独立前端系统，需与建筑专业配合确定电视机房的位置。

（4）与其他专业的配合：针对电视机房、弱电间等对其他专业提供相应的环境要求资料，如电视机房对建筑专业的装修要求，对其他专业诸如机房荷载、供电、空调、消防灭火等的要求。

（5）根据建筑平面图和设计委托书，绘制电视终端的点位布置，确定线缆走线路由和走线方式，确定整个系统的结构组成方案，确定电视终端电平要求，并要求电气专业为放大器提供供电电源。

（6）选择各种器件的型号和主要技术指标。

（7）倒推法计算分配网络中放大器的输出电平 S_0。

$$S_0=S_n+S_1+L_z+\sum L_p+\sum L_x+\sum L_n（dB）$$

式中：S_n 为电视用户终端电平（dB）；S_1 为电视用户终端衰耗（dB）；L_z 为分支分配器损耗

（dB）；$\sum L_p$ 为总的分支分配损耗（dB）；$\sum L_x$ 为总的电线缆损耗（dB）；$\sum L_n$ 为总的分支器插入损耗（dB）。

（8）用顺推法按如下公式计算各电视用户终端电平（并选择分支分配器的规格）。

用户电视终端电平为：

$$S_n=S_0-\sum L_p-\sum L_n-\sum L_x-S_1-L_z（dB）$$

（9）绘制图纸，施工图纸包括以下内容：

● 目录（与其他智能化系统合用）；

● 设计说明书（与其他智能化系统合用）；

● 设备材料表（与其他智能化系统合用）；

● 有线电视系统图；

● 各层有线电视平面图（与其他智能化系统合用）。

2．有线电视系统施工图设计在土建工程设计完成后进行

（1）从业主处获取各专业施工图设计图纸（包括建筑、结构、水道、暖通、强电等专业图纸），进行现场勘察。

（2）对照各专业图纸，确认以下内容：

● 电视机房等设备间、电信间的位置；

● 各楼层走廊、电梯厅、大厅、房间等场所的装修情况，以便确定系统的敷设方式；

● 若没有可用的电视机房，则需与业主技术负责人商定电视机房的设置位置，并需按照规范要求及时给其他专业提供设备间、电信间需要的环境要求；

● 如电信间为与其他智能化系统共用，则需与其他集成商确定放大器箱的安装位置；

● 根据其他各专业在走廊内的布管路由，确定有线电视系统的线路敷设路由。

（3）其他步骤与前（3）～（9）相同。

工程案例4　某职工宿舍有线电视施工图设计

1．项目概况

该案例的工程项目概况与项目 2 中的工程案例 2 相同。

2．设计委托书

有线电视系统设计委托书

兹委托××设计院对我单位职工宿舍项目有线电视系统进行设计，具体设计要求如下：

在职工宿舍楼内设有线电视系统，方便职工接收电视节目，电视信号来自市有线电视台，室外电视信号来自建筑物的西南侧。

在每间宿舍、套间的客厅及值班室设 1 个电视终端。

3．阅读建筑平面图

见项目 2 中的图 2-35、图 2-36，了解各层建筑使用功能。

4．统计各层电视用户终端数量

根据建筑平面图和设计委托书，统计各层电视用户终端数量，如表 3-14 所示。

表 3-14　电视用户终端统计表

层数 ＼ 房间	宿舍（间）	套间卧室（间）	套间客厅（间）	值班室（间）	电视用户终端（个）
首层	10				10
		2			2
			2		2
				1	1
标准层（二～六层）	15×5				75
		2×5			10
			2×5		10
总计	85	12	12	1	110

5. 电视用户终端插座的配置和设置位置

1）宿舍内

设 1 个电视用户终端，设置位置：根据建筑专业家具布置要求，电视用户终端插座设在宿舍电脑桌附近，安装高度为 $h=300$ mm，并要求电气专业在附近预留电视电源插座。

2）套间的卧室

设 1 个电视用户终端，设置位置：根据建筑专业家具布置要求，电视用户终端插座设在套间卧室的床对面墙上，安装高度为 $h=300$ mm。

3）套间的客厅

设 1 个电视用户终端，设置位置：根据建筑专业家具布置要求，电视用户终端插座设在客厅沙发对面的电视柜处，安装高度为 $h=300$ mm。

4）值班室

设 1 个电视用户终端，设置位置：根据建筑专业家具布置要求，电视用户终端插座设在值班室工作台附近，安装高度为 $h=1\,000$ mm。

课堂练习：学生在教师指导下绘制一层及标准层电视用户终端点位布置图。

6. 确定分配网络的组成

根据各层终端用户点位布置及数量统计，该大楼共计 110 个电视用户终端，而在分配网络工程设计中，为了保证传输距离最远的用户电平满足设计要求，一个放大器所带电视用户终端的数量一般控制在 60～70 户。因此，该案例考虑选用 2 个放大器，一个负责一～三层的分配网络，共计 53 户；另一个负责四～六层的分配网络，共计 57 户。放大器设在二层、五层，放大器箱在弱电间明装，高度为距离地面 1 400 mm，合理布置分支、分配器的位置，确定分支器箱为吊顶内明装，放大器至分支分配器、分支器之间的主干线路采用 SYWV-75-9 穿管后沿吊顶内明敷，分支器至用户终端的支干线路采用 SYWV-75-5 穿管后沿吊顶内明敷或沿墙暗敷。测量放大器与分支分配器之间及分支器距用户终端的距离，对放大器箱、分支器箱进行编号，放大器箱编号为 VP1、VP2，分支器箱编号为 VP*mn*，*m* 为楼层编号，*n* 为箱体编号，如 VP11 为一层的第一个分支器箱。最后绘制用户分配网络系统草图，先计算放大器箱 VP2 所带的分配网络电平，如图 3-7 所示。

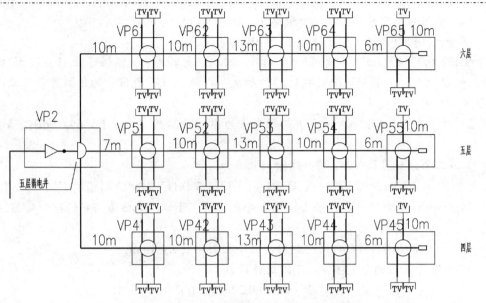

图 3-7　VP2 放大器所带分配网络系统草图

计算时先选择信号衰减最大的支路，采用倒推法估算出用户放大器的输出电平，再利用顺推法计算每个支路上的用户电平，选择分支、分配器的规格，调整不合理的线路走向及分支、分配器规格，具体计算方法如下：

（1）选择传输距离最远的支路，四层或六层均可，用倒推法估算放大器的输出信号电平：

如四层支路，放大器输出后有 1 个三分配器、1 个三分支器、4 个四分支器，SYWV-75-9 的线缆长度为 49 m，SYWV-75-5 的线缆长度为 10 m。查表 3-12 和表 3-13 可知：

① 4 个分支器的衰耗估算为：4×2.5=10 dB（按每个分支器平均衰耗 2.5 dB 考虑）。

② 1 个三分配器的衰耗为：1×6.5=6.5 dB。

③ 1 个三分支器的分支损耗为：1×10=10dB。

④ 线缆衰耗为：10 m×0.22 dB/m+49 m×0.113 dB/m=7.737 dB。

⑤ 用户终端损耗：一般取 1.5 dB。

⑥ 用户终端电平为：64±4 dB，设计选择 66 dB 计算。

则放大器的输出电平为：66+10+1.5+10+6.5+7.737=101.737 dB。可先取 101 dB 计算。

（2）采用顺推法计算四层支路用户终端电平，选择分支器的规格。

① 放大器经过三分配器后的电平为：101-6.5=94.5 dB。

② 第一个分支器箱 VP41 的干线输入电平为：VP41=94.5-0.113×L_1=94.5-0.113×10=93.37 dB。其中，L_1 为三分配器到该分支器的距离，由平面图测量 L_1=10 m。

VP41 分支器的分支损耗按下式进行计算：

$$Y_1=VP41-0.22×L_{11}-A-B$$

式中　Y_1——第一个分支器的分支损耗；

　　　　L_{11}——分支器到电视用户终端的距离，可由平面图量得（按最远距离考虑 L_{11}=

　　　　　　　　10 m）；

A——电视用户终端损耗，一般取 1.5 dB；

B——电视用户终端电平，为 64±4 dB。

则 Y_1=93.37-0.22×10-1.5-(64±4)=25.67±4 dB，因此分支器的分支损耗可在 21～29 dB 之间选择，一般距离放大器越近分支损耗选择越大，以便保证后面信号的传输质量，故选择 24 dB 的四分支器。

（3）核算 VP41 分支器所带用户终端电平为 93.37-24-0.22×10-1.5=65.67 dB，满足设计要求。

① 第二个分支器箱 VP42 的干线输入电平为：

$$VP42=93.37-M_1-0.113×L_2=93.37-1.5-0.113×10=90.74\ dB$$

式中　M_1——第一个分支器的插入损耗，查表 3-11 可知，规格为 24 的四分支器 M_1= 1.5 dB；

　　　L_2——VP41 与 VP42 之间的距离，由平面图测量 L_2=10 m。

② VP42 分支器的分支损耗按下式进行计算：

$$Y_2=VP42-0.22×L_{21}-A-B$$

式中　Y_2——第二个分支器的分支损耗；

　　　L_{21}——分支器到电视用户终端的距离，可由平面图量得（按最远距离考虑 L_{21}= 10 m）；

　　　A——电视用户终端损耗，一般取 1.5 dB；

　　　B——电视用户终端电平，为 64±4 dB。

则 Y_2=90.74-0.22×10-1.5-(64±4)=23.04±4 dB，分支器的分支损耗可在 19～27 dB 之间选择，可选择 20 dB 的四分支器。

（4）核算 VP42 分支器所带用户终端电平为 90.74-20-0.22×10-1.5=67.04 dB，满足设计要求。

同理，至 VP43 分支器的干线输入电平 VP43=87.5 dB，分支器规格选择 16；至 VP44 分支器的干线输入电平 VP44=83.871 dB，分支器规格选择 14；至 VP55 分支器的干线输入电平 VP55=80.693 dB，分支器规格选择 10。

由以上计算可知，如经核算，各用户终端电平值满足设计要求，则该系统分配网络和元器件选择方案可行；如经核算，各用户终端电平值不能满足设计要求，则需通过更换分支、分配器规格，或调整放大器输出电平，或重新设计组织分配网络等方式，重新核算，最终满足各用户终端电平值的设计要求。

课堂练习 1：计算五层支路用户终端电平，选择分支器规格。

课堂练习 2：计算一～三层支路用户终端电平，选择分支器规格。

（5）绘制有线电视系统图正式图纸，如图 3-8 所示。

7. 绘制电视平面图

（1）来自室外的电视电缆由建筑物的西南侧直接引至一层的弱电间。

（2）根据图 3-8 所示系统图，放大器箱设在弱电间二层和五层。

（3）根据前面绘制的电视点位布置图，在走廊吊顶内合理布置分支器箱。

（4）放大器箱至分支器箱、分支器箱之间的主干线路沿吊顶内明敷，由分支器箱至

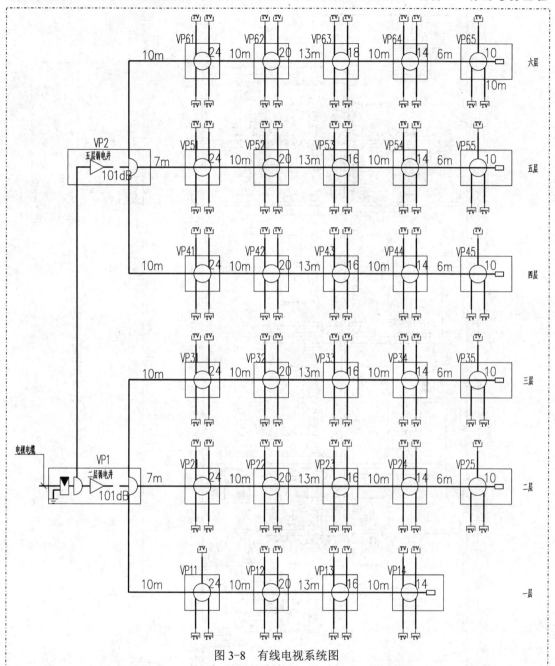

图 3-8　有线电视系统图

电视用户终端的线路沿吊顶内敷设至宿舍后沿墙暗敷至电视用户终端。

（5）学生在教师指导下计算电视线路的穿管规格。

查表 3-13，SYWV-75-9 外径 12.2 mm，SYWV-75-5 外径 7.3 mm，计算 1 根 SYWV-75-9 穿多大的钢管，1 根 SYWV-75-5 穿多大的钢管，2 根 SYWV-75-5 穿多大的钢管。

（6）绘制标准层电视平面图，如图 3-9 所示。

（7）绘制一层电视平面图，如图 3-10 所示。

扫一扫看某职工宿舍标准层电视平面图设计流程微视频

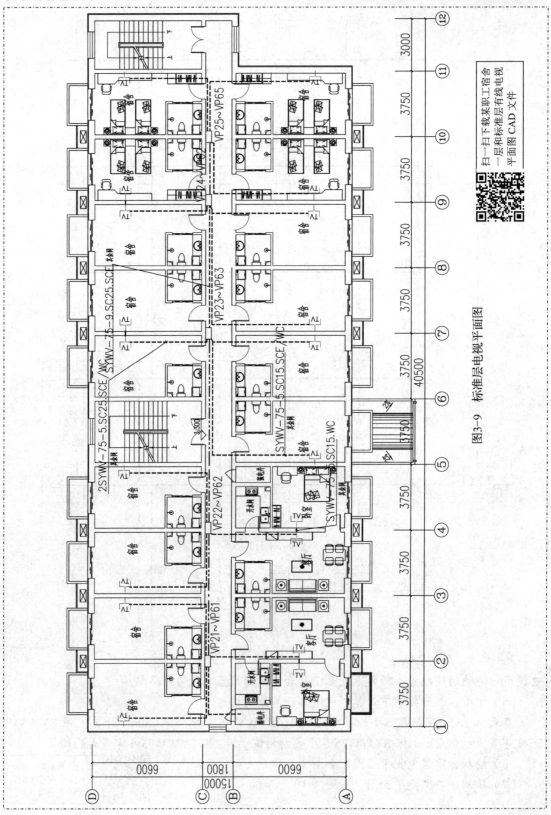

图3-9　标准层电视平面图

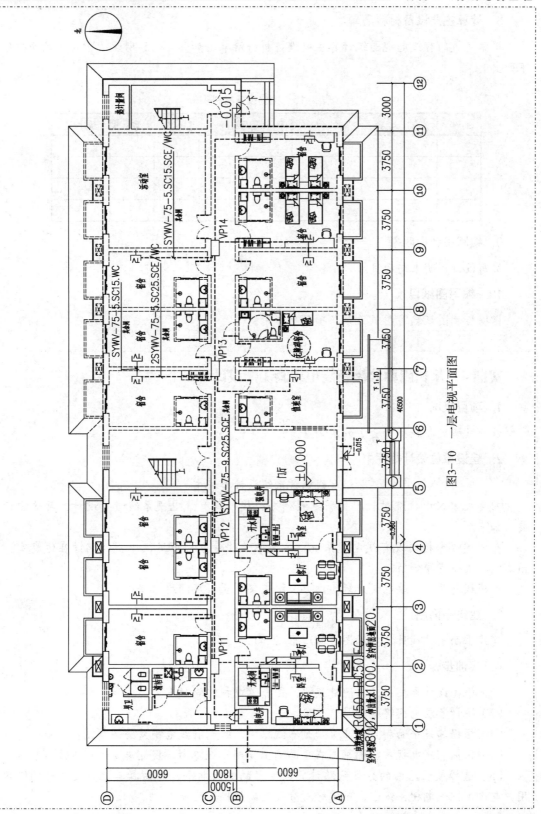

图3-10 一层电视平面图

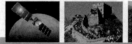

8. 计算主要设备材料清单

根据完成的有线电视图纸计算主要设备材料清单，如表 3-15 所示（学生在教师指导下列出）。

表 3-15　主要设备材料表

序号	名　　称	型号及规格	单位	数量	备　注

9. 编写设计说明书

编写设计说明书与项目 2 合用。

10. 编写图纸目录

根据绘制图纸编写图纸目录与项目 2 合用。

实训 4　某科研办公楼有线电视施工图设计

1. 项目概况

该项目概况参照项目 2 中的实训 2。

2. 建设单位设计委托书

有线电视系统设计委托书

兹委托××设计院对我单位新建科研办公楼项目有线电视系统进行设计，具体设计要求如下：

在新建办公楼内设有线电视系统，方便职工收看电视节目，电视终端设在休息室、值班室、接待室等场所。

电视线路来自市政电视光纤，由办公楼东侧引至一层网络机房内。

3. 建筑平面图

建筑平面图见项目 2 中的图 2-40、图 2-41。

4. 实训步骤

（1）根据设计委托书，对照建筑平面图布置电视终端插座。

（2）统计各层电视终端数量。

（3）根据建筑平面和点位布置规划布线路由，绘制有线电视系统图草图。

（4）根据有线电视系统图草图在平面图上绘制布线路由，规划垂直干线走线位置。

（5）选择最长路由的分支线路计算放大器的输出电平，并核算其他分支线路的终端用户电平，优化电视系统图，确定分支分配器的规格。

（6）计算桥架、钢管的规格，绘制电视平面图。

（7）根据平面图、系统图统计设备材料清单。

（8）编写设计说明。

（9）编制图纸目录。

5. 实训成果

（1）有线电视系统图。

（2）一层电视平面图。

（3）二～四层电视平面图。

（4）设备材料表。

（5）设计说明。

知识梳理与总结

　　本项目的主要目的是掌握有线电视系统施工图的识读与设计步骤和方法。为了便于学生掌握学习任务，该项目分为三部分讲述：第一部分为知识准备，讲述有线电视系统组成、功能及实施目的；第二部分讲述拿到一套完整的有线电视工程图纸后应该怎么去识图；第三部分讲述有线电视系统工程的设计要求及方法。第二部分与第三部分是本章的重点，涉及的内容由易到难、由局部到整体逐步深化，基础知识以工程案例为主要内容展开讲解，实现了理论与实践的深度融合，体现了学生为主体的教学方法。此项目中重点需要掌握以下几个方面的内容：

1. 掌握有线电视系统的组成；

2. 能够准确识读有线电视系统施工图；

3. 能够根据图纸编制有线电视工程主要设备材料清单；

4. 熟悉有线电视系统的设计要求；

5. 掌握有线电视系统工程设计步骤和方法；

6. 学会简单项目有线电视系统施工图设计。

　　该项目中的难点是有线电视系统工程设计，有线电视系统工程的设计要求是关键，所以在学习的过程中要充分学会查阅设计规范，利用网络资源，拓宽知识领域，反复练习，学会融会贯通、举一反三，这样才能快速、高质量地达到学习目的。

思考与练习题 3

1. 基础知识题

（1）简述有线电视系统的组成。

（2）有线电视系统包含的主要设备有哪些？

（3）简述系统用户终端输出口电平的设计要求。

（4）有线电视系统防雷接地的要求有哪些？

扫一扫看
思考与练
习题 3

扫一扫看思
考与练习题
3 参考答案

（5）简述用户分配网络放大器输出信号电平的计算方法。

（6）简述系统用户终端输出口电平计算方法。

2. 案例题

根据图 3-11 中给出的资料，系统按邻频传输考虑，各分支器至用户电视终端的线路最长按 8 m 计算。计算系统图中放大器的输出电平，并核算各用户终端的电平值是否在 64±4 dB，列出设备材料清单。

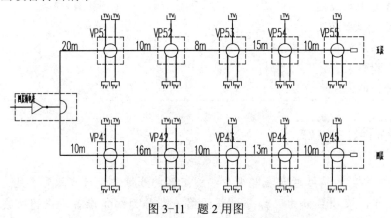

图 3-11　题 2 用图

项目4

视频安防监控工程

教学导航

知识目标	（1）掌握安全防范系统各子系统的概念、组成及功能。 （2）掌握视频安防监控系统的组成及功能。 （3）掌握视频安防监控施工图的识读方法。 （4）掌握视频安防监控系统的设计要求和流程
能力目标	（1）具有视频安防监控系统工程的设计能力。 （2）具有视频安防监控系统施工图的识读能力。 （3）具有利用网络查找相关资料和国家现行相关规范的能力
素养目标	（1）具有团队协作与沟通的能力。 （2）具有分析和解决问题的能力
教学资源与载体	视频安防监控系统及平面图、AutoCAD软件、天正电气软件、Excel软件、相关资料和现行相关规范、多媒体教学平台、教材、智能化实训室
教学方法	工程案例教学法、任务驱动法
参考学时	8
教学过程设计	夯实基础→给出工程图纸→施工图识读方法→通过案例教学讲解设计要求→工程图纸讲解设计流程和方法
考核与评价内容	课堂练习、施工图设计与识读实训、设计图纸成果
评价方式	自我评价（10%）、小组评价（30%）、教师评价（60%）

4.1　安全防范系统的组成

随着人们生活水平的日益提高，人们对自己的人身安全和财产安全要求越来越高，因此，为人们提供安全的生活和工作环境成为当今社会必不可少的任务。而目前人身安全和财产安全面临的主要问题有两方面的因素：一是人为因素，是指由人为破坏或实施犯罪过程的行为，如盗窃、抢劫等；二是自然因素，是指因建筑物自身问题引起的危害，如电气火灾、漏水、漏气等。那么如何才能更有效地保障人身、财务或重要资料的安全呢？首先要做的是可以将不法分子拒之门外；其次，如果不法分子有机可乘而进入防护区域，系统可及时报警，快速处置，将犯罪消灭在萌芽状态；最后，如若案发，系统还可有清晰的图像资料作为案件侦破的依据。而安全防范系统正是基于此种不断增长的社会需求而产生的一门涉及多学科、多门类的综合性应用技术。

安全防范系统（简称安防系统）采用人力防范（简称人防）、实（物）体防范（简称物防）、技术防范（简称技防）三种基本防范手段，使被防护区域或对象处于安全保护状态。其定义是指以维护社会公共安全为目的，运用安全防范产品和其他相关产品所构成的视频安防监控系统、入侵报警系统、出入口控制系统、防爆安全检查系统等；或由这些系统为子系统组合或集成的电子系统或网络。

智能建筑的安防系统是一个分层防护体系：防范为先、报警准确、证据完整，这三个层次的各个环节环环相扣，从而达到理想的防范效果。现阶段较常用的安防子系统包括：视频安防监控系统、入侵报警系统、出入口控制系统、访客对讲系统、电子巡查系统、停车库（场）管理系统、安全管理系统及其他子系统，如图 4-1 所示。

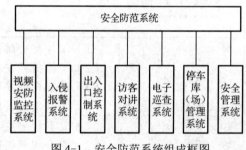

图 4-1　安全防范系统组成框图

1. 视频安防监控系统

视频安防监控系统用于对必须进行视频监控的场所、部位、通道等进行实时、有效的视频探测、视频监视、图像显示、记录与回放。

2. 入侵报警系统

入侵报警系统用于对设防区域的非法入侵、盗窃、破坏和抢劫等进行实时有效的探测与报警。

3. 出入口控制系统

出入口控制系统用于对需要控制的各类出入口，按不同的通行对象及其准入级别，对其进出进行实时控制与管理。

4. 访客对讲系统

访客对讲系统是实现各类住宅或公寓内访客与住户之间的对讲和可视等功能及保障住

户安全的必备设施。

5. 电子巡查系统

电子巡查系统可按照预先编制的保安人员巡查路线，通过信息识读器或其他方式对保安人员巡逻的工作状态（是否准时、是否遵守巡查路线等）进行监督、记录，并能对意外情况及时报警。

6. 停车库（场）管理系统

停车库（场）管理系统对停车库（场）的出入口实施出入控制、监视、行车信号指示、停车管理及车辆防盗报警、车位引导、反向寻车等综合管理。

7. 安全管理系统

即综合安防管理平台，可对视频安防监控、入侵报警、出入口控制、访客对讲、电子巡查、停车库（场）管理等子系统进行组合或集成，实现对各子系统的有效联动、管理和监控。

8. 其他子系统

指在特定场所或特殊情况下设立的某些直接或间接用于安全防范目的的技术防范系统。比如机场、车站、码头、大型集会和活动场所需要设立的防爆安全检查系统、人员识别系统、特殊物品识别系统、各类周界防护系统等。

基于安全防范系统包含的子系统众多，真实的工作情景不是每个项目包含所有的子系统，因此在以后的项目讲述中选择在工程实施中经常遇到的视频安防监控、入侵报警、出入口控制三个子系统进行详细讲解，其他子系统仅做简单介绍，不再一一详述了。

4.2　视频安防监控系统

视频安防监控系统是利用视频技术监视设防区域并实时显示、记录现场图像的电子系统或网络。它起源于 20 世纪 80 年代，随着社会进步和技术的发展，其发展经历了三代：

第一代为模拟视频监控方式。系统视频信号的摄取、传输、显示、存储、控制等均采用模拟信号，主要由摄像机、视频矩阵切换主机、录像机、监视器等组成，现在处于淘汰升级阶段。

第二代为基于 DVR（Digital Video Recorder，数字硬盘录像机）技术的模数混合监控方式。与第一代技术相比，系统主要在数据存储、后端图像处理上做了改进，摄像机采集的视频信号仍采用模拟信号传输，后端的 DVR 完成对图像的压缩、存储及网络传输等功能。

第三代为数字视频监控系统。全数字时代的视频是从前端图像采集设备输出时即为数字信号，并以网络为传输媒介，基于 TCP/IP 协议，采用流媒体技术实现视频在网上的多路复用传输，并通过设在网上的虚拟（数字）矩阵控制主机（IPM）来实现对整个监控系统的指挥、调度、存储、授权控制等功能。

4.2.1 系统组成与功能

1. 系统组成

视频安防监控系统包括前端设备、传输网络、处理/控制设备和记录/显示设备四部分，前端设备是采集音视频信息的设备，主要包括摄像机、镜头、电动云台、防护罩、支架等；传输网络将前端设备采集到的信号传送给控制中心，主要包括线缆、调制解调设备、网络交换设备等；处理/控制设备负责所有设备的控制和图像信号的处理；记录/显示设备负责把从前端传送回来的信号转换成图像在监视设备上显示并存储，主要包括监视器、液晶拼接屏、存储设备等。

视频安防监控系统结构根据对视频图像信号处理/控制方式的不同，分为以下四种模式：

1）简单对应模式

监视器和摄像机简单对应，如图4-2所示。

2）时序切换模式

视频输出中至少有一路可进行视频图像的时序切换，如图4-3所示。

3）矩阵切换模式

可以通过任一控制键盘，将任意一路前端视频输入信号切换到任意一路输出的监视器上，并可编制各种时序切换程序，如图4-4所示。

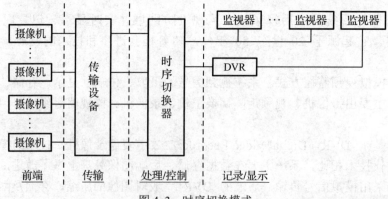

图4-2　简单对应模式

图4-3　时序切换模式

4）数字视频网络虚拟交换/切换模式

数字视频的处理、控制和记录措施可以在前端、传输和显示的任何环节实施，系统传输构成模式可分为网络型数字视频安防监控系统和非网络型数字视频安防监控系统，如图4-5所示。

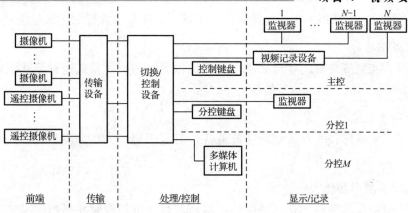

图 4-4　矩阵切换模式

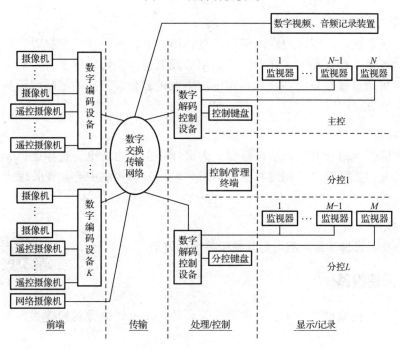

图 4-5　数字视频网络虚拟交换/切换模式

（1）网络型数字视频安防监控系统。图像在前端采集后经压缩、封包、处理，具有 TCP/IP 特征，传输数字信号的视频安防监控系统，如由网络摄像机、模拟摄像机加编码器等相关设备组成的系统。

（2）非网络型数字视频安防监控系统。图像在前端采集后未经压缩、封包即传输数字信号的视频安防监控系统，如由 SDI 摄像机等相关设备组成的系统。

本书主要讲解网络型数字视频安防监控系统的相关内容。

2. 系统功能

1）全天候监控功能

通过全天候监控设备 24 小时成像，实时监控建筑内各个场所，包括周界围墙、室外停车场、地下停车场、大楼出入口、大楼大厅、电梯厅、电梯及各楼层走廊等。

2）昼夜成像功能

天气晴朗、能见度良好的状况采用可见光成像系统的彩色模式进行监视识别；在照度很低的情况下可采用红外模式进行监视。

3）高清晰度成像

采用高清晰度成像技术对区域内实施监控，有利于记录大楼车辆车牌、人员面部等细部特征。

4）前端设备控制功能

可手动控制镜头的变倍、聚焦等操作，实现对目标细致观察和抓拍的需要；对于室外前端设备，可远程启动雨刷、灯光等辅助功能。

5）分级管理功能

记录配置客户端、操作客户端的信息，包括用户名、密码和用户权限，在客户端访问监控系统前执行登录验证功能。在安防控制中心设置综合安防管理平台，对于远程访问和控制的人员，可通过授权登录客户端，实现对摄像机云台、镜头的控制和预览实时图像、查看录像资料等功能。

6）报警功能

系统对各监控点进行有效布防，避免人为破坏；当发生断电、视频遮挡、视频丢失等情况时，现场发出报警信号，同时将报警信息传输到安防控制中心，使管理人员第一时间了解现场情况。

7）联动功能

通过综合安防管理平台，实现与其他子系统的联动。

扫一扫看摄像机主要技术指标微视频

4.2.2　前端设备

前端设备包括摄像机、镜头、防护罩、云台等，本书以摄像机和镜头为主给出详细介绍。

1. 摄像机

在视频安防监控系统中，摄像机将被监视场所的画面收集起来，使其聚焦在摄像器件的靶面上，通过摄像机的影像传感器（CCD/CMOS）将光信号变为电信号，经过放大、整形等信号处理，输出标准的视频信号或数字信号。依据输出信号类型的不同，摄像机分为模拟摄像机、网络摄像机和数字摄像机；依据成像色彩的不同，可分为彩色摄像机和黑白摄像机；依据摄像机外观结构的不同，可分为枪式摄像机、半球摄像机、一体化高速球摄像机、针孔摄像机、一体化摄像机等。常用摄像机实物图如图 4-6 所示。下面介绍摄像机的关键性能指标。

1）分辨率

分辨率是表示摄像机清晰度的参数，模拟摄像机分辨率用水平解析度（TVL）表示，常

见的级别有 420 TVL、480 TVL、540 TVL、600 TVL、650 TVL、700 TVL；网络摄像机分辨率用像素表示，常见的级别有 40 万像素（VGA/4CIVP）、130 万像素（720 P）、200 万像素（1080 P/UXGA）、300 万像素、500 万像素。分辨率越高，成像效果越好，价格也就越贵。

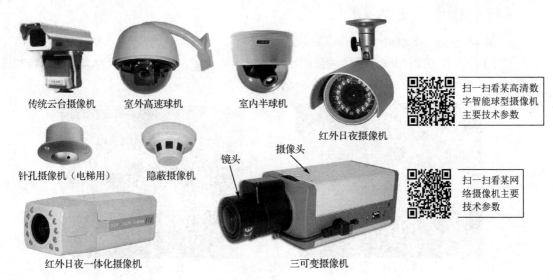

图 4-6　常用摄像机实物图

2）最低照度

最低照度是当被摄景物的光亮度低到一定程度而使摄像机输出的视频信号电平低到某一规定值时的景物光亮度值。表示摄像机能够正常输出图像的最低照度值，有时被称为"灵敏度"，单位是 Lx（勒克斯），摄像机的最低照度参数通常由三部分组成，如图 4-7 所示。

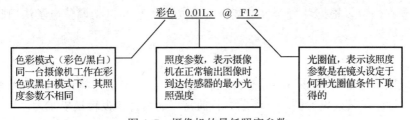

图 4-7　摄像机的最低照度参数

3）扫描制式

扫描制式包括 PAL、NTSC、SECAM 三种。

PAL（Phase Alternating Line）：供电频率为 50 Hz，场频为每秒 50 场，帧频为每秒 25 帧，扫描线为 625 行，图像彩色误差较小，与黑白电视的兼容也好。中国、德国采用。

NTSC（National Television System Committee）：供电频率为 60 Hz，场频为每秒 60 场，帧频为每秒 30 帧，扫描线为 525 行。美国、日本采用。

SECAM（法语：Sequentiel Couleur A Memoire）：按顺序传送彩色与存储。俄罗斯、法国、埃及采用。

4）信噪比

信噪比表示摄像机输出信号中的信号与噪声之比，用 S/N 表示，单位为 dB。信噪比的性能直接决定了摄像机在低照度条件下的输出图像质量（噪点）。其计算公式为

$$S/N=20\lg(V_S/V_N)$$

式中，V_S 为信号电平；V_N 为噪声电平。

5）自动增益控制 AGC（Automatic Gain Control）

将来自 CCD 的信号放大至达到使用水准的视频放大器，其放大量即为增益，并自动根据信号电平调整增益幅度，其效果如图 4-8 所示。

（a）AGC 关闭　　　　　　　　　　　　（b）AGC 开启

图 4-8　自动增益控制 AGC

6）白平衡

用于彩色摄像机，确保在不同色温环境下摄像机图像能正确表示景物状况，分为手动白平衡和自动白平衡两种。

7）电子快门

摄像机通过控制传感器的感光时间实现快门功能，通常为 1/50～1/100 000 s 可调。而自动电子快门模式，可以根据环境照度的高低（进光量大小）自动调整电子快门时间，确保输出图像亮度恒定。

8）日夜转换模式

在夜间或照度较低的场景下，摄像机从彩色模式自动转换为黑白模式，可有效提高摄像机的低照度性能，其效果如图 4-9 所示。目前常用的两种日夜转换模式为：

（a）白天（彩色）模式　　　　　　　　　（b）夜间（黑白）模式

图 4-9　摄像机模式

（1）普通日夜型——采用固定式的双峰滤光片，同时通过可见光和红外光。

（2）ICR 日夜型——采用机械式红外滤色片，白天滤掉红外光确保图像效果；夜晚则移去红外滤色片，确保全光谱光线均可进入 CCD。

9）背光补偿

背光补偿可以有效地补偿摄像机在逆光环境下拍摄时画面主体黑暗的缺陷。采用背光补偿技术，让摄像机找到拍摄最佳图像的参考亮度，然后自动提供适当的光补偿量，使用后可以很好地识别一个背部光照很强的物体，背光补偿效果如图 4-10 所示。

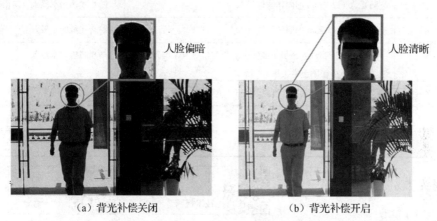

（a）背光补偿关闭　　　　　　　　　　　（b）背光补偿开启

图 4-10　背光补偿

10）宽动态技术

针对逆光场景，宽动态技术在后景区域使用短快门曝光，在前景区域使用长快门曝光，生成合成图像，能看清图像暗处的细节，而图像亮处又不过曝。宽动态技术可获得比背光补偿技术更加清新、艳丽的图像，效果如图 4-11 所示。

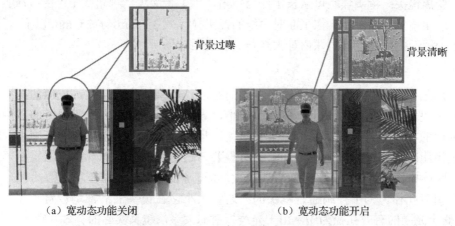

（a）宽动态功能关闭　　　　　　　　　　（b）宽动态功能开启

图 4-11　宽动态技术

11）IP 防护等级

IP（Ingress Protection）防护等级由 IEC 制定，由两位数字组成，第一位数字表示防尘能力，第二位数字表示防水能力，其防护级别如表 4-1 所示。

表 4-1　IP 防护等级含义

防护等级	防　尘	防　水
0	无防护	无防护
1	防止大于 50 mm 的固体物体侵入	防止滴水侵入
2	防止大于 12 mm 的固体物体侵入	倾斜 15° 时仍可防止滴水侵入
3	防止大于 2.5 mm 的固体物体侵入	防止喷洒的水侵入、防雨
4	防止大于 1.0 mm 的固体物体侵入	防止飞溅的水侵入
5	完全防止外物侵入，虽不能完全防止灰尘进入，但侵入的灰尘量并不会影响正常工作	防止喷射的水侵入
6	完全防止外物侵入，且可完全防止灰尘进入	防止大浪的侵入
7		防止浸水时水的侵入
8		防止沉没时水的侵入

2. 镜头

 扫一扫看镜头的分类与主要技术指标　　 扫一扫看某镜头主要技术参数

1）镜头的分类

镜头的作用是收集光信号，并成像于摄像机的光电转换靶面上（CCD 或 CMOS）。常用的镜头，根据摄像机的应用场所不同可分为标准镜头、长焦镜头、变焦镜头、广角镜头。

（1）标准镜头：视角在 30° 左右，一般用于走廊或园区周界等场所。

（2）长焦镜头：视角在 20° 以内，焦距的范围从几十毫米到几百毫米，用于远距离监控。

（3）变焦镜头：镜头焦距可从长焦变为广角，用于景深大、视角范围广的区域。

（4）广角镜头：焦距小于像平面对角线的镜头（等效 35 mm，f<25 mm 以下），视角在 90° 以上，用于大厅、电梯轿厢内等大视角、小视距的场所。

2）镜头的主要指标

（1）焦距。镜头焦距是焦点至镜头中心的距离，镜头的焦距越大，成像的画面越大。焦距的大小决定着视场角的大小，焦距数值小，景深大，视场角大，所观察的范围也大，但对距离远的物体分辨不很清楚；焦距数值大，景深小，视场角小，观察范围小。因此在选择镜头焦距时，应该充分考虑是观测细节重要，还是有一个大的观测范围重要。如果要看细节，就选择长焦距镜头；如果看近距离大场面，就选择小焦距的广角镜头。

（2）相对孔径。为了控制通过镜头的光通量大小，在镜头的后部均设置了光阑（俗称光圈）。假定光阑的有效孔径为 d，由于光线折射的关系，镜头实际的有效孔径为 D，D 与焦距 f 之比定义为相对孔径 A，即 $A=D/f$。

习惯上用相对孔径的倒数来表示镜头光阑的大小，即 $F=f/D$，式中，F 一般称为光阑数，标注在镜头光阑调整圈上，其标值为 1.4、2、2.8、4、5.6、8、11、16、22 等序列值，每两个相邻数值中，后一个数值是前一个数值的 2 倍。由于像面照度与光阑的平方成正比，所以光阑每变化一挡，像面亮度就变化一倍。F 值越小，到达摄像机靶面的光通量就越大。

（3）视场角。镜头有一个确定的视野，镜头对这个视野的高度和宽度的张角称为视场角。视场角与镜头的焦距 f 及摄像机靶面尺寸（水平尺寸 h 及垂直尺寸 v）的大小有关，镜头的水平视场角 α_h 及垂直视场角 α_v 可分别由下式计算：

$$\alpha_h = 2\arctan(h/2f)$$
$$\alpha_v = 2\arctan(v/2f)$$

由以上两式可知，镜头焦距 f 越短，其视场角越大，或者摄像机靶面尺寸 h 或 v 越大，其视场角也越大。

4.2.3 传输网络

传输网络是视频安防监控系统的重要组成部分，也是保障前端摄像机图像能够安全、高效、准确传输到后端的重要环节，包含摄像机传送至控制中心的视频信号和控制中心控制镜头、云台的控制信号。传输网络按传输信号的类型不同可分为模拟信号传输和数字信号传输。

1. 模拟视频信号的传输

按其传输方式不同可分为有线传输和无线传输，传输方式如图 4-12 所示。表 4-2 中列出了模拟视频信号有线传输的类型。模拟视频信号采用基带传输时，一般采用同轴电缆或光纤，采用 SYV-75-5 的同轴电缆传输距离不大于 300 m，大于 300 m 时需增加视频信号补偿器；多模光纤的传输距离为几千米，单模光纤的传输距离为几十千米。

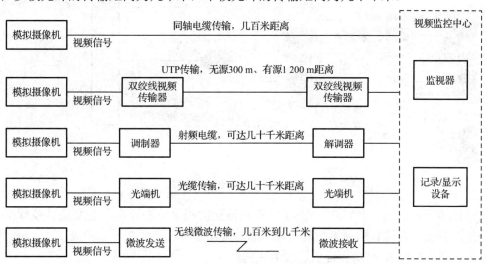

图 4-12 模拟视频信号的传输方式

表 4-2 模拟视频信号有线传输的类型

分　类	传输介质	传输距离（km）	特　　点
视频基带	同轴电缆	0～0.5	经济、易受外界干扰
视频基带	对绞电缆	0.5～1.5	不易受外界干扰

续表

分　类	传输介质	传输距离（km）	特　点
视频信号调制	射频电缆	0.5～20	不易受外界干扰
视频信号调制	光纤	0.5～10	不受外界及电气干扰

2. 数字视频信号的传输

数字网络摄像机相当于计算机网络的电脑终端，它是将传统摄像机与视频压缩技术、网络技术、嵌入式技术等集成于一体的摄像机，有自己独立的 IP 地址，输出信号可以基于宽带 IP 网络传输，因此，其传输技术就是计算机局域网技术。传输方式如图 4-13 所示。

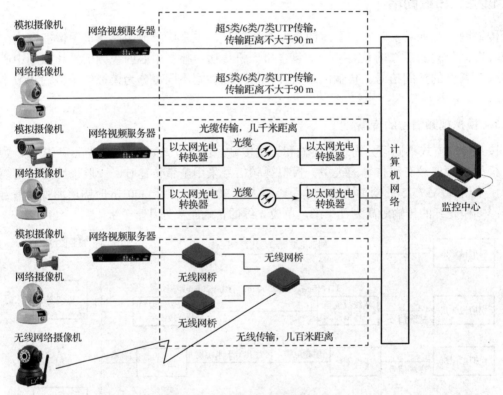

图 4-13　数字视频信号的传输方式

网络视频服务器是一种压缩、处理音/视频数据的网络传输设备，主要提供视频压缩或解压功能，完成图像信息的采集与复原等。它与模拟摄像机集成在一起构成了 IP 网络摄像机，是模拟摄像机向 IP 网络摄像机过渡的中间产品。

3. 控制信号的传输

对数字网络监控系统而言，控制信号与视频信号均在 IP 网络中传输，只是传输方向不同。而对模拟监控系统而言，控制信号的传输一般采用总线编码间接控制和同轴电缆视频与控制信号一起传输的控制方式（简称同轴视控）。

（1）总线编码间接控制：采用 RS-485 的总线传输方式，利用单根屏蔽双绞线就可以传输多路控制信号，到达现场后再进行解码，传输距离可达 1 km 以上，这是模拟监控系统常用的控制信号传输方式。

（2）同轴视控：将控制信号调制在与视频信号不同的频率范围，利用一根同轴电缆进行传输，到达现场后再通过解调将其分开。这种方式虽然可以降低线路传输的成本，但增加了调制解调的设备成本。

扫一扫看某高
清解码器主要
技术参数

4.2.4 处理/控制设备

处理/控制设备是视频安防监控系统最重要的部分，系统通过处理/控制设备实现所需的监控功能，满足不同监控目的的需要。处理/控制设备主要包括视频矩阵切换设备、网络数字视频矩阵切换设备、控制键盘等。

1. 视频矩阵切换设备

视频矩阵切换设备是指通过矩阵切换的方法将 m 路视频信号任意输出至 n 路监视设备上的电子设备，一般来说 $m>n$，如 32 入 4 出、64 入 8 出等。有些视频矩阵控制设备具有音频切换功能，可以将音频信号和视频信号进行同步切换，又称音/视频矩阵切换主机。

2. 网络数字视频矩阵切换设备

网络数字视频矩阵切换设备集解码器和 HDMI/DVI/VGA 切换矩阵功能于一体，可将前端的信号源（计算机、网络摄像机、NVR、DVR、DVS 等）通过解码输出到显示设备上，无须借助拼接控制器即可实现任意图像的任意部分在任意显示单元以任意的方式显示，可实现拼接、漫游、跨屏、分割、放大等功能，其典型应用如图 4-14 所示。

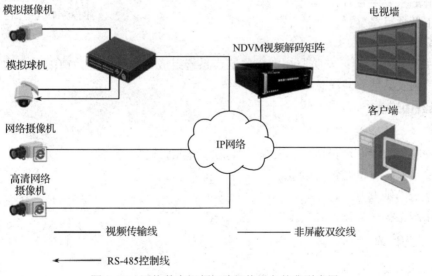

图 4-14 网络数字视频矩阵切换设备的典型应用

3. 控制键盘

控制键盘是可以控制矩阵、前端设备和 DVR 的电子装置，可独立使用，通常与视频矩阵配合使用，能够进行系统控制与编程。

4.2.5　记录/显示设备

记录/显示设备是系统对所获取的声音、图像、报警等信息进行综合后，以各种方式显示、记录的设备。系统通过中心设备的显示为人们提供最直接的视觉、听觉感受，以及被监控对象的可视性、实时性及客观性的记录。记录/显示设备主要包括数字硬盘录像机（DVR）、网络硬盘录像机（NVR）、磁盘阵列、监视器、拼接屏等。

（1）数字硬盘录像机（DVR）：DVR 的基本功能是将模拟的音/视频信号转变为数字信号经压缩后存储在硬盘（HDD）上，并提供与录制、播放和管理相对应的功能。

（2）网络硬盘录像机（NVR）：NVR 最主要的功能是通过网络接收网络摄像机、视频编码器等设备传输的数字视频码流，并进行存储、管理。

（3）监视器：是视频安防监控系统的显示设备，目前常用的监视器为液晶监视器等。

（4）拼接屏：液晶拼接屏是目前监控中心选用最多的显示设备，既可以单独作为显示器使用，也可以拼接成超大屏幕使用。根据不同的使用需求，实现可变大也可变小的大屏功能：单屏分割显示、单屏单独显示、任意组合显示、全屏液晶拼接、双重液晶屏拼接、竖屏显示等。可以支持数字信号的漫游、缩放拉伸、跨屏显示，各种显示预案的设置和运行，全高清信号实时处理。

扫一扫看某显示设备主要技术参数

4.3　视频安防监控系统施工图识读

扫一扫看网络摄像机与硬盘录像机的连接过程微视频

1. 设计说明书

需了解的主要内容有：

（1）了解项目概况。

（2）读懂图形符号。

（3）了解设计内容：安防监控中心位置、系统组成、实现功能、前端设备的设置原则及场所、接地及其他安装注意事项等。

2. 系统图识读

需分析的主要内容有：

（1）安防监控中心设置楼层、系统组网模式、设备选择。

（2）前端设备点位布置及数量。

（3）系统的供电方式。

（4）系统架构、传输方式及传输线缆的选型。

3. 平面图识读

需分析的主要内容有：

（1）安防监控中心、弱电间的设置位置。

（2）系统前端设备的位置、选型及安装方式。

（3）系统前端设备的供电方式、供电线缆的选型、敷设路由、敷设方式。

（4）安防监控中心引至室外安防网络的线缆、引至前端设备的传输线缆型号规格、敷设路由、敷设方式等。

工程案例 5　某教师公寓视频监控施工图识读

该项目概况与项目 2 中的工程案例 1 相同，识图步骤如下。

1. 设计说明

设计说明如工程案例 1 中图 2-19 所示。

（1）工程概况及设计依据：与工程案例 1 相同。

（2）设计内容：系统由网络高清摄像机、网络硬盘录像机、显示器、网络交换机、监视器等组成。在公寓走廊、入口大厅设置监控摄像机，摄像机选择红外半球摄像机，系统可在值班室、管理室通过计算机调取任一路视频图像，同时在管理室可实现图像本地存储，存储时间为 30 天，并预留监控光纤至校园安防中心。

系统中使用的产品应符合国家现行法规和相关技术规定，并经检验或认证合格。

视频安防监控系统线路沿桥架或穿钢管敷设，与综合布线系统共桥架。

课堂练习：由学生完善表 4-3 中的图形符号。

表 4-3　图形符号

符号	符号代称	图形符号	符号代称
DJ		CT	
		FC	
SW		WC	
LIU		H	
		G	
SCE		RC	
WS		SC	

2. 视频安防监控系统图

扫一扫看某教师公寓安防监控系统图 CAD 文件

视频安防监控系统图如图 4-15 所示。

分析图 4-15 可知：

（1）建筑物地上一层，前端设备包括网络半球摄像机、监控用单孔信息插座。

（2）一层共设三个弱电间，右侧弱电间负责 6 个摄像机、1 个监控信息点的配线，左侧弱电间负责 6 个摄像机、1 个监控信息点的配线，一层 10 轴、N 轴弱电间负责 4 个摄像机的配线。各弱电间内设 24 口配线架、12 口光纤接线盒、网络交换机、UPS 等配线和配电设备，所有设备与综合布线系统合用一个机柜。各弱电间设备统计如表 4-4 所示。

表 4-4　弱电间设备统计表

弱　电　间	左侧弱电间	右侧弱电间	10 轴、N 轴弱电间	总　　计
24 口 RJ45 配线架（套）	1	1	1	3
24 口光纤接线盒（套）	0	1	0	1
12 口光纤接线盒（套）	1	0	1	2
1.6 m 19 英寸标准机柜（套）	1	1	1	3
LC 头及耦合器（套）（不含室外引入光纤头）	6	12	6	24
UPS 电源	1	1	1	3

（1）数据干线采用六芯多模光纤，由各弱电间引至前端设备的水平线缆采用 6 类八芯非屏蔽双绞线。

（2）引至校区安防中心的监控光纤型号规格由外线确定。

3. 一层弱电平面图

弱电平面图如图 2-21 所示。

（1）右侧弱电间设在 16 轴、F 轴，左侧弱电间设在 3 轴、F 轴，设在 10 轴、N 轴的弱电间与强电专业合用。由建筑物引至校园安防中心的监控光纤穿 DN50 的水煤气钢管由建筑物右侧的弱电间引出，管子伸出散水 1 000 mm，室外埋深 800 mm，室内伸进弱电间内墙 100 mm，露出地面 50 mm。

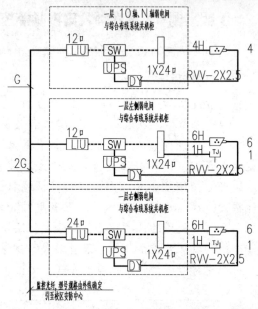

图 4-15　视频安防监控系统图

（2）根据建筑平面图，在公寓走廊内设半球高清摄像机，每个摄像机的监控距离在 20 m 左右，1~18 轴走廊设置 4 个，共计 3 个走廊 12 个摄像机，E~N 轴走廊设置两个，共计两个走廊 4 个摄像机，在两个管理室各设 1 个单孔信息插座，用于管理人员观看视频监控画面；由各弱电间至摄像机的线路沿电缆桥架（与综合布线系统合用）在走廊吊顶内敷设，由电缆桥架至管理室监控单孔信息插座的线缆为 1H 穿 DN15 焊接钢管沿吊顶敷设或沿墙暗敷，由图中的线型说明可知，图中未标注的监控线路为 2H 穿 DN20 和 RVV-2×2.5 穿 DN20 的焊接钢管，敷设方式为沿吊顶内明敷。

4. 课堂练习

根据项目 2 材料估算方法，估算视频安防监控系统线缆用量，列出设备材料清单。

扫一扫看视频安防监控系统设备材料清单

4.4　视频安防监控系统施工图设计

4.4.1　安防系统总体要求

1. 设计原则

（1）系统的防护级别与被防护对象的风险等级相适应。

（2）人防、物防、技防相结合，探测、延迟、反应相协调。

（3）满足防护的纵深性、均衡性、抗易损性要求。

（4）满足系统的安全性、先进可靠性、兼容可扩展性、经济适用性要求。

2. 传输方式与布线设计要求

系统一般采用有线传输为主、无线传输为辅的方式，在可靠性要求高或布线便利的场所，选择有线传输，在布线困难的场所可采用无线传输方式，但要选择抗干扰能力强的设备。

如系统设备采用网络传输，布线设计需符合现行国家标准 GB 50311《综合布线系统工程设计规范》的规定；非网络传输的布线设计需考虑路由短、安全可靠、施工维护方便等要求。

3. 供电、防雷及接地设计

1）供电设计

安防中心需设置专用配电箱，配电箱的配出回路需留有裕量。系统需选用两路独立电源供电，然后根据入侵报警系统、视频安防监控系统、出入口控制系统等各子系统不同设备的耗电量，按设备总用电量的 1.5 倍设置主电源容量，并根据系统管理要求配置 UPS 备用电源。系统前端设备视工程实际情况，距安防中心近时一般选择集中供电，距安防中心远时可本地供电。

2）防雷及接地设计

（1）室内外安防系统的防雷设计需满足国家现行的相关规范的要求。

（2）安防系统接地母线一般采用铜芯塑料线，专用接地电阻不大于 4 Ω，综合接地电阻不大于 1 Ω；电源线、信号线经过不同防雷区的界面处，需安装电涌保护器，电涌保护器接地端与防雷接地装置做等电位连接，等电位连接线采用铜芯塑料线，截面积不小于 16 mm²。

安防中心需设接地汇流排，汇流排与接地装置采用铜芯塑料线连接，截面积不小于 35 mm²。

4. 安防中心设计要求

（1）安防中心的面积需按照系统规模、设备数量和布置平面的要求确定，中心内需设置紧急报警装置并预留向上一级接处警中心报警的通信接口。

（2）安防中心室内地面需保持干净、防静电、光滑、平整，室内温度一般为 16～30℃，相对湿度在 30%～75% 之间。

（3）室内设备布置时，需考虑设备维护与操作方便，并满足消防安全规定。控制台正面与墙的净距离不小于 1.2 m；侧面与墙或其他设备的净距离，在主要走道不小于 1.5 m，在次要走道不小于 0.8 m。机架背面和侧面与墙的净距离不小于 0.8 m。

4.4.2　视频安防监控系统总体要求

（1）系统所采用的设备必须符合国家法律法规和现行强制性标准的要求，并经法定机构检验或认证合格。

（2）系统的信号传输需保证图像质量、数据的安全性和控制信号的准确性。

（3）摄像机灵敏度需与环境照度相适应。

（4）系统需具有信息存储功能，在供电中断或关机后，对所有编程信息和时间信息均需保存。

（5）视频安防监控系统建议采用独立布线传输，网络传输系统的布线及交换设备设计、网络性能需符合国家现行规范和标准。

（6）系统需具有与其他系统联动的接口（如入侵报警系统、出入口控制系统等），并提供开放的控制接口及二次开发的软件接口。

扫一扫看视频监控系统前端设备的设计和选择微视频

4.4.3 前端设备设计

1. 设计要点

（1）摄像机的选择要满足监视目标的要求，监视目标的最低环境照度不应低于摄像机最低照度的 50 倍，被监视场所的环境可见光不足时，可配置红外灯作为摄像机光源。

（2）电梯轿厢内的摄像机一般设在电梯轿厢门侧顶部左上角或右上角，摄像机在室内安装时，距室内地面不低于 2.5 m，在室外安装时，距室外地面不低于 3.5 m。

（3）摄像机镜头宜顺光源方向对准监视目标安装，尽量避免逆光安装；当必须逆光安装时，需选择具有背光补偿、宽动态技术的摄像机。

（4）摄像机监视固定目标时，选择固定焦距镜头；摄像机距离监视目标较远时，可选用长焦距镜头；摄像机距离监视目标近且视角较大时，可选用广角镜头。

2. 前端设备的选择与设置

1）镜头焦距的选择

镜头焦距的选择需根据视场大小和镜头到监视目标的距离等确定。实际工程实施时常采用估算法来选择摄像机的镜头焦距，估算法适用于 4 mm 以上镜头的选择，具体估算方法如表 4-5 所示。当被监控物体距摄像机的距离为 X m 时，如想要看清细节特征（如人脸），则需选择不小于 $2X$ mm 焦距的镜头；如想要看清体貌特征（如人的轮廓），则需选择不小于 X mm 的镜头；如仅仅想要看清行为特征（如人物活动情况），则需选择 $X/2$ mm 的镜头。

表 4-5 镜头焦距的估算方法

监控距离（m）	看清细节特征（人脸等）	看清体貌特征（人的轮廓等）	看清行为特征（人物活动情况）
X	焦距：$2X$ mm	焦距：X mm	焦距：$X/2$ mm

实例 4-1 某人距离摄像机 20 m，要看清人脸，需要焦距为 40 mm 左右的镜头；要看清人的轮廓，需要焦距为 20 mm 左右的镜头；要监控人的活动画面，则需要焦距为 10 mm 左右的镜头。

2）摄像机的选择

（1）室内摄像机，如图 4-16 所示。

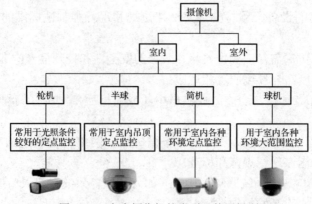

图 4-16 室内摄像机的类型及使用场所

（2）室外摄像机，如图 4-17 所示。

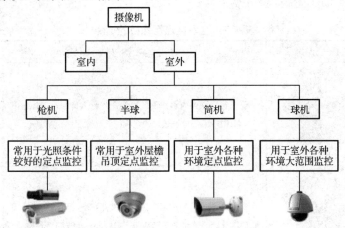

图 4-17　室外摄像机的类型及使用场所

（3）常用场所摄像机的选择。

智能楼宇及智能园区摄像机的选择如表 4-6 所示。

表 4-6　智能楼宇及智能园区摄像机的选择

设 置 场 所	监 控 特 点	摄像机选型
大厅出入口	要求看清进出人员的脸部特征，但环境亮度变化较大，逆光环境	宽动态、背光补偿摄像机
周界	要求监控是否有破坏性事件发生，看清可疑人员脸部特征，但夜间环境光照条件差	红外、防水、日夜转换摄像机
园区	要求监控是否有破坏性事件发生，看清可疑人员脸部特征，但夜间环境光照条件差	红外、防水、日夜转换摄像机
车库出入口	要求看清进出人员的脸部特征和车牌信息，但夜间车灯光线太强	强光抑制摄像机

金融网点摄像机的选择如表 4-7 所示。

表 4-7　金融网点摄像机的选择

设置场所	监控特点	摄像机选型
银行大厅/等候区	要求看清网点内客户的脸部特征和行为特征，监控角度大、范围广，部分场景逆光，夜间无光照	宽动态、红外、防暴摄像机
大门外	要求监控大门外是否有破坏性事件发生，看清可疑人员脸部特征，看清可疑车辆特征，但夜间环境光照条件差	防暴、红外、防水、日夜转换摄像机
柜台	要求看清柜台上物品的特征，看清柜台上客户的脸部特征和行为特征，看清柜员的操作过程，部分场景逆光	背光补偿、宽动态摄像机

实例 4-2　某职工宿舍楼一层入口门厅监控系统设计

工程概况及用户需求：如图 4-18 所示，项目为某职工宿舍楼一层入口门厅平面图，门厅及走廊等公共场所均设有吊顶，根据用户需求对进出职工宿舍楼人员的脸部轮廓及活动情况进行监视，如何选择和设置摄像机？

（1）摄像机的布置：根据设计需求，摄像机布置在正对入口的走廊上，以便监控中心看到从外面进来的人员活动情况。

（2）摄像机的选择：因监控场所为一层出入口，环境亮度变化较大，且为逆光环境，对于室内有吊顶的场所，考虑装修美观的要求，摄像机选择室内半球、带宽动态功能的彩色摄像机。

（3）镜头焦距的选择：摄像机镜头距离最远的监控目标为 6.6+1.8=8.4 m，根据表 4-5 采用估算法时，则看清人员的脸部轮廓需选择焦距为 8 mm 的镜头。

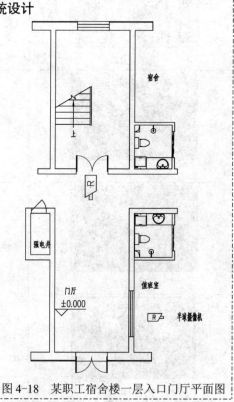

图 4-18　某职工宿舍楼一层入口门厅平面图

4.4.4 传输网络设计

1. 模拟信号传输要求

（1）模拟视频信号采用基带传输时，一般采用同轴电缆或光纤。同轴电缆的选择应满足衰减小、屏蔽好、抗弯曲、防潮性能好等要求。在电磁干扰强的场所应选用高密度、双屏蔽的同轴电缆。

（2）同轴电缆等传输黑白电视基带信号在 5 MHz 点、传输彩色电视基带信号在 5.5 MHz 点的不平坦度大于 3 dB 时，宜加电缆均衡器；大于 6 dB 时，应加电缆均衡放大器。

（3）若想保持视频信号的优质传输水平，SYV-75-3 电缆长度不宜大于 50 m，SYV-75-5 电缆长度不宜大于 100 m，SYV-75-7 电缆长度不宜大于 400 m，SYV-75-9 电缆长度不宜大于 600 m；若想保持视频信号的良好传输水平，上述各传输距离可加大一倍。

（4）多模光纤的传输距离为几千米，单模光纤的传输距离为几十千米。

2. 数字视频信号传输要求

视频信号采用数字传输、数字交换、数字存储、数字检索和控制，同时还能和其他系统集成在一个全方位的安全管理和控制平台上。为确保数字监控系统的网络安全和网络带宽，搭建一套专用的监控系统网络是非常必要的。

目前智能建筑中的视频安防监控系统多采用二级网络架构，即核心层+接入层的组网模式，因为一是视频监控系统 95%以上的数据流是单向传输，方便数据的汇聚收集和管理；二是该网络架构更有助于将故障点影响最小化，在系统故障排查、检修时不会波及其他区域监控设备上的传输，可将系统检修模块化、区块化；三是该架构有较好的扩展性，可将就近的网络摄像机通过同一网络设备间内接入系统，安装调试的工作量大大降低，也为工程建设节省了大量的管线成本。搭建监控专网的要求如下：

（1）网络架构应选用星形网络拓扑结构。根据系统规模和容量可选择二级或三级网络结构，摄像机到接入层交换机为第一级，接入交换机到汇聚交换机（或安防中心核心交换机）为第二级，汇聚交换机到监控中心核心交换机为第三级。

（2）需有足够的网络带宽保证所有摄像机视频信号的传输和控制，并留有一定的余量。网络中链路带宽利用率最高约80%。如 100 Mbps 端口作为视频（数据）传输最大速率为 80 Mbps，且网络端口带宽使用率一般为 60%～70%。为使数据传输安全、高效，建议接入层设备不低于百兆带宽，上联带宽不低于千兆带宽；核心交换机交换容量建议不小于所有数据流量总和的 4 倍，使之具有足够强大的数据交换能力和留有足够的系统扩充空间。

（3）接入交换机到汇聚层交换机和监控中心核心交换机的线路需采用冗余设计。

（4）系统应选用高端的网络设备（如全线速交换机）来保障监控信息和数据传输的质量，以提高传输效率并使视频信号传输的延迟降到最低程度；且网络交换机必须具有编程能力，支持组播管理（单播、组播、转播），否则，在多人同时监控多路信号，以及同时多路实时录像时将会造成网络拥堵。

（5）高清网络监控系统主要采用对绞电缆和光纤进行传输，对绞电缆的有效传输距离为 90 m。当传输距离大于 90 m 时，传输的图像信息会出现丢帧或无信号的情况，无法保证传输质量。

4.4.5 网络交换机的选择

扫一扫看网络交换机选择文稿

1. 选择原则

（1）设备性能：主要包括背板带宽、端口数量及类型、包转发率等参数。

（2）端口支持：选型设备端口数量和端口类型的匹配，如电口选择主要有 GE、FE；光口选择主要有 GE、10GE；端口类型有 LC、SFP、SFP+、XFP 等；端口数量有 4 口、8 口、12 口、24 口、48 口及更多类型。

（3）交换机级别：二层交换机、三层交换机或高性能路由交换机。

（4）功能性：环网保护技术、IP 路由支持、组播、MPLS、虚拟化、QOS、配置与维护、安全与管理、增值业务能力等结合实际需求进行综合考虑。

2. 主要技术性能

1）背板带宽

背板带宽是交换机接口处理器或接口卡和数据总线间所能吞吐的最大数据量，单位为 Gbps。交换机的背板带宽越高，处理数据的能力就越强。当交换机所有单端口容量×端口数量之和的 2 倍<背板带宽时，才可以实现全双工无阻塞交换。如 Cisco 公司的 Catalyst2950G-48，它有 48 个 100 Mbps 端口和 2 个 1 000 Mbps 端口，它的背板带宽应该不小于 13.6 Gbps，才能满足全双工无阻塞交换的要求。

计算如下：

$$(2 \times 1\,000 + 48 \times 100) \times 2 \text{ Mbps} = 13.6 \text{ Gbps}$$

2）转发性能（各端口包转发率之和）

包转发率指交换机转发数据包能力的大小，单位通常使用 pps（包每秒）来衡量。

包转发率的计算方法为：满配置千兆端口数×1.488 Mpps+满配置百兆端口数×0.1488 Mpps。例如，某厂家交换机有 24 个百兆口，两个千兆上级联口，其最小包转发率需满足：24×0.1488 Mpps+2×1.488 Mpps=6.5472 Mpps。

注：对于三层交换机而言，只有转发速率和背板带宽都满足最低要求时，才能实现网络的全双工无阻塞传输，即全线速无阻塞功能。

3. 选择注意事项

（1）为了便于管理，建议选择网管型交换机。

（2）由于视频流量较大，建议选择全双工无阻塞交换机。

（3）视频数据有突发性的特点，交换机缓存越大越好。

（4）交换机的流量控制功能。

（5）建议选择知名品牌。

4.4.6　网络存储容量的选择

1. 影响网络摄像机码流的因素

随着远程监控需求的提升，数字视频安防监控系统得到越来越广泛的应用，而系统传输网络带宽、存储设备空间、图像质量均与系统所传输的网络摄像机码流大小有关。那么，影响网络摄像机码流的因素有哪些呢？

1）压缩方式

与硬盘录像机 DVR 一样，目前流行的网络摄像机压缩方式主要有 M-JPEG、MPEG-4、H.264、H.265 等。

2）分辨率

码率与分辨率成正比关系。网络摄像机的分辨率有 D1（704×576）与 CIF（352×288）。分辨率大于 720P（1 280×720）的为高清分辨率，目前常用的有 960P（1 280×960）、1 080P（1 920×1 080）等。

3）帧率

帧率即画面的流畅性，码率与帧率成正比关系。完全流畅的画面为 PAL 制 25 帧/s、NTSC 制 30 帧/s。网络摄像机的帧率一般都是可调的，实际工程中可以通过调低帧率来降低码率，一般调到 10～15 帧可兼顾码率与流畅性，在不要求观看连续画面的情况下，可将码率调得更低。

4）图像质量（压缩比）

网络摄像机的图像质量（压缩比）一般都是可调的，画质越好码率就越高，用户可根据自己的要求来调整。

5）画面动态变化程度

码率与画面变化程度成正比关系，图像变化越多，码率就会越高，反之亦然。

2. 系统存储容量的计算方法

系统占用存储容量=每路摄像机码流（Mbps，每秒多少兆 b）÷8（8 b 为 1 B）×3600 s（1 h）×24 h（1 天 24 h）×存储天数×系统需保存的摄像机路数÷0.9（磁盘格式化损失 10%空间）（注：存储单位换算 1 TB=1 024 GB；1 GB=1 024 MB；1 MB=1 024 KB）。以基于标准 H.264 压缩技术的高清网络摄像机为例进行介绍。

（1）720 P 的高清网络摄像机的码流为 4 Mbps。

（2）1080 P 的高清网络摄像机的码流为 6 Mbps。

扫一扫看视频监控系统存储容量的计算文稿

扫一扫看下面课堂练习的硬盘容量答案

（3）CIF 格式每台摄像机的码流为 512 Kbps。

（4）D1 格式每台摄像机的码流为 2 Mbps。

例如，50 路 720P（100 万像素）视频格式录像信息，存储 30 天所需的存储空间为：

$$4÷8×3\ 600×24×30×50÷0.9÷（1\ 024×1\ 024）≈69\ TB$$

例如，60 路 1080P（200 万像素）视频格式录像信息，存储 15 天所需的存储空间为：

$$6÷8×3\ 600×24×15×60÷0.9÷（1\ 024×1\ 024）≈62\ TB$$

课堂练习 已知某办公楼需要安装 60 台高清网络摄像机,码流为 8 Mbps,存储时间为 15 天,试计算网络硬盘录像机需要多少 TB 的存储硬盘容量。

工程案例6　某网络中心机房视频安防监控施工图设计

1. 项目概况

本工程为某学校校园网网络中心机房工程,位于教学楼的一层,建筑面积 130.68 m²,包含中心机房、配电及 UPS 室、机房监控室。中心机房、配电及 UPS 室、监控室设防静电活动地板作为空调送风静压箱和电缆走线空间,采用条形铝合金微孔板吊顶,墙面采用彩钢板。

2. 设计委托书

视频安防监控系统设计委托书

兹委托××设计院对我校网络中心机房工程的视频安防监控系统进行设计,具体设计要求如下:

考虑网络中心机房工程的重要性和安全性,机房内设置视频安防监控系统,对机房的所有出入口及设备通道进行监视与管理。系统由网络摄像机、网络数字硬盘录像机、网络交换机、监视器等组成。在中心机房、配电及 UPS 室、机房监控室设网络半球摄像机,用于监控设备通道及出入口人员的进出情况,系统可实现机房监控室本地观看、本地录像及校园安防中心远程观看等功能,以便保安部门对中心机房的安全情况和不安全因素随时掌握和控制。

扫一扫看机房建筑平面图CAD 文件

扫一扫看机房工艺设备布置平面图 CAD 文件

3. 了解机房内各房间的使用功能

阅读建筑和机房工艺设备布置平面图及机房设备一览表,了解机房内各房间的使用功能,如图 4-19、图 4-20 和表 4-8 所示。

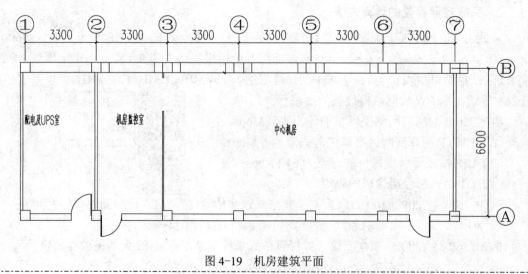

图 4-19　机房建筑平面

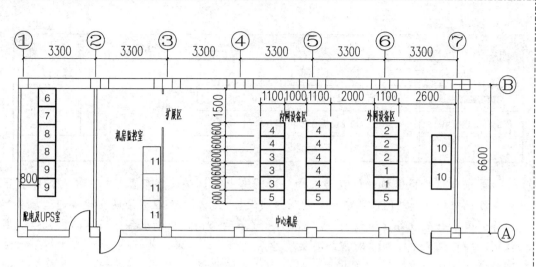

图 4-20　机房工艺设备布置平面图

表 4-8　机房设备一览表

序号	设 备 名 称	型号及规格	单位	数量
1	外网网络设备机柜	600 mm×1 100 mm×2 000 mm	个	2
2	外网服务器机柜	600 mm×1 100 mm×2 000 mm	个	3
3	内网网络设备机柜	600 mm×1 100 mm×2 000 mm	个	3
4	内网服务器机柜	600 mm×1 100 mm×2 000 mm	个	7
5	强电列头柜	600 mm×1 100 mm×2 000 mm	个	3
6	UPS 主机	25 kVA/0.5h，为外网设备供电	台	1
7	UPS 主机	40 kVA/0.5h，为内网设备供电	台	1
8	电池柜	800 mm×800 mm×1800 mm	套	2
9	配电柜	800 mm×800 mm×1800 mm	套	2
10	机房专用精密空调		台	2
11	监控控制台		个	3

4. 视频安防监控系统设计

1）摄像机的设置与选择

根据建筑及机房工艺设备布置平面图和设计委托书设置摄像机，如表 4-9 所示。

表 4-9　摄像机的设置与选择

房 间 名 称	监 视 目 标	摄像机数量	摄像机选型	镜头焦距
中心机房	3～4 轴之间出入口兼设备通道	1	室内红外、低照度、宽动态彩色半球网络摄像机	8mm
	6～7 轴之间出入口兼设备通道	1		8mm
	4～5 轴、5～6 轴之间设备通道	2		8mm

续表

房间名称	监视目标	摄像机数量	摄像机选型	镜头焦距
中心机房	扩展区设备通道预留	1		8 mm
机房监控室	监控台及出入口	1		8 mm
配电及 UPS 室	出入口及设备通道	1		8 mm
总计		7		

（1）中心机房摄像机的设置与选择。由网络中心机房设备布置可知，机房内布置了三列设备机柜，一列外网设备机柜。两列内网设备机柜，扩展区预留两个设备通道，共 5 个设备通道，每个设备通道设 1 台摄像机，靠近两个出入口的设备通道可与出入口合用摄像机，即可满足中心机房对视频安防监控系统的设计要求，共计 5 个；因中心机房没有窗户，为密闭性房间，摄像机需选择集红外、低照度、宽动态等功能于一体的彩色网络摄像机，考虑机房内的装修效果，所有摄像机均为吸顶安装；镜头焦距的选择，因摄像机镜头距离监控目标约为 7 m，根据表 4-5 采用估算法时，则看清人员的脸部轮廓选择 8 mm 镜头即满足使用要求。

（2）机房监控室摄像机的设置与选择。由机房监控室的设备布置可以看出，在 2 轴、B 轴之间的墙角处设置 1 台摄像机，既可观看监控室内的工作台，又可兼顾监控室的出入口，满足了设计委托书的需求。摄像机的选择与中心机房相同，摄像机镜头距离监控目标约 7 m，根据表 4-5 采用估算法时，则看清人员的脸部轮廓选择 8 mm 镜头即可满足使用需求。

（3）配电及 UPS 室摄像机的设置与选择。根据房间布置，在 2 轴和 B 轴之间的墙角处设 1 台摄像机，用于满足对配电及 UPS 室的监控要求，摄像机及镜头的选择与机房监控室相同。

 扫一扫看某网络中心摄像机的点位布置微视频

 扫一扫看摄像机点位布置图 CAD 文件

2）机房摄像机点位布置图

绘制机房摄像机点位布置图，如图 4-21 所示。

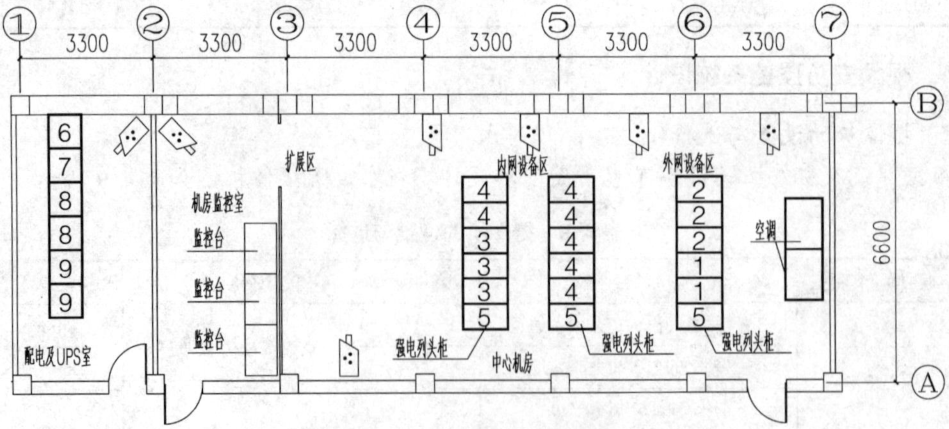

图 4-21　摄像机点位布置图

3）系统组成方案

方案一： 由于摄像机数量不多，系统可选择模拟摄像机+8路数字硬盘录像机（DVR）的方式，前端设备采用模拟摄像机实现视频信号的采集，后端设备采用DVR实现数字存储、录像回放、本地和远程监控等功能，后端设备设在机房监控室内。

（1）传输线路：摄像机至DVR的视频信号采用同轴电缆SYV-75-5传输，由DVR至远程监控中心的信号采用网络传输（双绞线或光纤），本地显示可采用VGA或网络传输。

（2）开关电源的设置原则：半球彩色摄像机的工作电压为DC 12 V，工作电流为200～300 mA。如果摄像机的数量较少且摄像机距监控机房的距离较近，可在每台摄像机前配置小型直流开关电源为摄像机供电，电源线采用RVV 3×0.5单独穿管引至机房监控室。如果摄像机的数量较多，则考虑采用大功率的12 V直流开关电源集中供电，电源线可与视频信号共管传输。该机房共有7台摄像机，最远处摄像机距机房监控室不足30 m，既可采用在摄像机前独立配置小型直流开关电源的方式为摄像机供电，也可考虑在机房监控室设置1个12 V/10 A的开关电源为摄像机集中供电。

（3）由机房监控室引至大楼安防中心的线路采用室内单模或多模光纤，系统图如图4-22所示。

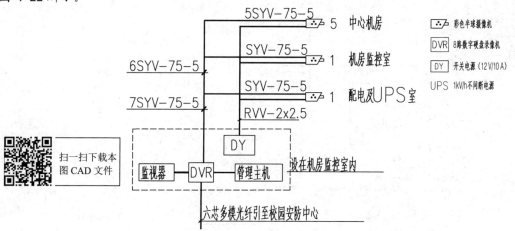

图4-22 视频安防监控系统图

（4）根据摄像机点位布置和系统图，绘制机房监控线路平面图，确定监控线路路由及线缆敷设方式，电缆桥架、钢管的穿线根数，并计算电缆桥架、钢管的规格（计算方法参考项目2），如图4-23所示。

方案二： 随着网络摄像机技术的成熟，系统可选择网络摄像机+8路网络硬盘录像机（NVR）的方式，前端设备采用网络摄像机实现视频信号的采集，后端设备采用NVR实现数字存储、录像回放、本地和远程监控等功能，后端设备设在机房监控室内。系统采用专用的计算机局域网，传输与布线设计应符合国家现行的相关规范和标准。

（1）配置原则：摄像机采用对绞电缆传输时，与网络交换机的距离不大于90 m。

（2）摄像机DC 12 V供电采用方案一集中供电方式。

（3）传输线路：由摄像机至网络交换机的配线线缆采用6类四对对绞电缆，由机房监控室引至大楼安防中心的线缆选用室内多模光纤。系统图如图4-24所示。

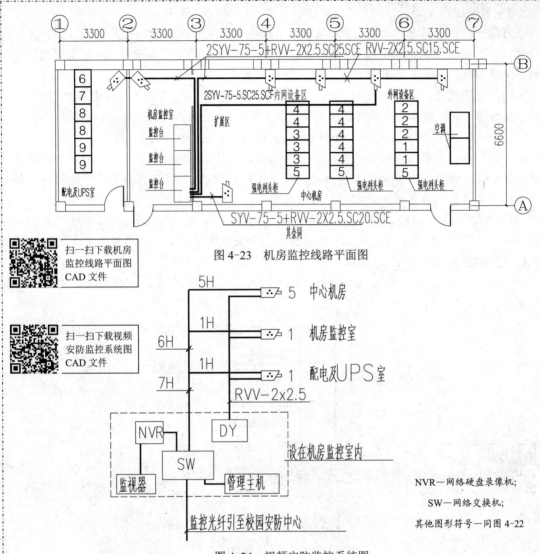

扫一扫下载机房
监控线路平面图
CAD 文件

图 4-23　机房监控线路平面图

扫一扫下载视频
安防监控系统图
CAD 文件

NVR—网络硬盘录像机;

SW—网络交换机;

其他图形符号—同图 4-22

图 4-24　视频安防监控系统图

课堂练习　在教师指导下根据方案二的系统图和摄像机点位布置图绘制机房监控线路平面图，确定监控线路路由及线缆敷设方式，电缆桥架、钢管的穿线根数，并计算电缆桥架、钢管的规格（计算方法参考项目 2）。

5. 设备材料统计

扫一扫看上述课堂练习参考答案CAD 文件

扫一扫看主要设备材料清单

主要设备材料表如表 4-10 所示。

表 4-10　主要设备材料表（方案二）

序号	名　称	型号及规格	单位	数量	备　注

续表

序号	名　称	型号及规格	单位	数量	备　注

6. 编写设计说明书

（1）设计依据。

（2）工程概况。

（3）设计内容。

（4）接地及其他。

（5）图形符号。

7. 编写图纸目录

根据绘制图纸编写图纸目录，如表4-11所示。

表4-11　图纸目录

序号	图纸名称	图纸编号	张　数	备　注
1	目录	弱电施-1	1	
2	说明书	弱电施-2	1	
3	主要设备材料表	弱电施-3	1	
4	视频安防监控系统图	弱电施-4	1	
5	机房视频安防监控线路平面图	弱电施-5	1	

实训5　某科研办公楼视频安防监控施工图设计

1. 项目概况

参照项目2的实训2。

 扫一扫看视频
安防监控系统
图CAD文件

 扫一扫看一层
监控平面图
CAD文件

2. 建设单位设计委托书

视频安防监控系统设计委托书

兹委托××设计院对我单位新建科研办公楼视频安防监控系统进行设计，具体设计要求如下：

在新建科研办公楼内设视频安防监控系统，系统采用网络传输，由网络摄像机、网络数字硬盘录像机、网络交换机、监视器等组成。在办公楼一层出入口、各层走廊、图书阅览室、档案室、接待室等场所设网络半球摄像机，用于监视出入口及主要通道人员的进出情况，监控室设在一层值班室，并预留与外界连接网络的接口。系统可实现本地观看、本地录像等功能，以便保安部门对办公楼的安全情况和不安全因素随时掌握和控制。

3. 实训步骤

（1）阅读建筑平面图，了解建筑使用功能，参照图 2-40、图 2-41。

（2）根据设计委托书，对照建筑平面图选择、布置摄像机。

（3）统计各层摄像机数量。

（4）根据建筑平面和机房布局规划布线路由，绘制视频安防监控系统草图。

（5）根据系统图草图在平面图上绘制布线路由，规划垂直干线走线位置。

（6）计算桥架、钢管的规格，绘制监控平面图。

（7）根据平面图、系统图统计设备材料清单。

（8）编写设计说明。

扫一扫下载二～
四层监控平面图
CAD 文件

4. 实训成果

（1）视频安防监控系统图。

（2）一层监控平面图。

（3）二～四层监控平面图。

（4）设备材料表。

（5）设计说明。

知识梳理与总结

　　本项目的主要目的是掌握视频安防监控系统施工图的识读与设计要求、设计方法。为了便于学生掌握学习任务，分为三部分讲述：第一部分为知识准备，讲述视频安防监控系统的组成、功能及组网模式；第二部分讲述拿到一套完整的视频安防监控系统施工图纸后应该怎么去识图；第三部分讲述视频安防监控系统的设计要求及设计方法。第二部分与第三部分是本章的重点，涉及的内容由易到难、由局部到整体逐步深化，基础知识以设计案例为主展开讲解，并附有课堂练习、课后思考与练习题，实现了理论与实践的深度融合，体现了以学生为主体的教学方法。该项目中重点需要掌握以下几个方面的内容：

1. 掌握视频安防监控系统的组成和组网模式；

2. 能够准确识读视频安防监控系统施工图；

3. 能够根据图纸编制视频安防监控工程主要设备材料清单；

4. 熟悉视频安防监控系统设计要求和相关规范；

5. 掌握视频安防监控系统工程设计方法；

6. 学会简单项目视频安防监控系统施工图设计。

　　该项目中的难点是视频安防监控系统工程设计，系统设计要求是关键，所以在学习的过程中要充分利用网络资源，拓宽知识领域，反复练习，学会融会贯通、举一反三，这样才能快速、高质量地达到学习目的。

思考与练习题4

扫一扫看思考
与练习题4

扫一扫看思考
与练习题4参
考答案

扫一扫看某计算
机机房建筑平面
图CAD文件

1. 基础知识题

（1）安全防范系统包含的子系统有哪些？

（2）简述安全防范系统的三种基本防范措施。

（3）简述视频安防监控系统的组成。

（4）摄像机的主要技术性能有哪些？

（5）镜头的主要技术性能有哪些？

（6）简述视频安防监控系统的结构模式。

（7）简述安防监控中心设计要求。

2. 案例题

（1）大厅入口、车库入口、电梯轿厢选择何种类型的摄像机和镜头？

（2）某摄像机镜头焦距为 12 mm，如将其设在宽度为 3 m、长度为 30 m 的走廊内，要想看清在走廊内人员的活动情况，需设置几个摄像机？

（3）某教学楼安装了 30 台 1080 P 网络摄像机（码流按 8 Mbps 考虑），存储时间为 30 天，试计算网络硬盘录像机需要多少 TB 的硬盘存储容量。

（4）某计算机机房建筑平面图如图 4-25 所示，根据所学知识，绘制该项目视频监控平面图和系统图。计算机机房、走廊、控制室均有吊顶，层高按 3.6 m 考虑。

设计要求：计算机机房区域出入口、每间计算机机房内设摄像机，系统采用基于 TCP/IP 协议的网络传输模式，监控控制及显示设备设在控制室内。

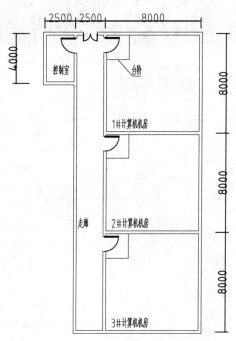

图 4-25　某计算机机房建筑平面图

项目 5

入侵报警工程

扫一扫看
项目 5 教
学课件

教学导航

知识目标	（1）掌握入侵报警系统的组成及功能。 （2）了解入侵探测器的种类和应用。 （3）掌握入侵报警系统施工图的识读方法。 （4）掌握入侵报警系统的设计要求和设计流程
能力目标	（1）具有入侵报警系统工程的设计能力。 （2）具有入侵报警系统施工图的识读能力。 （3）具有利用网络查找相关资料和国家现行相关规范的能力
素养目标	（1）具有团队协作与沟通的能力。 （2）具有分析和解决问题的能力
教学资源与载体	入侵报警系统及平面图、AutoCAD 软件、天正电气软件、Excel 软件、相关资料和现行相关规范、多媒体教学平台、教材、智能化实训室
教学方法	工程案例教学法、任务驱动法
参考学时	6
教学过程设计	夯实基础→给出工程图纸→讲解施工图识读方法→通过案例教学讲解设计要求→按照工程图纸讲解设计流程和方法
考核与评价内容	课堂练习、施工图设计与识读实训、设计图纸成果
评价方式	自我评价（10%）、小组评价（30%）、教师评价（60%）

入侵报警系统是利用传感器技术和电子信息技术探测非法进入或试图非法进入设防区域的行为。和由用户主动触发紧急报警装置发出报警信息，处理报警信息的电子系统。系统可记录非法入侵的时间、地点，具有远程报警等功能，并可与视频安防监控系统联动，一旦有非法入侵，即可打开现场的摄像机，联动记录现场的视频图像，供公安机关侦查、破案调用。

5.1 系统组成及组网模式

5.1.1 系统组成

入侵报警系统一般由入侵探测器、报警按钮、传输信道和报警中心设备等组成，如图 5-1 所示。入侵探测器可以将感知到的各种形式的物理量（如光强、声响、压力、频率、温度、振动等）的变化转化为符合报警主机处理要求的电信号（如电压、电流），并通过报警主机启动报警装置；传输信道负责将入侵探测器探测到的信号传送给报警分中心的报警主机，按其传输方式的不同分为有线传输和无线传输；报警主机对探测器传送来的信号进行分析、判断和处理，若判断有危险情况发生，会立即发出声光报警信号，提醒值班人员采取相应的处理措施或直接向有关部门或上一级报警总中心发出报警信号。

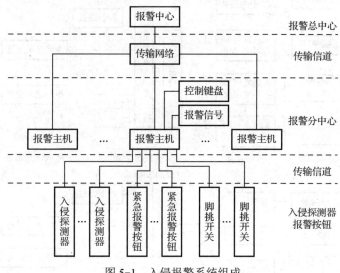

图 5-1 入侵报警系统组成

5.1.2 系统组网模式

入侵报警系统根据信号传输方式的不同，其组建模式可分为以下四种类型，如图 5-2 所示。

（1）分线制：前端入侵探测器、紧急报警装置与报警控制主机之间采用多芯电缆一对一相连的系统结构。

（2）总线制：探测器、紧急报警装置通过其相应的编址模块与报警控制主机之间采用报警总线（专线）相连。

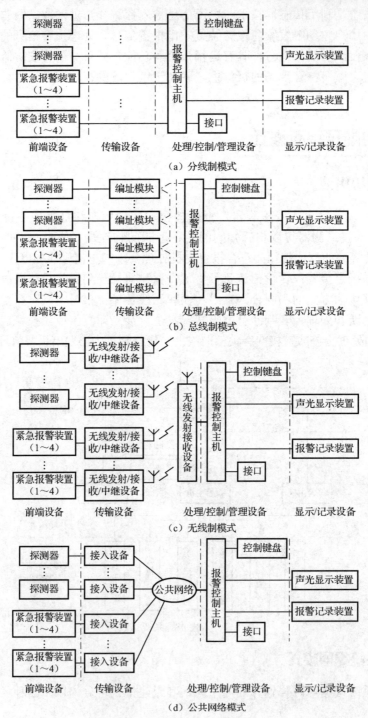

图 5-2　入侵报警系统的组建模式

（3）无线制：探测器、紧急报警装置通过其相应的无线设备与报警控制主机通信，其中一个防区内的紧急报警装置不得大于 4 个。

（4）公共网络：探测器、紧急报警装置通过现场报警控制设备和/或网络传输接入设备

与报警控制主机之间采用公共网络相连。公共网络可以是有线网络，也可以是有线—无线—有线网络。图 5-2（d）中公共网络可以是电话公共网、数据公共网、有线电视网、电力通信网、计算机网等。

说明：以上四种模式，既可单独使用，也可混合使用，既可单级使用，也可多级使用，分线制和总线制的混合传输模式在目前的工程实施中应用最为广泛。

5.2 常用术语

（1）设防：使系统的部分或全部防区处于警戒状态的操作。

（2）撤防：使系统的部分或全部防区处于解除警戒状态的操作。

（3）防区：利用探测器（包括紧急报警装置）对防护对象实施防护，并在控制设备上能明确显示报警部位的区域。

（4）周界：需要进行实体防护或/和电子防护的某区域的边界。

（5）监视区：实体周界防护系统或/和电子周界防护系统所组成的周界警戒线与防护区边界之间的区域。

（6）防护区：允许公众出入的、防护目标所在的区域或部位。

（7）禁区：不允许未授权人员出入（或窥视）的防护区域或部位。

（8）盲区：在警戒范围内，安全防范手段未能覆盖的区域。

（9）漏报警：入侵行为已经发生，而系统未能做出报警响应或指示。

（10）误报警：由于意外触动手动装置、自动装置对未设计的报警状态做出响应、部件的错误动作或损坏、操作人员失误等而发出的报警信号。

（11）报警复核：利用声音和/或图像信息对现场报警的真实性进行核实的手段。

5.3 入侵探测器的分类及工作原理

扫一扫看入侵探测器的分类文稿

5.3.1 入侵探测器的分类

入侵探测器种类繁多，常用的有红外探测器、微波探测器、振动探测器、门磁探测器、气体泄漏探测器等，常用的分类方式有如下几种：

（1）按传感器的种类分，可分为开关探测器、振动探测器、超声波探测器、次声波探测器、红外探测器、微波探测器、激光探测器、线缆周界探测器、视频探测器、双技术探测器、三技术探测器等。

（2）按探测器的工作方式分，可分为主动式入侵探测器和被动式入侵探测器。

主动式入侵探测器工作时向探测场所发射某种能量，经反射或直射在接收装置上形成稳定信号，当有非法入侵时，稳定信号被破坏，触发报警信号，向报警控制器报警。常用主动式探测器有：主动红外对射探测器（单光束、双光束、三光束、四光束等）、微波入侵探测器、超声波入侵探测器。

被动式入侵探测器工作时无须向探测现场发出信号，仅仅对被测现场物体本身发出的能量信号进行探测，平时，探测器输出一个稳定信号，当有非法入侵时，稳定信号被破坏，触发报警信号，向报警控制器报警。常用的被动式探测器有：振动探测器、玻璃破碎探测器、声控探测器、被动红外探测器等。

（3）按使用场所分，可分为室内型、室外型、室内外兼有型。

（4）按警戒范围分，可分为点控型探测器、线控型探测器、面控型探测器、空间控制型探测器。各种探测器警戒范围如表 5-1 所示。

表 5-1　各种探测器警戒范围

警戒范围	探测器种类
点控型	开关式探测器
线控型	主动红外探测器、激光探测器、光纤式周界探测器
面控型	振动探测器、声控—振动型双技术玻璃破碎探测器
空间控制型	雷达式微波探测器、微波墙式探测器、被动红外探测器、超声波探测器、声控探测器、视频探测器、微波—被动红外探测器、超声波—被动红外探测器、声控型单技术玻璃破碎探测器、次声波—玻璃破碎探测器、泄漏电缆探测器、振动电缆探测器、电场感应探测器、电容变化式探测器

（5）按探测器的传输方式分，可分为有线探测器、无线探测器。

5.3.2　常用入侵探测器的工作原理

扫一扫看某三鉴探测器主要技术指标

1. 主动式红外探测器

由一个发射器和一个接收器组成，发射器由红外元件、驱动电路和光学镜组成；接收器由光学镜、光电传感器和信号处理电路组成，其组成框图如图 5-3 所示。其工作过程是发送端（主机）红外光发射二极管作为光源，由自激多谐振荡器电路直接驱动，产生脉动式红外光，经过光学镜面进行聚焦处理，将散射的红外光束聚焦成较细的平行光束，由接收（从机）端接收。一旦光线被遮断，接收端电路状态即发生变化，就会发出警报。

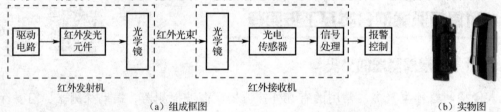

（a）组成框图　　　　　　　　　　　　　　　　　（b）实物图

图 5-3　主动式红外探测器

2. 被动式红外探测器

由光学系统、热释电红外传感器（PIR）、信号处理和报警控制组成，其组成框图如图 5-4 所示。其工作过程是通过感测环境的红外辐射变化来发出报警信号，不需要红外发射器。

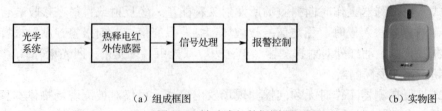

（a）组成框图　　　　　　　　　　　　　　　　（b）实物图

图 5-4　被动式红外探测器

人体的表面温度为 36 ℃，发出的红外波长集中在 8～12 μm 范围内，当入侵者进入探测区后，引起红外辐射的变化，红外探测器接收后就发出报警信号。

3. 振动探测器

由振动传感器和信号处理电路两部分构成，是以探测入侵者的走动或进行各种破坏活动时所产生的振动信号（如入侵者凿墙，钻洞，破坏门、窗，撬保险柜等）强度超过一定电平时触发报警的探测器。

4. 开关探测器

通过开关的闭合或断开，控制电路导通或断开，从而触发报警的探测器。常用的开关探测器有微动开关、磁开关、紧急报警开关、水银开关等。

5. 微波多普勒探测器

探测器中的发射器向所防范空间发射微波信号，当有移动目标时，会反射微波信号，由于多普勒效应（电磁波或声波频率因目标物相对运动所引起的频率改变，称为多普勒效应），反射微波会产生一个多普勒频移，接收器可以探测入侵者的径向移动速度发出报警。

6. 微波/红外双鉴探测器

将微波、被动红外两种不同原理的探测技术组合起来，综合了两种技术的优势，弥补了各自性能上的缺陷，避免了很多误报警，是目前室内应用最为广泛的一种探测器。

5.4　入侵报警系统施工图识读

扫一扫看某室内双鉴探测器主要技术指标

1. 设计说明书

需了解的主要内容有：

（1）了解项目概况。

（2）读懂图形符号。

（3）了解设计内容：系统组成及实现功能、报警中心位置、前端设备设置原则及设置场所、线缆敷设方式、接地及其他安装注意事项等。

2. 系统图识读

需分析的主要内容有：

（1）报警中心设置楼层、系统组网模式、设备选择。

（2）前端设备设置楼层及数量。

（3）系统的供电方式。

（4）系统架构、传输方式及传输线缆的选型。

3. 平面图识读

需分析的主要内容有：

（1）报警中心、弱电间的设置位置。

（2）系统前端设备的设置位置、选型及安装方式。

（3）报警中心引至室外报警网络的线缆、引至前端设备的传输线缆型号规格、敷设路由、敷设方式。

工程案例7　某教师公寓入侵报警施工图识读

该项目介绍与项目2中的工程案例1相同，**图纸识读步骤如下。**

1. 设计说明

设计说明如工程案例1中的图2-19所示。

（1）工程概况及设计依据：与工程案例1相同。

（2）设计内容：系统由入侵报警主机、微波红外双鉴探测器等组成。入侵报警主机设在一层管理室内，微波红外双鉴探测器设在一层各出入口，系统采用总线制与分线制相结合的混合传输方式。当有非法入侵时，系统可自动报警，同时可联动打开现场的摄像机进行录像，并与校园安防中心相连。系统的撤布防在一层管理室完成。在无人时进行设防，有人侵入时发送报警信号至管理室和校园安防中心。

（3）入侵报警系统中使用的产品应符合国家现行法规和相关技术规定，并经检验或认证合格。

（4）入侵报警系统线路为沿桥架或穿钢管敷设，与综合布线系统共桥架。

（5）课堂练习：由学生完善表5-2所示图形符号的表格。

表5-2　图形符号

符号	符号代称	图形符号	符号代称
IR/M		WC	
BZ		RC	
2BZ		SC	
CT		SCE	
FC		WS	

2. 入侵报警系统图

入侵报警系统图如图5-5所示。

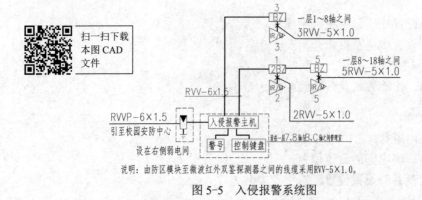

图5-5　入侵报警系统图

分析图 5-5 可知：

（1）建筑物为一层，一层设微波红外双鉴探测器，系统采用总线与多线相结合的混合传输方式，总线线路采用 RVV-6×1.5，由设在一层 7、8 轴与 B、C 轴之间的管理室内的入侵报警主机引至各防区模块，由防区模块引至各微波红外双鉴探测器的多线线路采用线缆 RVV-5×1.0 传输。

（2）一层 1~8 轴之间设 3 套单防区模块，每套模块带 1 个微波红外双鉴探测器，8~18 轴设 1 套两防区模块和 5 套单防区模块，每套两防区模块带 2 个微波红外双鉴探测器，报警总线分 2 条总线引至不同的防区模块。

（3）引至校区安防中心的报警线路为 RVVP-6×1.5。

3．一层弱电平面图

如图 2-21 所示，由平面图可知：

（1）右侧弱电间设在 16 轴、F 轴，左侧弱电间设在 3 轴、F 轴，设在 10 轴、N 轴的弱电间与强电专业合用。由室外校园安防中心引至建筑物的报警总线 RVVP-6×1.5 穿 DN50 的水煤气钢管由建筑物的右侧埋地引至右侧弱电间内，管子伸出散水 1 000 mm，室外埋深 800 mm，室内伸进弱电间内墙 100 mm，露出地面 50 mm。

（2）入侵报警主机设在一层 7、8 轴与 B、C 轴之间的管理室内，由管理室引出至校园安防中心的报警总线 RVVP-6×1.5 穿 DN25 的焊接钢管沿吊顶内明敷至设在 16 轴、F 轴右侧弱电间，再由弱电间埋地引出建筑物至校园安防中心。

（3）在一层各出入口设微波红外双鉴探测器，除 8~10 轴与 B~D 轴之间的两个探测器共用一套两防区模块外，其他探测器均配置单防区模块，由管理室引出 2 根 RVV-6×1.5 的线缆穿 DN25 的焊接钢管沿吊顶内敷设至走廊左右两个方向的防区模块，由防区模块引至探测器的线路为 RVV-5×1.0 穿 DN20 的焊接钢管沿吊顶内敷设。

4．课堂练习

根据项目 2 材料估算方法，估算入侵报警系统线缆用量，列出设备材料清单。

5.5 入侵报警系统施工图设计

5.5.1 系统总体要求

扫一扫看入侵报警系统传输网络的选择微视频

1．纵深防护体系设计

（1）入侵报警系统的纵深防护体系包括周界、监视区、防护区和禁区。

（2）周界分为外周界和内周界，周界防护需采用实体防护或/和电子防护措施，采用电子防护时，需设置入侵探测器，当周界有出入口时，需采取相应的防护措施。

（3）监视区可设置警戒线（面），宜设置视频安防监控系统。

（4）防护区需设置紧急报警装置、入侵探测器、声光显示装置，实现多重防护目的。

（5）禁区需设置不同探测原理的探测器，设置紧急报警装置和声音复核装置，通向禁区的出入口、通道、通风口、天窗等需设置探测器和其他防护装置，实现立体交叉防护目的。

2. 系统功能设计

（1）紧急报警装置要设置为不可撤防状态，有防误触发措施，被触发后应自锁。

（2）在设防状态下，当探测器探测到有入侵或触动紧急报警装置时，报警控制设备可显示报警发生的区域或地址；当多路探测器同时报警（含紧急报警装置报警）时，报警控制设备应依次显示出报警发生的区域或地址。

（3）在撤防状态下，系统对探测器的报警状态不能做出响应。

（4）系统可以对事件发生的时间、地点、性质进行记录且不能更改，对报警、故障、被破坏、开机、关机、设防、撤防等信息进行显示和记录。

5.5.2 前端设备设计

1. 防区划分

防区范围不宜过大（一般直线距离不超过 200 m），需按探测目的分设防区。

2. 探测器的设置

（1）每套探测器设为一个独立防区，需设置紧急报警装置的部位宜不少于 2 个独立防区，每一个独立防区的紧急报警装置数量不应大于 4 个，且不同单元空间不得作为一个独立防区。

（2）防护对象需在入侵探测器的有效探测范围内，入侵探测器的覆盖范围边缘与防护对象间的距离宜大于 5 m。

（3）周界的每一个独立防区长度不宜大于 200 m。

（4）当多个探测器保护同一防区时，需避免探测器之间的相互干扰。

3. 常用入侵探测器的选择

常用入侵探测器的选择如表 5-3 所示。

表 5-3 常用入侵探测器的选择

名　　称	适应场所与安装方式及要求	主　要　特　点	适宜工作环境和条件
微波多普勒探测器	室内空间型：壁挂式，距地 1.5～2.2 m，严禁对着房间的外墙、外窗	不受声、光、热的影响	可在环境噪声较强，光、热变化较大的条件下工作
被动红外探测器	室内空间型：吸顶安装、水平安装，距地宜小于 3.6 m，壁挂安装，距地 2.2 m 左右，透镜的法线方向宜与可能入侵方向成 90°角等	被动式（多台交叉使用，互不干扰）	日常环境噪声，温度在 15～25℃时探测效果最佳
微波/被动红外双鉴探测器	室内空间型：吸顶安装、水平安装，距地宜小于 4.5 m，壁挂安装，距地 2.2 m 左右，透镜的法线方向宜与可能入侵方向成 135°角	误报警少（与被动红外探测器相比）	日常环境噪声，温度在 15～25℃时探测效果最佳
被动式玻璃破碎探测器	室内空间型：吸顶、壁挂等所要保护的玻璃应在探测器保护范围之内，并应尽量靠近所要保护玻璃附近的墙壁或天花板	被动式，仅对玻璃破碎等高频声响敏感	日常环境噪声
振动探测器	室内、室外，需与防护对象实现刚性连接	被动式	远离振源

续表

名 称	适应场所与安装方式及要求	主 要 特 点	适宜工作环境和条件
主动红外探测器	室内、室外，红外光路不能有阻挡物；严禁阳光直射接收机透镜内；防止入侵者从光路下方或上方侵入	红外脉冲、便于隐蔽	室内外周界控制
磁开关入侵探测器	各种门、窗、抽屉等，舌簧管宜置于固定框上，磁铁置于门窗等的活动部位上，两者宜安装在产生位移最大的位置	体积小、可靠性好	非强磁场存在情况
紧急报警装置	用于可能发生直接威胁生命的场所（如金融营业场所、值班室、收银台等），一般安装在紧急情况下人员易可靠触发的隐蔽部位	利用人工启动（手动报警开关、脚踢报警开关等）发出报警信号	日常工作环境

5.5.3 传输网络设计

系统传输方式的选择需考虑入侵探测器的布置、系统规模、传输距离等，一般选择以有线传输为主、无线传输为辅的传输方式；当前端防区较少，探测器与报警控制器之间的传输距离不大于 100 m 时，推荐选择分线制传输；当前端防区数量较多，探测器与报警控制器之间的传输距离不大于 1 500 m 时，推荐选用总线制模式；在布线较为困难的场所，可选择无线制模式；前端防区数量很多，且与报警中心距离大于 1 500 m，或现场要求具有设防、撤防等分控功能的场所，可选择公共网络模式。

通信线缆选择：系统采用总线制传输时，总线电缆需选择不少于 6 芯的通信电缆，每芯截面积不小于 1.0 mm^2，建议选择 RVVP 的屏蔽线缆；系统采用分线制传输时，选择不少于 5 芯的通信电缆，每芯截面不小于 0.5 mm^2，建议选择 RVV 的护套线缆；系统前端与报警中心距离较远时，可选用光缆。

工程案例8 某网络中心机房入侵报警施工图设计

1. 项目概况

该项目概况可以参照项目4中的工程案例6。

2. 设计委托书

入侵报警系统设计委托书

兹委托××设计院对我校网络中心机房的入侵报警系统进行设计，具体设计要求如下：

考虑网络中心机房工程的重要性和安全性，机房内设置入侵报警系统，对机房的所有出入口进行控制与管理。系统由入侵报警主机、微波红外双鉴探测器、警号、键盘等设备组成。在中心机房、配电及 UPS 间、机房监控室的出入口设微波红外双鉴探测器。系统可实现在无人时进行设防，一旦有人非法入侵时，机房监控室既可发出报警信号，又可通过联网线路报警至校园安防中心，同时也可将报警信息以短信方式发送至相关责任人手机上，系统的布、撤防由机房监控室完成。

3. 入侵报警系统设计

（1）阅读建筑和机房工艺设备布置平面图及机房设备一览表，了解机房内各房间的使用功能，见图4-19、图4-20和表4-8。

（2）根据建筑和机房工艺设备布置平面图及设计委托书设置入侵探测器，如表5-4所示。

表5-4　入侵探测器的设置与选择

房间名称	监视目标	探测器数量	探测器选型
中心机房	出入口	1	吸顶式微波红外双鉴探测器，探测范围：半径不小于8 m
机房监控室	出入口	1	
配电及UPS室	出入口	1	
总计		3	

（3）系统组成：由于探测器数量不多，各探测器距机房监控室入侵报警主机不远，系统推荐选择多线制传输方式，入侵报警主机选择多线制报警主机，总防区容量为四防区，并预留引至校园安防中心的报警总线，确保系统不漏报和误报。由入侵报警主机至微波红外双鉴探测器的线路采用RVV-5×0.5，并预留RVVP-6×1.0的线路引至校园安防中心，实现本地和远程报警功能，系统图如图5-6所示。

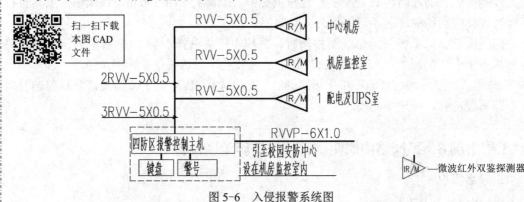

图5-6　入侵报警系统图

（4）绘制入侵探测器点位布置图，如图5-7所示。

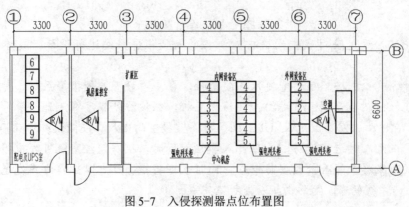

图5-7　入侵探测器点位布置图

（5）入侵探测器的选择：根据建筑平面图，中心机房、机房监控室、配电及 UPS 室的入侵探测器均负责房间的出入口，房间的进深为 6.6 m，选择探测半径不小于 5 m 的吸顶安装探测器即可满足使用需求。

（6）课堂练习：在教师指导下根据入侵探测器点位布置图和系统图绘制机房报警线路平面图，确定报警线路路由及线缆敷设方式、钢管的穿线根数，并计算钢管的规格（计算方法参考项目 2）。

（7）编写设计说明书。

① 设计依据。

② 工程概况。

扫一扫下载上述课堂练习参考答案 CAD 文件

③ 设计内容。

④ 接地及其他。

⑤ 图形符号。

（8）编写图纸目录。根据绘制图纸编写图纸目录，如表 5-5 所示。

表 5-5　图纸目录

序号	图纸名称	图纸编号	张数	备注
1	目录	弱电施-1	1	
2	说明书	弱电施-2	1	
3	主要设备材料表	弱电施-3	1	
4	入侵报警系统图	弱电施-4	1	
5	入侵报警线路平面图	弱电施-5	1	

实训6　某科研办公楼入侵报警施工图设计

1. 项目概况

参照项目 2 的实训 2。

2. 建设单位设计委托书

入侵报警系统设计委托书

兹委托××设计院对我单位新建科研办公楼入侵报警系统进行设计，具体设计要求如下：

在新建办公楼内设入侵报警系统，在办公楼一层出入口、电话及网络机房、图书阅览室、档案室等场所设入侵探测器，用于探测一层出入口及重要场所的非法入侵情况，入侵报警主机设在一层值班室，并预留与外界联网的接口。系统可实现本地报警、电话报警、短信报警等功能，以便保安部门对办公楼的安全情况和不安全因素随时掌握和控制。

3. 实训步骤

阅读建筑平面图，了解建筑使用功能，参照图 2-40、图 2-41。

（1）根据设计委托书，对照建筑平面图选择、布置入侵探测器。

（2）统计各层探测器数量。

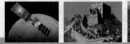

（3）根据建筑平面和机房布局规划布线路由，绘制入侵报警系统草图。

（4）根据系统草图在平面图上绘制布线路由。

（5）计算桥架、钢管的规格，绘制报警平面图。

（6）根据平面图、系统图统计设备材料清单。

（7）编写设计说明。

（8）编制图纸目录。

4．实训成果

（1）入侵报警系统图。

（2）一层报警平面图。

（3）二～四层报警平面图。

（4）设备材料表。

（5）设计说明。

知识梳理与总结

本项目的主要目的是掌握入侵报警系统施工图的识读与设计要求和方法。为了便于学生掌握学习任务，分为三部分讲述：第一部分讲述入侵报警系统的组成及组网模式；第二部分讲述拿到一套完整的入侵报警系统工程图纸后应该怎么去识图；第三部分讲述入侵报警工程的设计要求及设计方法。第二部分与第三部分是本项目的重点，涉及的内容由易到难、由局部到整体逐步深化，基础知识以工程案例为主展开讲解，并附有课堂练习、思考及练习题，实现了理论与实践的深度融合，体现了以学生为主体的教学方法。该项目中重点需要掌握以下几个方面的内容：

1．掌握入侵报警系统的组成和组网模式；

2．掌握常用入侵探测器的工作原理及选择；

3．能够准确识读入侵报警系统施工图；

4．能够根据图纸编制入侵报警工程主要设备材料清单；

5．熟悉入侵报警系统的设计要求和相关规范；

6．掌握入侵报警系统施工图设计方法；

7．学会简单项目入侵报警系统施工图设计。

该项目中的难点是入侵报警系统工程设计，工程设计要求是关键，所以在学习的过程中要充分利用网络资源，拓宽知识领域，反复练习，学会融会贯通、举一反三，这样才能快速、高质量地达到学习目的。

思考及练习题5

扫一扫看
思考及练
习题5

扫一扫看思考
及练习题5参
考答案

1．基础知识题

（1）入侵报警系统由哪几部分组成？

（2）入侵报警系统的组建模式有哪些？

（3）列举 3 种常用的入侵探测器。

（4）每一个独立防区的紧急报警装置如何设置？

扫一扫看计算机
机房入侵报警工
程实训任务工单

（5）入侵报警系统采用总线制传输时线缆应如何选择？

（6）红外光束主动红外探测器一般用在何种场所？

2. 案例题

某计算机机房建筑平面图如图 4-25 所示，根据所学知识，绘制入侵报警平面图和系统图。

设计要求：计算机机房区域入口、每间计算机机房内设微波红外双鉴探测器，系统采用分线制传输模式，入侵报警主机及其配套设备放在控制室内的控制台上。

项目 6

出入口控制工程

扫一扫看项目6教学课件

知识目标	（1）掌握出入口控制系统的概念、组成及功能。 （2）掌握出入口控制系统施工图的识读方法。 （3）掌握出入口控制系统的设计要求和设计流程
能力目标	（1）具有出入口控制系统工程的设计能力。 （2）具有出入口控制系统施工图的识读能力。 （3）具有利用网络查找相关资料和国家现行相关规范的能力
素养目标	（1）具有团队协作与沟通的能力。 （2）具有分析和解决问题的能力
教学资源与载体	出入口控制系统及平面图、AutoCAD 软件、天正电气软件、Excel 软件、相关资料和现行相关规范、多媒体教学平台、教材、智能化实训室
教学方法	工程案例教学法、任务驱动法
参考学时	6
教学过程设计	夯实基础→给出工程图纸→讲解施工图识读方法→通过案例教学讲解设计要求→按照工程图纸讲解设计流程和方法
考核与评价内容	课堂练习、施工图设计与识读实训、设计图纸成果
评价方式	自我评价（10%）、小组评价（30%）、教师评价（60%）

出入口控制系统以安全防范为目的，对被设防区域的通行通道、重要房间等场所的出入进行控制和管理。它是安全防范的第一道防线，与其他的安全防范技术相比，视频安防监控和入侵报警等技术均为针对案发现场和破案阶段设置，而出入口控制系统是将作案者通过技术手段拒之门外，因此，系统更经济、实用。其定义为：出入口控制系统是利用自定义符识别或/和生物特征等模式识别技术对出入口目标进行识别并控制出入口执行机构启闭的电子系统。常用的出入口控制系统包括独立式密码出入口控制系统、非接触卡式出入口控制系统和生物识别出入口控制系统。

（1）独立式密码出入口控制系统：输入密码，系统判断密码正确就驱动电锁，开门放行。优点：只需记住密码，无须携带其他介质，成本低。缺点：速度慢、安全性差。适用场所：仅用在对安全要求低、成本低、使用不频繁的场合。

（2）非接触卡式出入口控制系统：非接触式 IC 卡内分有几十个数据区，每一个数据区均可单独设置读/写密码，可实现一卡多用。优点：无源，免接触，密码无法破译不易被复制，寿命长，读取速度快，安全性高等，非接触式 IC 卡是目前出入口控制系统最常用的卡片。

（3）生物识别出入口控制系统：根据人体生物特征的不同而识别身份的出入口控制系统。常见的有指纹出入口控制系统（每个人的指纹纹路特征存在差异性）、掌纹出入口控制系统（每个人的手掌骨骼形状存在差异性）、虹膜出入口控制系统（每个人的视网膜通过光学扫描存在差异性）、人脸识别出入口控制系统（每个人的五官特征和位置不同）等。优点：技术先进，无须携带卡片等介质，重复概率小，不易被复制，安全性高。缺点：成本高、速度慢。适用场所：仅用在安全性要求高的场所。

系统设置必须满足消防规范要求的人员紧急疏散要求，即系统需与消防自动报警系统联动，当有火灾发生时，人员无须使用钥匙也应能迅速安全通过。

6.1 系统组成

出入口控制系统主要由识读部分、传输部分、管理/控制部分、执行部分及相应的系统软件组成，如图 6-1 所示。

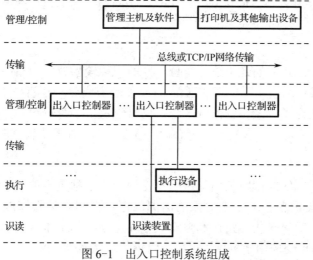

图 6-1 出入口控制系统组成

6.1.1　识读部分

对进出人员的身份进行验证，只有经过识读装置验证合法的人员才能进入受控区域。主要包括智能卡及读卡器、密码键盘、指纹识别、掌纹识别、人脸识别等装置，如图 6-2 所示。下面介绍几种常用的识别装置。

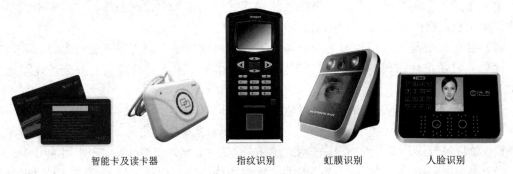

智能卡及读卡器　　　　　　指纹识别　　　　虹膜识别　　　　　人脸识别

图 6-2　出入口控制识别装置

1. 智能卡及读卡器

读卡器设置在出入口处，是出入口控制系统的主要组成部分，主要完成对通行通道出入人员身份的识别和确认。目前较常采用的是非接触式 IC 卡和读卡器，非接触式读卡器以固定频率向外发出电磁波，当感应卡进入读卡器电磁波辐射范围内时，会触发感应卡上的线圈，产生电流并触发感应卡上的天线向读卡器发射一个信号。该信号带有卡片信息，读卡器将电平信号转换成数字信号，传送给现场的出入口控制器，出入口控制器将信息上传给系统管理主机，管理主机将卡号与数据库内的信息进行比对，从而确认卡片信息是否有效。

2. 指纹识别

指纹识别是生物识别技术发展较早、成熟度较高的识别系统，识别时间为 1～6 s，识别率约为 99%。但指纹容易被复制，且对使用者要求较高，如患有严重皮肤病或手汗症的人被拒绝率会提高，造价比非接触式读卡器高。

3. 虹膜识别

虹膜识别是基于眼睛中的虹膜进行身份识别的一种较为方便和精确的生物识别技术。在胎儿发育阶段如果视网膜不受损坏的话，从 3 岁起形成后，虹膜在整个生命历程中将是不变的。这些特征决定了虹膜特征的唯一性，同时也决定了身份识别的唯一性。这种系统几乎无法复制，安全性高，技术复杂，造价高，适用于安全性要求较高的重要场所。

4. 人脸识别

人脸识别是基于人的脸部特征信息进行身份识别的一种更为便捷和精确的生物识别技术，它通过视频采集设备获取识别对象的面部图像，再利用核心算法对其脸部的五官位置、脸型和角度进行计算分析，进而和自身数据库里已有的范本进行比对，最后判断出用户的真实身份。目前广泛应用于机场、车站、码头、出入境等场所的安全检查。

6.1.2　传输部分

传输部分包含前端识读和执行部分至出入口控制器的传输线路和出入口控制器至安防中心的传输线路。目前常用的联网型的传输网络有两种，一种是利用 RS-485 总线传输的网络，另一种是利用 TCP/IP 协议传输的网络，如图 6-3 所示。

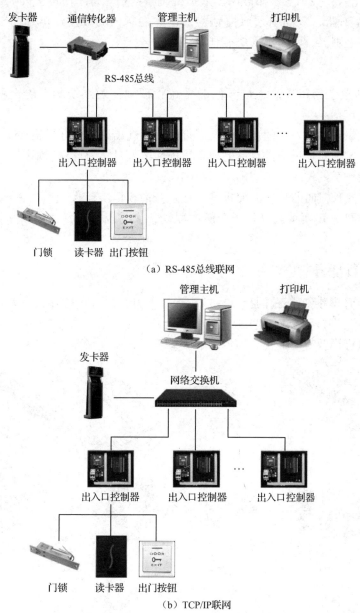

（a）RS-485总线联网

（b）TCP/IP联网

图 6-3　出入口控制联网系统图

6.1.3　管理/控制部分

管理/控制部分是整个出入口控制系统的核心，负责整个系统输入、输出信息的处理、

存储和控制等。由该部分来验证某个人是否为本系统已经注册的有效人员，从而确定电子锁是否打开，主要包括出入口控制器、管理主机及相关软件等。

1. 出入口控制器

按照出入口控制器和管理主机的通信方式，可分为 RS-485 联网型出入口控制器、TCP/IP 网络型出入口控制器和不联网出入口控制器；按照每个门可接读卡器的数量，可分为单向出入口控制器、双向出入口控制器；按照控制门的数量，可分为单门出入口控制器、双门出入口控制器、四门出入口控制器等。

2. 管理主机

出入口控制系统的管理是通过专门的系统管理软件对系统所有的设备和数据进行管理，其主要功能包括：

（1）接收从识别装置发来的目标信息，指挥、驱动出入口执行机构动作。

（2）系统可实现对通道出入目标的授权管理和出入目标的身份识别。

（3）系统操作员的授权管理，出入口控制方式的设定。

（4）系统可实现实时监控、故障报警、信息查询和记录存储。

（5）扩展功能：可实现与其他子系统的联动，如与入侵报警、视频安防监控、消防报警等系统的联动。

6.1.4 执行部分

根据出入口管理/控制部分的指令完成出入口的开启或关闭操作。主要包括闭锁部件、阻挡部件、出入准许指示装置或以上三种的组合部件或装置。如图 6-4 所示，工程中常用的出入口控制执行设备有电插锁、磁力锁、玻璃夹锁、三辊闸等。

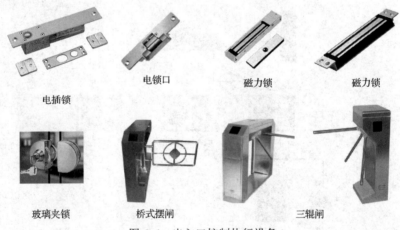

电插锁　　　　　　电锁口　　　　　　磁力锁　　　　　　磁力锁

玻璃夹锁　　　　　桥式摆闸　　　　　　三辊闸

图 6-4　出入口控制执行设备

6.2　系统结构

当受控区域为单门或门数较少，且门之间没有关联的情况时，可采用集卡片、控制器、读卡器于一体的设备和电锁等。

当受控区域为多门，且各门之间有关联时，系统安全要求一般的场所，可选择卡片、控制器、读卡器、电锁、管理中心软件等；系统安全要求高的场所，可采用密码键盘、生物特征识别设备、控制器、电锁、管理中心软件等。

对于管理区域较小、距离较近的出入口控制管理系统，一般选用单机控制型；而对于管理区域较大、距离较远的出入口控制管理系统，可以采用联网型。选用联网型系统时可选择 RS-485 总线传输或 TCP/IP 协议传输的网络。

6.3 出入口控制系统施工图识读

1. 设计说明书

需了解的主要内容有：

（1）了解项目概况。

（2）读懂图形符号。

（3）了解设计内容：安防中心位置、系统组成、实现功能、前端识别设备的设置原则和场所、接地及其他安装注意事项等。

2. 系统图识读

需分析的主要内容有：

（1）安防中心设置楼层、系统组网模式、设备选型。

（2）前端识别设备设置楼层及数量。

（3）系统供电方式。

（4）系统架构、传输方式及传输线缆的选型。

3. 平面图识读

需分析的主要内容有：

（1）安防中心、弱电间的设置位置。

（2）前端识别设备的设置位置、选型及安装方式。

（3）系统供电方式、供电线缆的选型、敷设路由、敷设方式。

（4）安防中心引至室外安防网络的线缆、引至前端识别设备的传输线缆型号规格、敷设路由、敷设方式。

工程案例9 某教师公寓出入口控制施工图识读

该项目介绍与工程案例1相同，图纸识读步骤如下。

1. 设计说明

设计说明图纸见工程案例1的图2-19。

1）程概况及设计依据

与工程案例1施工图工程项目相同。

2）设计内容

（1）在公寓内设出入口控制系统，系统由管理主机、出入口控制器、电磁锁、读卡

器、出门按钮等组成。管理主机设在一层管理室内，与监控工作站合用计算机，在一层出入口处设出入口控制装置，信号引至校园安防中心。

（2）出入口控制系统中使用的产品应符合国家现行法规和相关技术规定，并经检验或认证合格。

（3）出入口控制系统线路为沿桥架或穿钢管敷设，与综合布线系统共桥架。

课堂练习：由学生完善表6-1所示图形符号的表格。

表6-1　图形符号

符　号	符号代称	图形符号	符号代称
▭		H	
▭		G	
EL		RC	
▯		SC	
CT		SCE	
FC		WC	

2. 出入口控制系统图

出入口控制系统图如图6-5所示。

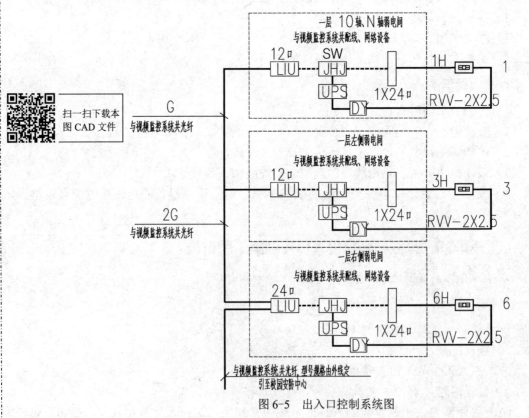

图6-5　出入口控制系统图

分析图 6-5 可知：建筑物地上一层，一层共设三个弱电间，右侧弱电间负责 6 个出入口控制器的配线，左侧弱电间负责 3 个出入口控制器的配线，一层 10 轴、N 轴弱电间负责 1 个出入口控制器的配线。各弱电间内设置的 24 口配线架、12 口光纤接线盒、网络交换机、UPS 及干线光缆与视频监控系统合用，开关电源独立配置。数据干线采用六芯多模光纤，由各弱电间引至出入口控制器的水平线缆采用 6 类八芯非屏蔽双绞线。

3. 弱电平面图

一层弱电平面图如图 2-21 所示，由平面图可知：

（1）右侧弱电间设在 16 轴、F 轴，左侧弱电间设在 3 轴、F 轴，设在 10 轴、N 轴的弱电间与强电专业合用。由建筑物引至校园安防中心的监控光纤穿 DN50 的水煤气钢管由建筑物右侧的弱电间引出，管子伸出散水 1000 mm，室外埋深 800 mm，室内伸进弱电间内墙 100 mm，露出地面 50 mm。

（2）出入口控制器设在一层各出入口的吊顶内，系统在各出入口设置读卡器、出门按钮、电子锁，实现进门刷卡、出门按钮开门的功能。由各弱电间至出入口控制器的线路沿电缆桥架（与综合布线系统合用）在走廊吊顶内敷设，由图中的线型说明可知，图中未标注的出入口控制通信线路为 1H 穿 DN15 和 RVV-2×2.5 穿 DN20 的焊接钢管，敷设方式为沿吊顶明敷；由图中出入口线路局部标注图可知，出入口控制器至读卡器的线路为 1H 穿 DN15 的焊接钢管，至出门按钮的线路为 RVV-2×0.5 穿 DN15 的焊接钢管，至 3 个电子锁的线路为 3RVV-2×1.0 穿 DN20 的焊接钢管，至 2 个电子锁的线路为 2RVV-2×1.0 穿 DN20 的焊接钢管，至 1 个电子锁的线路为 RVV-2×1.0 穿 DN15 的焊接钢管，敷设方式均为沿吊顶明敷或沿墙暗敷。

4. 课堂练习

根据项目 2 材料估算方法，估算出入口控制系统线缆用量，列出设备材料清单。

6.4 出入口控制系统施工图设计

扫一扫看上面课堂练习参考答案

6.4.1 系统总体要求

（1）出入口控制系统的设置需满足消防规定的紧急逃生时人员疏散要求，即当有火灾发生时，出入口控制系统需实现无须任何钥匙就可开门逃生的目的。

（2）系统设备的选型与配置需根据系统功能要求、出入权限、受控出入口数量、出入时间段等因素来确定。

（3）系统与考勤、收费、车库等一卡通联合设置时，需考虑出入口控制系统的安全。

（4）系统前端设备的选型与设置，需考虑满足现场建筑环境、防破坏、防技术开启的要求。

（5）系统需考虑既能独立运行，又可与电子巡查、入侵报警、视频安防监控等系统联动。

6.4.2 前端设备设计

扫一扫看出入口控制系统前端识别设备的设置微视频

1. 前端识别设备的设置

（1）读卡器等前端识别设备需设置于人员便于操作的场所。

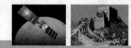

（2）GB 50396《出入口控制系统工程设计规范》中有一强制性条文，即在设计时必须满足的规范要求：采用非编码信号和/或驱动执行部分的管理与控制设备，必须设置于该出入口的对应受控区、同级别受控区或高级别受控区内。如图 6-6 所示为一个出入口控制系统，包含 A～G 共 7 个受控区域的出入口控制，图中 A、B、E 三个区域为同级别受控区，它们对目标的授权是一致的，即能进入 A 区的也可以进入 B、E 区；G 区是相对于 F 区的高级别的受控区，即能进入 G 区的可以进入 F 区，能进入 F 区的却不能进入 G 区；C 区和

D 区分别是相对于其他受控区的非同级别的受控区，就是能进入该区不一定能进入其他区，能进入其他区也不一定能进入该区。如能进入 G 区的目标也能进入其他任何区的话，那 G 区就是该出入口控制系统内最高级别的受控区域了。

（3）出入口控制器属于驱动执行部分的控制设备，在设计时必须遵照规范要求设置正确的安装位置。当选择多门出入口控制器时，

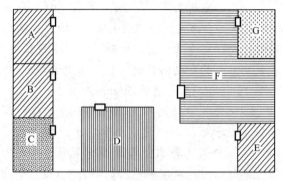

图 6-6　受控区分布示意图（相同条纹为同级别受控区）

需按规范要求考虑控制器的设置位置。如在本案例中 A、B 区域合用双门控制器，控制器设在 A 区或 B 区都是安全的；而 B、C 合用双门控制器，控制器设在 B 区或 C 区都不安全；但 F、G 区合用双门控制器，如控制器设在高级别的 G 区就安全，而设在低级别的 F 区就不安全了，如图 6-7 所示。

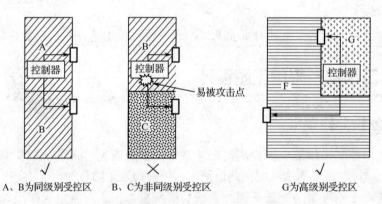

图 6-7　现场设备在不同区域安装时对安全的影响

（4）当采用多门控制器时，需特别注意对电控锁等连接线的防护。尽量采用联网型控制的单门控制器，如必须选择多门控制器，则应将控制器安装在高级别受控区内，并对执行设备输入线路做好防护措施，如图 6-8 所示。

2. 前端识别设备的选择

目前在出入口通道控制的应用中，广泛采用非接触式读卡器，而接触式读卡器在超市、商场、餐厅等场所的收银台用得较多。

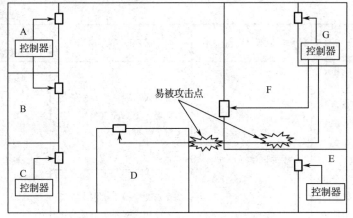

扫一扫看某网络门禁控制器主要技术指标

扫一扫看某读卡器主要技术指标

图6-8 电控锁连线的布设对安全的影响

在选择生物特征识别设备时，指纹、掌形识别等需人体直接接触的识别装置就不如面部、虹膜识别等不需人体直接接触的识别装置安全，因为直接接触的接触面如不能保持清洁，就有可能成为某些传染性疾病传播的媒介，因此目前人脸面部识别装置已经是高安全要求场所的发展趋势。常用前端识别设备的选型要求如表6-2所示。

表6-2 常用前端识别设备的选型要求

序号	名 称	适 用 场 所	主 要 特 点	设 计 要 点	适宜工作环境和条件
1	普通密码、乱序密码键盘	人员出入口；授权目标较少的场所	密码易泄露、保密性差，密码需经常更换	用于人员通道门，宜安装于距门开启边200～300 mm，距地面1.2～1.4 m处	室内外人员通道
2	接触式TM卡(纽扣式)读卡器	人员出入口	安全性高，卡片携带方便，不易磨损		
3	接触式IC卡读卡器	人员出入口	安全性高，卡片携带方便，易磨损		
4	非接触只读式读卡器	人员出入口；停车场出入口	安全性较高，卡片携带方便，不易磨损	用于人员通道门，宜安装于距门开启边200～300 mm，距地面1.2～1.4 m处；用于车辆出入口，宜安装于车道左侧距地面高1.2 m，距挡车器3.5m处	室内外人员通道、车辆出入口
5	非接触可写、加密式读卡器	人员出入口；消费系统一卡通应用的场所；停车场出入口	安全性高，无源卡片，携带方便不易磨损，不易被复制		
6	指纹识读设备	识别速度很快，使用方便；需人体配合的程度较高	操作时需人体接触	用于人员通道门，安装时需适合人手配合操作，距地面1.2～1.4 m处	室内安装
7	掌形识读设备	识别速度较快；需人体配合的程度较高	操作时需人体接触	用于人员通道门，安装时需适合人手配合操作，距地面1.2～1.4 m处	室内安装

续表

序号	名　称	适用场所	主要特点	设计要点	适宜工作环境和条件
8	虹膜识读设备	虹膜被损伤、修饰的可能性很小，也不易留下可能被复制的痕迹；需人体配合的程度很高	操作时不需人体接触	用于人员通道门，安装时需适合人眼部配合操作，距地面 1.5～1.7 m 处	环境亮度适宜、变化不大的场所
9	面部识读设备	需人体配合的程度较低，易用性好，适于隐蔽地进行面像采集、对比		安装时需便于摄取人面部最大面积、最小失真人脸正面图像	
10	车牌识别设备	无须人体配合，扫描车牌	操作时无须人体、车体接触	安装时需便于摄取车牌最大面积、最小失真车牌图像	车辆出入口

3. 电子锁的选择

电子锁一般与所控制的门配合使用，常用锁具和选型如下：

扫一扫看某磁力锁主要技术指标

1）电插锁（阳极锁）

电插锁是锁舌伸出来的锁具，一般配套有锁口，应用于双向开门场合，如家用防盗铁门、单元通道铁门，也可用于金库、档案库铁门。

2）阴极锁（电锁口）

阴极锁是锁口凹陷下去结构的锁具，必须配套锁舌才可以完成锁门和开锁工作，应用于单向开门的场合，如办公室木门、家用防盗铁门。

3）磁力锁

磁力锁适用于通道性质的玻璃门或铁门。它属于常开型，符合消防规范对人员疏散的要求，一旦发生火灾，门锁断电打开，人员可以及时疏散。如单元门、办公区通道门等大多采用磁力锁。

4）灵性锁

灵性锁是结合电控锁和磁力锁的优点，克服了两者的缺点而开发的新产品。特点：通电开锁的锁，应用于具有保安要求的场合，如财务室、经理室等场所；断电开锁的锁，应用于公共通道、进出人流较多的场合，方便在异常情况下人员的疏散逃生。

6.4.3 传输线路设计

通信线缆选择：系统采用 RS-485 总线传输时，出入口控制器与管理主机之间的通信信号线选用铜芯塑料双绞屏蔽导线，线径视传输距离而定，线芯截面积不小于 0.5 mm²，推荐选用 RVSP 型线缆。RS-485 总线设计时采用手牵手式的总线结构，避免星形连接和分叉连接，以保证系统的传输质量；系统采用 TCP/IP 双绞线传输网络时，需遵照国家现行的综合

布线工程设计规范要求，出入口控制器至网络交换机的距离不大于 90 m。

系统前端与管理中心距离较远时，可选用光缆。

出入口控制器至读卡器的通信信号线宜采用多芯屏蔽双绞线，推荐选用四对对绞线缆或 RVVP 型线缆，至门磁开关（门传感器）、出门按钮的通信信号线选择铜芯塑料导线，线芯截面积不小于 0.5 mm²，至执行设备的通信信号线选择铜芯塑料导线，线芯截面积不小于 0.75 mm²。推荐选用 RVV 型护套线缆。

工程案例 10　某网络中心机房出入口控制施工图设计

1. 项目概况

该项目概况请参照项目 4 中的工程案例 6。

扫一扫看出入口控制系统传输线路设计要求微视频

2. 设计委托书

出入口控制系统设计委托书

兹委托××设计院对我校网络中心机房出入口控制系统进行设计，具体设计要求如下：

考虑网络中心机房工程的重要性和安全性，机房内设置出入口控制系统，对机房的所有出入口进行控制与管理。系统由管理工作站、出入口控制器、电磁锁、读卡器、出门按钮等组成。在中心机房、机房配电及 UPS 室及机房监控室设出入口控制设备，管理工作站设在机房监控室，系统可设定卡片权限、可实时检测门的开关状态及人员进出的信息查询等，信号通过联网线路送至大楼安防中心，系统的权限设置由机房监控室完成。

结合项目 4、项目 5，在机房监控室设安防集成管理平台，实现各子系统之间的相互联动，如出入口控制系统可以将非法入侵拒之门外，一旦有非法入侵，入侵报警系统及时报警，并联动打开现场摄像机进行抓拍和录像，便于发现现场实际情况和事后公安机关调取录像资料。

3. 了解机房内各房间的使用功能

阅读建筑和机房工艺设备布置平面图及机房设备一览表，了解机房内各房间的使用功能，见图 4-19 和图 4-20。

4. 出入口控制系统设计

（1）根据建筑和机房工艺设备布置平面图及设计委托书设置出入口控制设备、识别设备和执行机构，如表 6-3 所示。

表 6-3　出入口控制系统设备的设置与选择

房间名称	控制目标	单门出入口控制器数量	带密码键盘非接触式读卡器	出门按钮	电磁锁
中心机房	出入口	2	4		2
机房监控室	出入口	1	2	1	1
机房配电及 UPS 室	出入口	1	1	1	1
总计		4	7	2	4

（2）在中心机房、机房监控室、机房配电及 UPS 室的所有出入口均设置出入口控制装置，因该机房为整个校园的网络中心机房，其环境和信息的安全非常重要，对于重要的房间中心机房采用进出双向控制，选用带键盘非接触式读卡器实现较高安全等级；对于辅助房间如机房监控室、机房配电及 UPS 室采用单向控制，选用进门配置带键盘非接触式读卡器，出门采用出门按钮，同时在每个门配置磁力锁控制人员的进出。

课堂练习 在教师指导下，根据表 6-3 绘制出入口控制设备的点位布置平面图。

1）系统组成方案一

系统组网选择 RS-485 总线传输模式，由管理主机、出入口控制器、磁力锁、识别设备、IC 卡等设备及相关软件等组成，系统可实现对机房区域出入口人员进出的统一管理。系统管理主机设在机房监控室内，并预留与校园安防中心联网的线路。

（1）传输线路：由管理主机至各个出入口控制器的线路采用 RS-485 手牵手式的总线结构，总线线缆选择 RVSP-2×1.5，避免星形连接和分叉连接，预留与校园安防中心的联网光纤；出入口控制器至读卡器的通信线缆选择 6 类四对对绞电缆，至电磁锁的通信线缆选择 RVV-2×1.0 的铜芯塑料导线，至出门按钮的通信线缆选择 RVV-2×0.5 铜芯塑料导线。

（2）电源线路：UPS 电源设在机房监控室内，由 UPS 电源至各出入口控制器的电源线选择 BV-3×2.5 的铜芯塑料导线。

（3）由机房监控室引至校园安防中心的线路采用室内单模或多模光纤，系统图如图 6-9 所示。

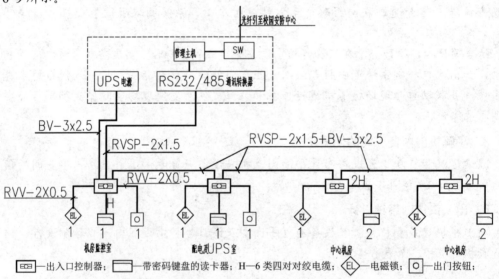

图 6-9 出入口控制系统图

2）系统组成方案二

系统组网选择 TCP/IP 模式，由管理主机、网络型出入口控制器、网络交换机、磁力锁、识别设备、IC 卡等设备及相关软件等组成，系统可实现对机房区域出入口人员进出的统一管理。系统管理主机设在机房监控室内，并预留与大楼安防中心联网的线路。

（1）配置原则：出入口控制器采用双绞线传输时，距离网络交换机不大于 90 m。

（2）传输线路：系统采用专用的计算机局域网，传输与布线设计应符合国家现行的

相关规范和标准，如机房视频安防监控系统采用 TCP/IP 模式传输时，可与出入口控制系统共用一套综合布线系统和网络设备，出入口控制器至网络交换机的配线线缆采用 6 类四对对绞电缆，出入口控制器至读卡器的通信线缆选择 6 类四对对绞电缆，至电磁锁的通信线缆选择 RVV-2×1.0 铜芯塑料导线，至出门按钮的通信线缆选择 RVV-2×0.5 铜芯塑料导线。

（3）电源线路及由机房监控室引至校园安防中心的线路与系统组成方案一相同，系统图与视频安防监控系统合在一起，如图 6-10 所示。

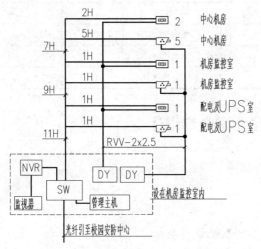

扫一扫下载本图 CAD 文件

图 6-10　视频安防监控及出入口控制系统图

课堂练习　在教师指导下根据出入口控制装置布置图和系统组成方案二绘制机房出入口控制线路平面图，确定线路路由及线缆敷设方式，并计算桥架、钢管的规格（计算方法参考项目 2）。

1）统计设备材料表

根据机房系统组成方案二，统计出入口控制系统主要设备材料表，如表 6-4 所示。

表 6-4　主要设备材料表（方案二）

序　号	名　　称	型号及规格	单　位	数　　量	备　注

2）编写设计说明书

（1）设计依据。

（2）工程概况。

（3）设计内容。

（4）接地及其他。

（5）图形符号。

3）编写图纸目录

根据绘制图纸编写图纸目录，如表6-5所示。

表6-5　图纸目录

序号	图 纸 名 称	图 纸 编 号	张 数	备 注
1	目录	弱电施-1	1	
2	说明书	弱电施-2	1	
3	主要设备材料表	弱电施-3	1	
4	出入口控制系统图	弱电施-4	1	
5	出入口控制线路平面图	弱电施-5	1	

实训7　某科研办公楼出入口控制施工图设计

1. 项目概况

项目概况请参照项目2中的实训2。

2. 建设单位设计委托书

出入口控制系统设计委托书

兹委托××设计院对我单位新建科研办公楼出入口控制系统进行设计，具体设计要求如下：

在新建办公楼内设出入口控制系统，系统采用网络传输，由出入口控制器、电子锁、出门按钮、读卡器、管理主机等组成。在办公楼各层办公室、图书阅览室、档案室等房间设出入口控制装置，用于控制各办公室人员的进出情况，管理主机设在一层值班室，并预留与其他楼联网的接口。

3. 实训步骤

（1）阅读建筑平面图，了解建筑使用功能，参照图2-40、图2-41。

（2）根据设计委托书，对照建筑平面图选择、布置前端出入口控制装置。

（3）统计各层出入口控制装置的数量。

（4）根据建筑平面和机房布局规划布线路由，绘制出入口控制系统草图。

（5）根据系统草图在平面图上绘制布线路由，规划垂直干线走线位置。

（6）计算桥架、钢管的规格，绘制出入口控制平面图。

（7）根据平面图、系统图统计设备材料清单。

（8）编写设计说明。

（9）编制图纸目录。

4. 实训成果

（1）出入口控制系统图。

（2）一层出入口控制平面图。

（3）二～四层出入口控制平面图。

（4）设备材料表。

（5）设计说明。

6.5 其他安防子系统

6.5.1 访客对讲系统

随着社会的发展，安全、舒适和先进的居住环境已成为现代化智能住宅小区的基础，而住宅小区访客对讲系统则是营造这一基础的重要组成部分。

国内访客对讲系统经历了从非可视到黑白可视，再到彩色可视的发展，又从彩色可视升级到家庭智能终端，系统从单户型不联网发展到联网型，又从各种总线方式联网发展到运用成熟的 TCP/IP 网络技术联网。但不论怎样发展，其最终的核心仍是以充分满足用户的需求为出发点，为人们提供一个舒适、安全、智能、高效的生活空间。

1. 什么是访客对讲系统

访客对讲系统也称为楼宇对讲系统，是采用嵌入式微处理器技术、语音对讲技术、CCD 摄像及视频显像技术设计的一种访客识别电控信息管理的智能系统。该系统是可为来访客人与住户之间提供双向通话或可视通话，且由住户遥控防盗门的开关或向保安管理中心进行紧急报警的一种安全防范系统。楼宇对讲系统中，来访者要通过可视或非可视的对讲系统与住户进行通话，由住户确认后，遥控电控锁开启，来访者才能进入大楼。系统分为可视和非可视两种。可视对讲系统中住户可以看到来访者的图像。

智能住宅小区的访客对讲系统在小区入口、住宅楼入口、住户及小区物业管理中心（或小区安防中心）之间建立一个语音（图像）通信网络，有效地监控外来人员进入小区，保护住户的人身财产安全。系统由对讲管理主机、大门口主机、门口主机、用户分机、电控门锁等相关设备组成。对讲管理主机设置在小区物业管理中心（或小区安防控制中心），大门口主机设置在小区入口处，门口主机设置在各住宅楼单元入口的墙或门上，用户分机则安装在住户家中。

2. 访客对讲系统的分类

1）按传输线制划分

按传输线制可分为多线制、总线制、总线多线混合制，如图 6-11 所示。

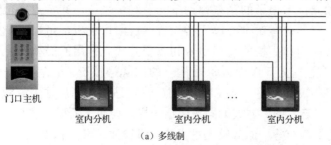

门口主机　室内分机　　室内分机　　室内分机

（a）多线制

图 6-11　按线制划分的访客对讲系统示意图

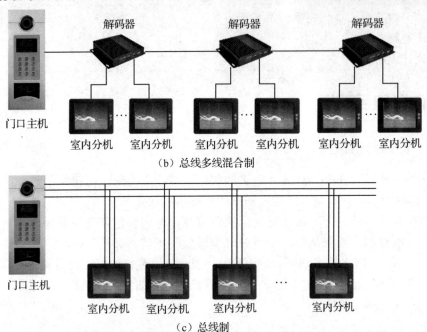

（b）总线多线混合制

（c）总线制

图 6-11　按线制划分的访客对讲系统示意图（续）

（1）多线制：系统的音频线、开锁线、电源线共用，每住户分机增加一条门铃线，优点是设备及接线简单，缺点是布线烦琐、施工麻烦、联网困难，适用于小容量系统，目前已较少采用。

（2）总线制：将数字编码移至用户室内分机中，省去解码器，系统接线简单灵活,适应性强。但如某用户发生短路，则会造成整个系统故障。

（3）总线多线混合制：采用数字编码技术，一般每层有一个解码器（四用户或者八用户），解码器与解码器之间采用总线连接，解码器与住户室内分机采用星形连接，系统容量大、功能强、联网容易。

2）按系统规模划分

按系统规模可分为单户型、单元型、联网型楼宇对讲系统，如图 6-12 所示（以总线多线混合制传输系统为例）。

（1）单户型：单户使用的访客对讲系统。其特点是每户一个室外门口主机，可连带一个或多个可视或非可视分机，如别墅使用的楼宇对讲系统。

（2）单元型：独立楼宇使用的系统称为单元型对讲系统。其特点是可管理同一幢楼内的多个楼层、多家住户的访客对讲。单元楼设置一台门口主机，可根据单元楼层的多少、每层住户的多少来选择门口主机的规格型号和类型方式。常用的类型有直按式、数码式两种。直按式是指门口主机上直接设置每家住户的门牌号按键，访客一按就应，操作较简单。但直按式主机容量较小，通常可控制 2～16 户，适用于多层住宅。数码式是指门口主机上设置 0～9 数字按键，操作方式如同拨电话一样，访客需要根据住户门牌号依次按动相应的数字键，操作稍复杂一些。但数码式主机的容量较大，可控制 2～9 999 户不等，适用于高层住宅。

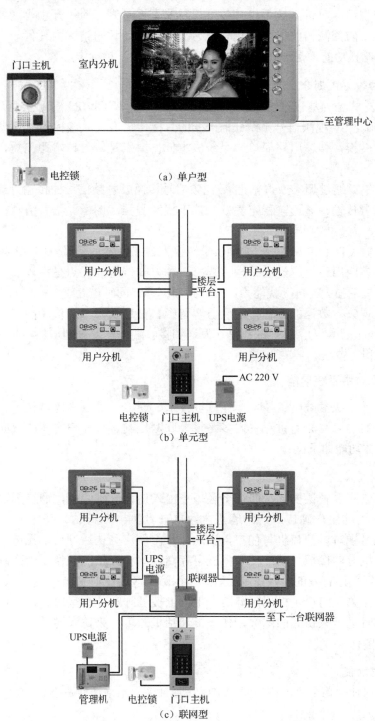

（a）单户型

（b）单元型

（c）联网型

图6-12　按规模划分的访客对讲系统示意图

（3）联网型：在封闭住宅小区中，每幢楼宇使用单元型访客对讲系统，然后所有的单元型访客对讲系统通过小区内专用传输网络与管理中心连接，形成小区各单元楼宇之间的

对讲网络。联网型访客对讲系统不仅具备可视与非可视对讲、遥控开锁等功能，还能接收住宅小区内各种安防探测器的报警信息与紧急援助，主动呼叫辖区内任何一个住户或群呼所有住户，实施广播功能，是现代化智能住宅小区管理的一种标志。

3）按信号传输方式划分

按信号传输方式分为基带传输、射频传输、数字传输（TCP/IP）三种类型。

（1）基带传输：音/视频信号不做任何改变的直接传输方式。该种传输方式的优点是音/视频信号不需要转换，传输电路简单，系统成本低；缺点是信号传输距离短，易受外界干扰。

（2）射频传输：通过调频或调幅把音/视频信号转换成射频信号的传输方式。该种传输方式的优点是信号传输距离远，稳定性好，抗干扰能力强，图像、语音清晰；缺点是在发射和接收设备中，需要增加调制和解调电路，价格相对较高。

（3）数字传输（TCP/IP）：将音/视频信号转换为数字信号，采用 TCP/IP 网络传输模式进行传输，是目前应用最为广泛的传输方式。该种方式传输的优点是可以实现图像、语音的超清晰传输，具备强大的抗干扰能力，传输距离更远；同时借助于 IT 和网络技术，可以实现对讲语音、视频、数据的远程传输及访客留影、信息发布等增值功能，使小区对讲在真正意义上与 Internet 融为一体。缺点是在发送和接收端，需要分别增加相应的数字编码和解码设备，成本相对较高。

3. 访客可视对讲系统功能

智能访客对讲系统集微电子技术、计算机技术、通信技术、多媒体技术于一体，可实现住户与单元门的（可视）对讲、室内多路报警联网控制、户与户之间的双向对讲及联网门禁等功能。具体功能如下：

1）访问对讲功能

访客呼叫采取两次确认模式，即在小区每个出入口设立围墙机，通过围墙机可与住户进行对讲通话，经过住户确认后，访客进入小区，此为一次确认。访客来到相应的单元时，通过该单元可视对讲门口机与住户再次通话，由住户确认后开启单元电控门，此为二次确认。且门口机有图像抓拍功能，室内机可存储门口机抓拍的图像，两次确认的方式可对小区的访客进行严格有效的出入控制，进一步保障小区的住户安全。

来访客人可在单元门口主机或围墙门口主机上拨号呼叫住户室内分机，住户室内分机振铃，屏幕上同时显示来访者的图像，住户提起话机即可与来访者通话；室内分机可随时显示单元门口机图像。

2）户户对讲功能

在同一小区内任意两个室内机之间可实现呼叫对讲，无须任何费用。

3）多方通话功能

（1）来访者与住户通话：客人来访，通过单元门口机拨打住户号码，对应的室内机即发出铃声，同时将来访者图像传至室内机，按接听键即可通话。

（2）来访者、住户与管理中心通话：来访者通过门口机，可呼叫住户与管理中心，实现双向对讲。

（3）管理中心与住户通话：管理中心有事通知住户，也可通过管理机拨通住户分机，与住户实现双向对讲；住户可通过室内机直接呼叫管理中心，同时管理中心会显示出该住户的信息。

4）安防报警功能（扩展功能）

住户对讲室内分机具有 4～8 个安防接口，可实现住户安防报警及紧急求助。每个住户厨房安装 1 套可燃气体探测器，实现燃气泄漏报警及煤气阀自动关闭；室内机自带一个 SOS 紧急求助键，实现远程紧急求助。

5）视频监控功能

住户和管理中心可通过单元门口机内置的摄像机监视周围环境，实现视频监控功能。

6）电梯联动功能（扩展功能）

（1）访客呼梯：访客通过单元门可视对讲呼叫住户，住户确认后远程打开单元门并自动呼梯至一楼，同时系统自动开放指定楼层权限。

（2）住户呼梯：单元门可视对讲主机刷卡开门、自动呼梯至一楼，电梯轿厢需二次刷卡运行至指定楼层。

说明：功能实现需与电梯厂商商谈具体对接事宜。

7）信息发布功能（扩展功能）

（1）信息群呼：管理中心通过信息发布软件编辑特定的文字信息（如天气预报、小区活动、收费通知等），向所有住户或某一单元（片区）发送，所有住户均可收到相同的信息。

（2）信息指定发送：管理中心通过信息发布软件编辑特定的文字信息（如催交物业费等），按房号等信息向指定住户发送。

（3）信息查询：所有发送的信息可通过信息发布软件进行查询并打印。

8）出入口管理功能

（1）遥控开锁：访客呼叫住户后，主人如需接见访客，只需按下室内机开门键，大门即自动打开；访客进入后，大门自动关闭。中心管理员通过管理机也可遥控开启各楼门口电锁。

（2）密码开锁：住户通过密码也可开启单元门，住户能随时更改自己的密码。

（3）感应卡开锁：住户使用感应卡可开启本楼大门，该感应卡可参与小区一卡通。可采用独立门禁、联网门禁或预留门禁空槽，方便实用。

4. 数字访客对讲系统组成

智能楼宇数字访客对讲系统可分为全数字访客对讲和半数字对讲系统，由管理员机、围墙机、单元主机、室内分机、数字解码器、电锁、电源、网络交换机、传输网络等组成。

1）管理员机

访客可视对讲系统的管理员机设置在小区物业或安防中心，基本功能为：接收小区内住户呼叫信号并进行通话；呼叫小区内任意住户并进行通话；接收各单元主机的呼叫信号

并进行通话及开锁（可视管理员机可显示各单元主机视频信号）；监视、监听各单元主机工作状况。

管理员机的组成如下：

（1）听筒：主要功能为进行通话。

（2）键盘：主要功能为选通住户及编程。

（3）黑白（彩色）显示屏：主要功能为显示各单元主机视频图像。

（4）功能按键：主要功能为给各单元主机开锁、查询住户报警信息、编程等。

（5）各种接线端子：连接管理员机与各单元主机、计算机之间的接线部分。

（6）LCD（LED）显示屏：显示时间、住户房号等字符。

（7）内部存储部分：主要存储住户的报警信息（包括警情类型、住户房间号码、报警时间等）。

2）围墙机（小区入口机、大门口机）

围墙机是小区入口的访客管理操作平台，是守护小区的第一道安全保护屏障。其主要功能为：

（1）访客通过围墙机呼叫欲访问的用户，从而实现双向对讲、身份确认等工作程序。

（2）访客（用户）通过围墙机呼叫管理员机的管理人员，从而实现双向对讲、身份确认等工作（服务）程序。

（3）用户通过围墙机操作该用户家中的各类探测报警器。

（4）用户通过围墙机用密码为自己打开单元主机的电控锁。

（5）系统通过围墙机向用户与各访客发布管理信息。

3）单元主机（门口机、梯口机）

单元主机是楼宇对讲系统中的前端公用设备，它的作用是供访客、用户输入欲访问的房间号、密码，供访客、用户、管理员等与该单元内的用户通话对讲。根据设备功能及用户需求，单元主机还可以增配内置或外置的 ID/IC 卡门禁模块，供用户刷卡开锁。

单元主机一般分为直按式、数字式；LED 显示、LCD 显示；非可视、可视（黑白可视、彩色可视）；联网型、非联网型等。一般安装在各单元楼入口的防盗门或附近的墙上，是单元楼入口的访客管理操作平台，是进入单元楼的一道安全保护屏障。

（1）主机组成：主机包括底盒、面板、操作部分、音频部分、视频部分、控制部分。

① 底盒：主机的安装盒。安装时需先固定底盒（一般有埋墙安装、镶门安装等），再将主机的面板固定在底盒上。

② 面板：主机的操作面，均裸露在安装面上，供使用者进行操作。

③ 操作部分：可操作是主机的最基本要求，操作部分均在主机的面板上，通常由操作按键部分及操作显示部分组成。

④ 音频部分：在主机的内部，由扬声器和咪头组成，主要进行音频播放与音频接收。

⑤ 视频部分：由摄像头组成，完成主机的图像采集，再通过视频传输通道发送到分机显示屏。

⑥ 控制部分：在主机的内部，根据功能的不同，由一块或多块电路板构成。

（2）主机分类：有如下分类方式。

① 根据操作方式的不同，可分为直按式主机、编码数字式主机。

● 直按式主机：主机的面板上有很多与住户对应的按钮，每个按钮对应一个住户，按动按钮可以呼叫指定住户。

● 编码数字式主机：主机的面板上有数字键盘，根据住户房间号码的不同可以进行不同数字按键组合来呼叫住户。

② 根据功能的不同，可分为非可视（对讲）主机、可视主机。

● 非可视（对讲）主机：主要功能为呼叫住户、与住户通话、住户遥控开锁。该类主机的通道主要包括控制通道（呼叫住户功能及开锁功能）和音频通道。

● 可视主机：主要功能为呼叫住户、与住户通话、住户遥控开锁并可看到主机的视频信号。该类主机的通道主要包括控制通道（呼叫住户功能及开锁功能）、音频通道及视频通道。

4）室内分机

室内分机简称分机、室内机，或称为用户终端设备，是安装在各住户家中的通话对讲及控制开锁装置。按照功能不同，室内分机可分为：

（1）对讲分机：主要功能为接收呼叫、通话、开锁、呼叫管理中心（数字联网型系统）。

（2）可视对讲分机：主要功能为接收呼叫、通话、开锁、呼叫管理中心（数字联网型系统）、接收主机图像。

（3）多功能分机：除具有可视分机的基本功能外，还具有一些增值功能。主要的增值功能包括：

● 室内报警：分机内有可控制室内报警探测器的模块，可进行针对室内探测器的设防、撤防等操作并向管理中心报警。

● 图像存储：可视分机内部有图像存储模块，可对主机的视频信号进行手动及自动的存储及回放。

● 信息发布：分机可以接收小区物业管理中心发布的信息。

5）数字解码器

数字解码器为可视对讲专用设备。半数字解码器用于单元门口机和室内机进行层间组网，是楼层主干线与分机间进行解码及隔离保护的设备，用于解析地址和转换输出通道，实现音/视频信号不同通道的输出，有 8 路、12 路解码输出。全数字解码器为全百兆电口，相当于百兆网络交换机，支持存储和转发交换及 VLAN 划分，适用于全数字可视对讲联网。选用时以各厂家提供的设备技术参数为准。

6）电锁

电锁是指安装在单元门上的电控锁，受控于住户和物业管理人员。平时锁闭，当确认来访者可进入后，通过物业管理人员或住户分机打开电锁，来访者便可进入，之后门上的电锁自动闭合。

7）电源

访客对讲系统作为安全技术防范产品要求 24 小时均能够正常工作，使用外置电源配置备用电池进行集中供电，以保证在遇到市电停电等突发事件时，系统仍然能够正常使用。

访客对讲系统采用直流电源供电，目前大部分访客对讲厂家采用 12～18 V 的直流电源供电。

数字访客对讲系统主要设备实物图如图 6-13 所示。

扫一扫看单元门禁系统的硬件连接微视频

管理员机 　　　　门口主机、围墙机 　　　　室内分机

数字解码器 　　　　　　系统电源

扫一扫看单元门禁系统设置微视频

图 6-13　数字访客对讲系统主要设备实物图

5. 可视对讲系统典型应用

随着移动互联网技术的发展和智能硬件的逐步崛起，可视对讲系统也在向数字化、智能化、集成化的方向发展。而数字可视对讲系统以管理中心为核心，以楼宇可视对讲为主体，通过计算机网络传输，实现呼叫、对讲、监视、开锁、联网、文字/图片信息发布、住户/访客呼叫抓拍、安防报警、户户对讲等多种功能，达到物业综合管理的要求。目前常用的系统包括半数字和全数字可视对讲系统。

1）半数字可视对讲系统

各单元门口机、围墙机通过网络交换机，再经光纤收发器到中心网络交换机，中心网络交换机通过局域网直接和管理机相连。通过局域网将所有的音频、视频、控制信令等进行传输；在单元楼内采用模拟分级式结构，各数字解码器之间采用总线传输方式，由数字解码器至各住户室内分机之间采用星形连接方式，如图 6-14 所示。

（1）楼外采用局域网的方式，主干采用光纤布线方式，解决了传输方式易受干扰、占线、受距离限制等问题，特别是在信息发布、户户对讲等功能上解决了通道使用拥塞的问题。

（2）楼内布线要求：

● 单元主机与数字解码器之间需布设一根超 5 类（或 6 类）四对对绞电缆，系统之间更加简洁，布线更加简便。

● 数字解码器与数字解码器之间布线：RVV 型 2 芯电源线和一根超 5 类（或 6 类）四对对绞电缆。

● 数字解码器与可视分机之间布线：一根超 5 类（或 6 类）四对对绞电缆。

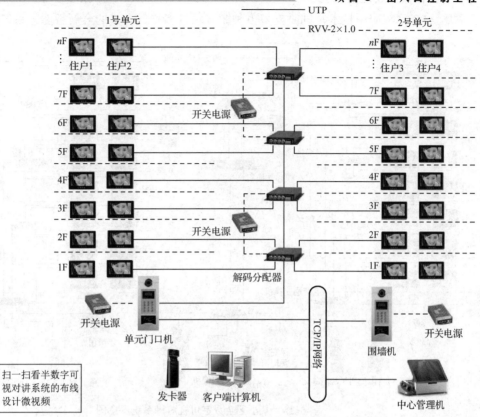

图 6-14　某小区半数字可视对讲系统示意图

2）全数字可视对讲系统

全数字可视对讲系统采用国际通用网络 TCP/IP 网络架构设计，把可视对讲管理主机、室内分机、门口主机、围墙机等设备通过标准网络交换机接入小区局域网，再通过汇聚交换机连接到小区核心交换机，真正实现 TCP/IP 到户，户户可视对讲。不管是室内分机还是室外分机，都分配一个唯一的 IP 地址，通过网络管理协议，实现在网设备统一管理，对在网设备进行实时监测，一旦发现设备异常，管理中心会第一时间发现并及时上门解决故障，给用户带来极大便利。某小区全数字可视对讲系统示意图如图 6-15 所示。

（1）楼外布线要求：与半数字可视对讲系统相同。

（2）楼内布线要求：单元主机、围墙机、室内分机、室外分机、管理主机均采用一根超 5 类（或 6 类）四对对绞电缆与网络交换机连接，构成可视对讲专网或接入园区局域网。

6.5.2 停车场及车位引导管理系统

扫一扫看停车库及一卡通系统微视频

随着社会经济的发展、人们生活水平的提高，汽车已越来越多地进入家庭。随着车辆的增加，人们对停车场的需求也越来越高，停车场作为建筑或建筑群重要的配套设施，其智能化水平的高低将直接影响它的服务品质和定位档次，以及营业收入的多少。而目前发展非常迅速的智慧型停车场管理系统是采用车牌自动识别技术、智能停车诱导技术及移动

互联网 APP 停车应用技术，同时支持多种缴费场景和支付方式的全新智能化系统。

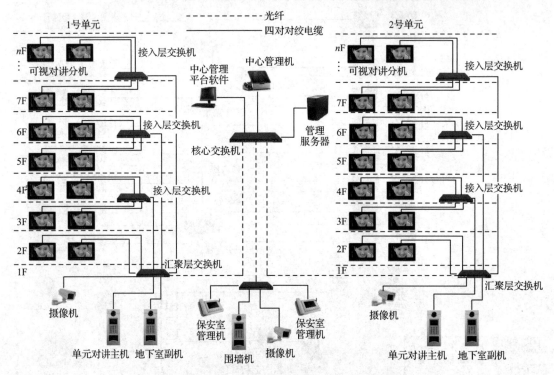

图 6-15 某小区全数字可视对讲系统示意图

系统能准确识别进出车辆的车牌号码，并以车辆的车牌号码作为车辆的识别标识，实现车辆的快速进出、轻松准确的停车定位及找车等功能；实现停车场的自动化、可视化和无须人工值守管理，降低了停车场的人工管理费用，提高了停车场的管理水平。

智慧型停车场管理系统包含进出车辆管理系统、智能视频车位引导与寻车系统、移动终端 APP 停车应用、多种缴费应用方式管理四大部分。系统网络拓扑图如图 6-16 所示。

1. 智能进出车辆管理系统

智能进出车辆管理系统可对各种进出车辆实施严格的管理，对其出入的时间进行严格记录，并对各类车辆进行识别和登记，将各种信息输入数据库，实现对所有进出车辆的有效监测和管理。

1）系统架构

系统基于 TCP/IP 网络传输模式，管理中心为 B/S 架构模式，无线安装客户端，可直接通过 Internet 网络远程对停车场设备进行设置及数据分析查询。系统架构如图 6-17 所示。

2）系统组成

（1）入口控制部分：高速智能道闸、车辆检测器、车牌识别高清摄像机、车道信息控制器、车位信息显示屏、语音模块等。

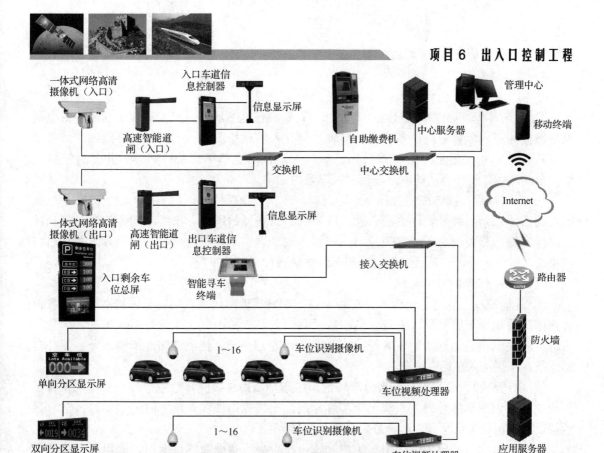

图 6-16　智慧型停车场管理系统网络拓扑图

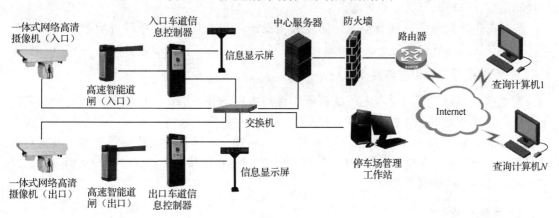

图 6-17　智能进出车辆管理系统架构图

（2）出口控制部分：高速智能道闸、车辆检测器、车牌识别高清摄像机、车道信息控制器、收费显示屏、语音模块。

（3）中央收费部分：岗亭、收费计算机、管理软件、自助缴费机。

（4）管理中心：中心服务器、管理计算站、管理软件、短信猫（根据需要提示月租车辆到期/延期信息、月租车辆进入/离开车场信息、月租车辆停车的车位信息等）。

3）工作流程

（1）固定车辆进/出场流程。

① 进场流程。固定车辆驶入停车场入口，车辆压地感线圈，触发车牌识别高清摄像机抓拍图像并识别车牌号码，系统记录车牌号码、入场抓拍图像、入场时间等信息，信息显示屏语音提示相关信息（如车牌号码、欢迎入场、固定车辆剩余日期等）并开启智能道闸，车辆入场，闸杆自动落下，车辆进入车场内泊车。

② 出场流程。固定车辆驶到停车场出口，车辆压地感线圈，触发车牌识别高清摄像机抓拍图像并识别车牌号码，系统记录车牌号码、出场抓拍图像、出场时间等信息，信息显示屏语音提示相关信息（如车牌号码、一路平安、固定车辆剩余日期、延期等）并开启智能道闸，车辆出场，车过后闸杆自动落下，车辆通行离开停车场。

（2）临时车辆进/出场流程。

① 进场流程。临时车辆驶入停车场入口，车辆压地感线圈，触发车牌识别高清摄像机抓牌图像并识别车牌号码，系统记录车牌号码、入场抓拍图像、入场时间等信息，信息显示屏语音提示相关信息（如车牌号码、欢迎入场等）并开启智能道闸，车辆入场，闸杆自动落下，车辆进入车场内泊车。

② 出场流程。临时车辆驶到停车场出口，车辆压地感线圈，触发车牌识别高清摄像机抓拍图像并识别车牌号码，系统记录车牌号码、出场抓拍图像、出场时间等信息，信息显示屏语音提示相关信息（如车牌号码、缴费信息等）。

如临时车辆不需要缴纳费用（免费）或已在中央收费处缴纳过费用，则自动开启智能道闸，车辆出场，车过后闸杆自动落下，车辆通行离开停车场。

如临时车辆需要缴纳费用，则完成缴费后，手动开启智能道闸，车辆出场，车过后闸杆自动落下，车辆通行离开停车场。

临时车辆车牌号码识别有误时，需要人工操作，完成缴费后，手动开启智能道闸，车辆出场，车过后闸杆自动落下，车辆通行离开停车场。

2. 智能视频车位引导与寻车系统

智能视频车位引导与寻车系统集视频图像捕捉、车牌识别、空位指示、智能车辆定位于一体，是基于车牌识别技术的新一代车位引导、车辆查询系统，通过一套系统即可实现车位引导和车辆查询的双重功能，并与智能停车场进出车辆管理系统实现对接。系统利用具有唯一位置 ID 的车位识别摄像机来识别每个车位的占用状态和车牌号码，从而实现已停车辆的车牌与车位的对应关系。

1）系统组成

系统由车位识别摄像机、车位视频处理器、方向指引屏、智能寻车终端、管理中心等组成。车位识别摄像机安装于每两个或三个车位的前上方，用于抓拍车辆图片，并根据车位是否占用显示相应颜色，供车主寻找到空车位停车；视频处理器采用 TCP/IP 与车位识别摄像机连接，采集和处理摄像机数据，并上传到服务器；方向指引屏用于显示相应区域的剩余车位数量，方便车主快速找到空车位；寻车终端用于快速查询到车辆停放车位，并采用电子地图指示取车路线；管理中心是系统各组件的综合管理中心，实现数据计算、信息显示及发布等功能。系统示意图如图 6-18 所示。

由图中可知，每个摄像机采用四对对绞电缆（TCP/IP 协议）与视频处理器（即识别终端）连接，所有车辆方向指引屏采用通信线（RS-485 协议）与视频处理器（即识别终端）连接，所有车位视频处理器采用网线或光纤（TCP/IP 协议）与中心交换机连接组成局域网。

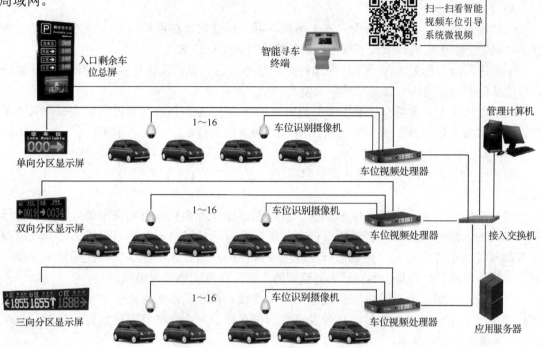

图 6-18　智能视频车位引导与寻车系统示意图

2）系统功能

（1）车位引导功能。利用在车位前上方安装的车位识别摄像机，对车位使用情况进行实时监测，判断每个车位是否有车辆停放，并识别停放车辆的车牌号码。系统可对每个车位使用情况进行处理计算，并利用显示屏进行信息发布。

根据车库具体情况，在各个停车场入口处、相应通道等位置设置车位引导分区显示屏，提示每个行车方向车位剩余信息。车主根据提示信息可快速找到车位，并停放车辆。在各区域入口处可设置满位显示屏，显示各区域车位使用情况。

（2）寻车功能。在楼梯口、电梯口、中央收费处等位置设置智能寻车终端，可实现车牌号码输入和显示功能。车主在车辆查询机上输入车牌号码，查询到自己的车辆后，显示屏显示车辆停车区域、车位等文字信息，并以电子地图的方式显示车辆停车位置、行走路线，方便车主快速找到自己的车辆，实现寻车功能。

3）系统工作原理

车位视频处理器把采集到的车位信息及车辆信息进行识别，实时驱动车位指示灯切换至相应的颜色，同时将车牌照片和车位信息通过网络交换机上传至应用服务器，更新电子地图并保存。每个停车场设置一个数据服务器，管理本停车场车牌图像；通道处设置有车位引导分区显示屏，提示各方向空余车位数，供驾驶人员寻找空车位。

用户寻车时，在寻车终端上输入用户车牌号，系统提供该车牌号最后一次车辆识别的图像和停车位置，用户选择自己的车辆图片后，终端提供当前停车场的平面电子地图，并显示车辆停放位置及时间信息。

4）系统工作流程

（1）停车诱导。车主驾车进入停车场前，可以通过安装在停车场总入口处的"入口信息引导屏"上空车位的显示，了解停车场各层当前的空车位数。

车辆进入停车场后，位于车位内部各个分岔路口的上方，安装有"信息指示屏"，显示该分岔路口所通往的各个方向当前空车位数。

每个车位正上方安装有"智能车位检测视频终端"，指示灯为绿色时表示该车位为空车位。当车主将车辆停放到该空车位时，指示灯会由绿色变成红色，表示车位上已经有车辆停放。

车辆停放完毕后，户外及室内的信息指示屏会自动将当前位置的空车位数减掉 1，完成本次停车诱导。

（2）反向寻车。车主进入停车场取车前，通过任一查询机即可根据车牌号码查询自己的车辆状态、所停位置。支持模糊查询，如果车主只记住了自己车牌号码的一部分，可根据车牌号码其中几位查询，查询机列出匹配车牌，用户通过查询关联实时视频预览图像，进一步确认当前的查看是否为自己所要查询的车辆，并可规划最优路线。

一旦确定车辆，由系统规划出最优的寻车路线，按照指示的路线车主可以快速寻找到自己的爱车。车辆驶出车位后，户外及室内的信息指示屏会自动将当前位置的空车位数增加 1，完成本次反向寻车。

3. 移动终端 APP 停车应用

"移动终端 APP 停车"是基于手机等智能移动终端的车主应用，可让广大车主在日常生活中停车更加方便，体验移动互联网带来的便捷。系统主要功能如下：

1）找停车场停车位功能

帮助车主外出能快速找到停车场及停车位数量，避免停车堵车现象；车主打开 APP 客户端，需开 GPS 定位功能。选择单击"停车场查询"，弹出电子地图（有地图模式、列表模式），选中开车去的目的地，会弹出目的地停车场相关信息，可以获取路线（停车场需支持手机 APP 停车功能）。

2）预订停车位功能

车主可提前预订好车位，在预订的有效时间内到达车库后可直接停车，若超过预订时间，则系统默认自动取消其预订功能，该车位可重新被启用。

3）室内寻车功能

反向寻车功能的前提是系统要记录车辆的停放位置。用户在使用反向寻车功能时，需要确认车辆信息和自己的当前位置。

（1）记录车辆的位置。

① 扫描二维码。用户在停车后通过手机 APP 应用扫描附近墙壁上的二维码，从而实现

对车辆停放位置的记录。此时车辆停放的位置信息存放在用户手机上。

② 记录位置编号。用户在停车后通过手机APP应用输入车辆位置编号，从而实现对车辆停放位置的记录。此时车辆停放的位置信息存放在用户手机上。

③ 车牌识别。通过安装在车道上方的车位相机识别车牌号记录停放车辆信息（将车牌号与对应的车位号一并存到后台）。

（2）确定用户当前位置（查找车辆）。

① 扫描二维码。用户通过手机APP应用扫描附近墙壁上的二维码，实现对当前位置的定位，弹出用户当前位置与车辆的线路图，便于用户更快捷地找到车辆。

② 输入位置编号。用户通过手机APP应用输入附近位置的编号，实现对当前位置的定位，弹出用户当前位置与车辆的线路图，便于用户更快捷地找到车辆。

③ 输入车牌号。用户通过输入车牌号，查询车辆停放位置信息，弹出用户当前位置与车辆的线路图，便于用户更快捷地找到车辆。

4）出场缴费采用移动快捷支付功能

车主单击软件界面上的"我要出场"按钮，系统会弹出车牌号、停车费用及停车时间等相关信息。车主可根据系统提供的快捷支付方式去支付停车费用。快捷支付手段包括微信、支付宝、银联等。

5）移动充值功能

如果用户在使用"移动终端APP停车"的过程中遇到余额不足情况，可选择自己常用的方式和渠道进行充值。具体充值流程如下：

（1）选择充值金额。

（2）选择充值平台。

（3）单击"确定"，跳转到相应的软件界面进行充值。

（4）手机钱包将会显示相应的充值金额。

6）多种缴费应用管理

可支持自助缴费、银联闪付、会员卡抵费等多种付费方式。

6.5.3 电子巡查系统

电子巡查系统是基于保安人员巡逻工作需求，采用技术防范与人工防范相结合的必备安全防范系统，是保安人员在规定的巡逻线路上，沿预先设定的巡逻路线，在指定的时间和地点向安防控制中心发回信号的电子网络。它主要应用于大厦、园区、厂区、库房和野外设备、管线等有巡逻作业需求的场所。系统既可对保安巡逻人员的工作进行监督和管理，又能在保安人员有意外情况发生时及时报警。

根据电子巡查系统的传输方式不同分为有线传输和无线传输。

1. 有线电子巡查系统

在一定的范围内进行布线，把巡查器设置在一定的巡查点上，巡查人员只需携带信息钮或信息卡，按布线的范围进行巡逻，管理者只需在安防中心就可以看到巡查人员所在巡逻路线及到达的巡查点的时间。系统优点是能对巡查人员的巡查情况进行实时管理；缺点

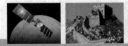

是施工工程量大，成本高，室外安装传输线路易遭人为破坏，维护也较麻烦。

系统组成与出入口控制系统相似，由前端巡查读卡机、通信网络、管理主机及系统软件等组成，如图 6-19 所示。可以与出入口控制系统共用同一数据库、同一网络、同一张卡片，与出入口控制系统使用相同的控制器及读卡器设备，可在设计点位时充分考虑利用现有出入口读卡器做巡查点用。随着电子巡查系统技术的发展，尤其在大型园区中有线式系统已经很少采用。

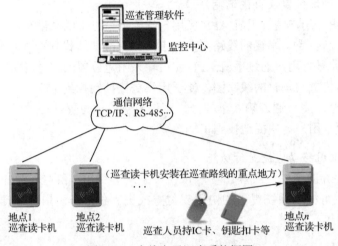

图 6-19　有线电子巡查系统框图

2. 无线电子巡查系统

系统由巡更棒、信息钮、数据传输器、管理主机及系统软件等组成，如图 6-20 所示。系统无须布线，巡查人员手持巡更棒按照设定的巡查路线到每个巡查点采集信息。优点：安装简单，性能可靠，适用于任何场合；缺点：巡查员的工作情况不能实时反馈到安防中心。

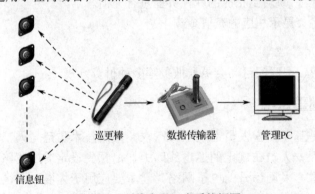

图 6-20　无线电子巡查系统框图

（1）接触式电子巡查系统：是第一代信息采集技术，早期应用较广。在巡查的线路上设置若干个信息钮，保安人员手持一个巡更棒，到了巡查点时将巡更棒与信息钮碰一下，即采集到该点的巡查数据信息。走完一条巡查路线后，即采集了路线上所有的巡查数据，回到安防中心将巡更棒插入数据传输器上，将数据存入并检查是否符合巡查要求，同时由管理人员通过计算机检查巡查情况。

（2）感应式电子巡查系统：是第二代信息采集技术，应用较为广泛。采用无线电感应

系统感应信息卡或信息钮，无须接触即可读取。在各巡查点设置，具有唯一的 ID 编码，通过巡更棒在 10～20 cm 范围内读取 ID 编码。

互联网式是今后电子巡查系统的发展趋势，现有的电子巡查系统需要安装信息钮，而互联网式无须安装信息钮，更无须布线，而且还可以实现采集信息的实时上传。未来的用户在使用前只需打开智能终端（或智能手机）的 GPS 和 GPRS 数据连接功能和终端软件，登录进入软件系统，巡查员即可按设定好的线路进行日常巡查，在巡查过程中，智能终端（或智能手机）将自动定位，实时上报自己在巡查过程中采集到的信息，同时还具有一键报警功能，巡查人员如发现异常情况可以实时上报，确保了巡查人员自身的安全，预防意外事故的发生。

6.5.4 安全管理系统

安全管理系统是对视频安防监控系统、入侵报警系统、出入口控制系统、访客对讲系统、停车场管理系统等各子系统进行组合或集成，实现对各子系统的有效联动、管理和监控的电子系统。系统通过统一的通信平台和综合安防管理软件实现各安防子系统的接入，达到集中管理、统一控制、智能化联动的目的，同时保障安全管理系统的故障不影响各子系统的独立运行，而某一子系统的故障也不会影响其他子系统的运行，系统拓扑图如图 6-21 所示。

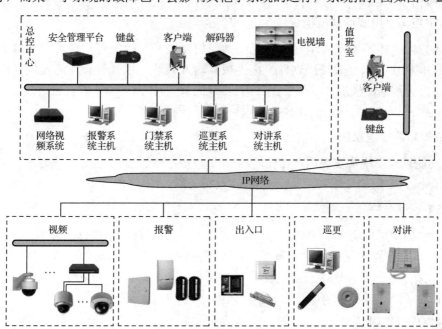

图 6-21　安全管理系统拓扑图

用户通过统一的客户端登录综合安防管理平台，实现对各子系统的统一管理与集中控制。平台主要功能模块如下：

1. 管理服务模块

管理服务模块是系统的核心，是整个系统的主服务器，桥接了其他的各个服务模块。主要用于管理系统平台所有的设备和与其他的管理服务器进行通信和同步，实现对远程数字视频设备的机构、人员、设备、任务、报警、日志等的配置，设备巡检和实时访问权限控制等管理。

2. 流媒体转发模块

流媒体转发模块是在有限的带宽下，通过高效的流媒体转发和级联功能，保证音/视频流稳定有效地传输，以及在不同网段之间转发媒体数据，实现被转发媒体位置的透明性。当有多个客户端需要同时访问同一远程画面时，在转发服务与前端视频通道之间只占用一个通道带宽的网络资源，再由转发服务器将数据分发给多个客户端，解决了带宽和多用户访问的冲突，有效地利用网络带宽资源。

3. 电子地图模块

通过电子地图模块实现对平台所有资源的控制和事件处理，可以在地图上直接对视频监控、报警、出入口、对讲、巡查、停车场等设备进行管理，并对系统进行设置、报警联动操作，让使用者更加形象地感受与应用。

4. 客户端模块

客户端模块是最终呈现在用户面前，供用户操作使用的模块。客户端通过与各个服务组件进行通信，用于实现电子地图、显示实时视频和回放录像、控制云台镜头动作、控制报警输入/输出等操作，以及配置电子地图、外部设备及用户权限等管理功能。

5. 数字矩阵上电视墙功能模块

通过虚拟数字矩阵实现对电视墙的视频画面切换及云台控制等动作。网络虚拟数字矩阵以视频压缩模块（或视频编码软件）作为视频输入模块，以视频解压缩模块（或视频解码软件）作为视频输出模块，以基于 TCP/IP 协议的 IP 网作为传输方式，运用高速处理芯片的运算完成视频从输入到输出的切换，将视频信号传输至电视墙。

6. Web 功能管理模块

Web 功能管理模块可实现用户在任何地点通过 IE 方式接入平台软件进行操作和管理，使用时无须修改 IE 的安全限制，不受 IE 参数设置局限。

7. 集中存储模块

集中存储模块可以将多个 DVS、DVR、NVR 的录像文件集中存储到服务器，使得每个DVR、NVR 只需配置少量的硬盘容量即可，可灵活设置不同磁盘组的磁盘空间，将重要程度不同的视频分开存储，使得重要的视频可以保存更长的时间。可按天、周、月、年、临时等周期针对每路视频安排录像计划、移动侦测计划、报警器的布防计划。

8. 数据库管理模块

通过数据库管理模块，平台可以使用任意一种数据库存储和查询系统中的报警查询、事件日志、配置日志、控制日志、设备日志及工作记录查询等，实现各业务统一界面的查询统计。

9. 入侵报警管理模块

通过综合安防管理平台，用户通过统一的客户端对任何一个报警子系统进行报警控制，如报警布防、撤防、旁路、清除报警、报警输出的打开及关闭等。当任何一个报警子系统有报警发生时，平台可以快速准确地显示出报警的详细信息，如报警地点、名称、类型、子系统号、防区号等，并会自动根据预先设置的报警预案进行联动操作，如视频弹出播放、播放指定声音、视频群组播放、视频群组轮巡、联动报警输出、报警布/撤防、电视墙切换、联动云台预置位、巡航、发送手机短信、LED 屏显示、打印机打印等。

10. 出入口控制管理模块

通过综合安防管理平台，用户通过统一的客户端可将分散在各个地方的独立的出入口控制子系统进行联网，实现对前端任意门的开门、常开、常闭等控制，实时显示所有门的开关状态和报警状态。人员进出受控区域需要经过管理中心授权，在受控门刷卡，或输入已授权密码、指纹等身份认证信息才被允许进入受控区域。系统如探测到强行开锁（撬门）、尾随进入、同一卡片反传、门长时间保持开锁等异常事件，即可根据管理人员预先设置的联动策略，联动声光报警、受控门附近的摄像机抓拍、录像存储、联动电子地图提示该门的具体位置，联动客户端对讲通道提醒管理人员对现场喊话、发送短信确保通知到位、发送 E-mail 告知上层管理人员等。

11. IP 对讲管理模块

通过综合安防管理平台，用户可以通过统一的客户端对前端 IP 对讲终端进行管理，前端设备可呼叫管理中心，管理中心也可呼叫任一前端设备或对所有前端广播，前端设备呼叫中心时，电子地图出现相应呼叫前端的图示闪动信息，双击闪动图标可接通前端设备实现对讲，中心可通过列表、电子地图等多种方式向前端设备发起语音对讲申请，前端设备均能收到申请并完成对讲。

12. 停车场管理模块

通过综合安防管理平台，用户可以通过统一的客户端对停车场系统进行管理，包括出入控制、监视、行车信号指示、停车管理及车辆防盗报警等信息的显示与查询。

13. 电子巡查管理模块

通过综合安防管理平台，可设置灵活的巡查线路编组、巡查时段、巡查员排班、巡查分配策略，实时接收显示巡查信息，巡查刷卡和漏检时可文字提示、播放声音报警、联动显示现场视频图像并进行录像，查询巡查记录可按多种条件、分析、统计，按日/周/月生成巡查报表。

知识梳理与总结

本项目的主要目的是掌握出入口控制系统施工图的识读与设计要求和方法，了解其他安防子系统的组成、原理及组网方式。为了便于学生掌握学习任务，分为四部分讲述：第一部分讲述出入口控制系统的组成、原理；第二部分讲述拿到一套完整的出入口控制系统施工图纸后应该怎么去识图；第三部分讲述出入口控制系统的设计要求及设计方法；第四部分讲述其他安防子系统的组成、原理及其组网方式。第二部分与第三部分是本章的重点，涉及的内容由易到难、由局部到整体逐步深化，基础知识以工程案例为主展开讲解，并附有课堂练习、思考与练习题，实现了理论与实践的深度融合，体现了以学生为主体的教学方法。该项目中重点需要掌握以下几个方面的内容：

1. 掌握出入口控制系统的组成和传输模式；

2. 能够准确识读出入口控制系统施工图；

3. 能够根据图纸编制出入口控制工程主要设备材料清单；

4. 熟悉出入口控制系统的设计要求和相关规范；

5. 掌握出入口控制系统工程设计方法；

6. 学会简单项目出入口控制系统施工图设计；

7. 熟悉其他安防子系统的组成、原理及其组网方式。

该项目中的难点是出入口控制系统工程设计，其中设计要求是关键，所以在学习的过程中要充分利用网络资源，拓宽知识领域，反复练习，学会融会贯通、举一反三，这样才能快速、高质量地达到学习目的。

思考与练习题6

扫一扫看思考与练习题6

1. 基础知识题

扫一扫看思考与练习题6参考答案

（1）出入口控制系统的目的是什么？

（2）简述常用的出入口控制系统。

（3）简述出入口控制系统的组成。

（4）列出常见的身份识别装置和电控锁。

（5）常用的出入口控制管理系统传输网络有哪几种？

2. 案例题

某计算机机房建筑平面图如图 4-25 所示，根据所学知识，绘制出入口控制平面图和系统图。

设计要求：计算机机房区域出入口、机房进出口、控制室均设置出入口控制装置，每个门均按照进门刷卡、出门按按钮开门设计，系统按 TCP/IP 协议的网络传输和总线制传输两种方案设计。

项目 7

智能化系统机房工程

扫一扫看项目
7教学课件

知识目标	（1）掌握智能化系统机房工程包含的内容及功能。 （2）掌握智能化系统机房工程施工图的识读方法。 （3）掌握智能化系统机房工程的设计要求和设计流程
技能目标	（1）具有智能化系统机房工程施工图的识读能力。 （2）具有与其他专业协调配合的能力。 （3）具有利用网络查找相关资料和国家现行相关规范的能力
素养目标	（1）具有团队协作与沟通的能力。 （2）具有分析和解决问题的能力
教学资源与载体	相关资料和现行相关规范、多媒体教学平台、教材、智能化实训室、工程图纸
教学方法	工程案例教学法、任务驱动法
参考学时	8
教学过程设计	夯实基础→给出工程图纸→讲解施工图识读方法→通过案例讲解机房工程设计要求
考核与评价内容	实训任务工单、施工图识读、基础知识
评价方式	自我评价（10%）、小组评价（30%）、教师评价（60%）

教学导航

智能化系统机房工程是为机房内的智能化系统核心设备提供安放和运行的场所，以确保各智能化系统安全、可靠和高效运行与便于维护的建筑功能环境而实施的多专业、多学科、技术含量高的综合工程。它是随着智能化系统对环境的要求越来越高而出现的新兴行业，属于建筑智能化工程的一个子系统，涉及机房工艺布局、建筑结构、空气调节、给水排水、电气技术和消防安全等多个专业，可解决诸如温/湿度、洁净度、电磁场强度、防静电、供配电、接地与防雷、消防安全等综合技术问题，为智能化系统设备稳定可靠运行提供保障，为工作人员提供良好的工作环境。既有建筑安装工程的一般共性，也有其特性；既要执行建筑行业相关的标准、规范，也有本行业独有的标准和规范。

智能化系统机房一般包括信息接入机房、有线电视前端机房、信息设施系统总配线机房、智能化总控室、电子信息网络机房、用户电话交换机房、消防控制室、安防中心、应急响应中心和智能化设备间(弱电间、电信间)等，并可根据工程具体情况独立配置或组合配置，如信息设施系统总配线机房、用户电话交换机房可合并为电话机房，消防控制室、安防监控中心、智能化总控室可合并为消防安防监控中心等。本项目以电子信息网络机房（简称数据中心）为例讲解智能化系统机房工程的识读与设计流程。

7.1 机房工程等级划分

GB 50174—2017《数据中心设计规范》中明确规定：按照机房的使用性质、数据丢失或网络中断在经济或社会上造成的损失或影响程度，机房应划分为 A、B、C 三级，各级定义如下：

1. A 级

（1）电子信息系统运行中断将造成重大的经济损失。
（2）电子信息系统运行中断将造成公共场所秩序严重混乱。

2. B 级

（1）电子信息系统运行中断将造成较大的经济损失。
（2）电子信息系统运行中断将造成公共场所秩序混乱。

3. C 级

不属于 A 级或 B 级的电子信息系统机房为 C 级。

4. 性能要求

A 级数据中心的基础设施宜按容错系统配置，在电子信息系统运行期间，基础设施应在一次意外事故后或单系统设备维护或检修时仍能保证电子信息系统运行。

B 级数据中心的基础设施应按冗余要求配置，在电子信息系统运行期间，基础设施在冗余能力范围内，不应因设备故障而导致电子信息系统运行中断。

C 级数据中心的基础设施应按基本需求配置，在基础设施正常运行情况下，应保证电子信息系统运行不中断。

7.2　机房工程建设内容

机房工程是一个综合性的工程，主要包含机房工艺规划与布线、机房装修、机房电气工程、机房通风空调工程、机房消防工程、机房环境监控工程、机房安全防范系统工程等。机房工程组成结构框图如图 7-1 所示。

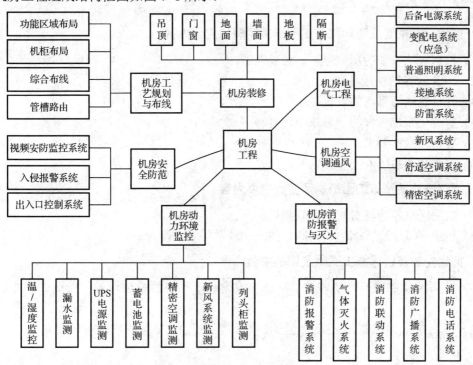

图 7-1　机房工程组成结构框图

（1）机房工艺规划与布线工程：提供机房 IT 设备安装的场所，包含机房位置规划、功能区域划分、机房 IT 设备及机柜布置、机房综合布线及对其他专业需求等内容。

（2）机房装修工程：提供适合机房 IT 设备运行的物理环境（包括温/湿度、照度、洁净度、电磁屏蔽等），一般包括机房地面、吊顶、墙面、隔断、门窗、防水、保温等建筑装饰工程。

（3）机房电气工程：提供适合机房 IT 设备所需的电源与照明需求，包括后备电源系统（如柴油发电机、UPS 不间断电源等）、供配电系统、照明系统、防雷接地等工程。

（4）机房空调通风工程：提供适合机房 IT 设备运行的恒温恒湿环境及适合机房工作人员的舒适工作环境。

（5）机房安全防范工程：系统运用视频安防监控、出入口控制、入侵报警等子系统，对机房进行整体设防，出入口控制设定进出人员的权限，控制进出机房的人员；入侵报警系统对非法进入机房的人员及时报警，并联动视频安防监控系统打开现场的摄像机进行实时录像。做到事前有预防，事中有措施，事后有预案，采取防治结合、预防为主的方式消除各种机房运行隐患。

（6）机房动力环境监控工程：系统对机房内的机电设备如空调、风机、UPS、蓄电池及机房温/湿度、供配电状态等进行监测与控制，保障机房内所有机电设备的正常运行。

（7）机房消防报警与灭火工程：为保护机房 IT 设备和数据资源，国家规范规定一定规模的机房必须设置消防报警及灭火系统。

7.3　机房工程施工图识读

1．阅读工艺规划及智能化施工图纸需了解的主要内容

（1）机房区域包含的功能分区、设备布置。

（2）UPS 的容量及延时时间。

（3）综合布线信息点的设置。

（4）智能化系统包含的子系统及设置。

（5）防雷及接地要求。

（6）与大楼各系统的接口预留等。

2．阅读建筑装修施工图纸需了解的主要内容

（1）机房区域各功能房间的区划布置。

（2）机房区域地面、墙面、隔断、防火、疏散等要求及做法。

3．阅读空调及通风施工图需了解的主要内容

（1）机房区域空调形式及容量的选择，室内、室外机的安装位置，空调管道的选择及路由。

（2）机房区域新风机形式及容量的选择，新风机的安装位置，新风管道的选择及路由。

（3）机房区域各功能房间排风机形式及容量的选择，排风机的安装位置，新风管道的选择及路由。

4．阅读电气施工图需了解的主要内容

（1）机房供电负荷。

（2）机房供电方式的选择。

（3）机房区域各设备的用电量。

（4）各配电柜的设置位置及供电范围。

（5）机房供配电及照明线缆的选择及路由。

（6）机房节能、环保要求及做法。

（7）机房防雷接地要求及做法等。

5．阅读给排水施工图需了解的主要内容

（1）机房给排水专业包含的设计内容。

（2）机房消防灭火设施容量选择及安装方法。

（3）机房给水、排水管道选择及路由。

工程案例 11 机房工艺及智能化施工图识读

本工程为某中心医院信息中心机房，位于大楼六层，建筑面积约 289.8 m²，功能区包含中心机房、机房配电及 UPS、机房监控室等。施工图纸包括建筑、给排水、暖通、电气、工艺及智能化五个专业，各个专业图纸单独装订成册，单独编制图号。因为涉及五个专业，因此要求机房工程实施时各专业需有自己的专业技术人员。本案例以机房工艺及智能化专业施工图为例，以学生为主，在教师指导下完成识读任务，电气专业图纸作为实训任务，由学生独立完成，其他专业的图纸识读作为本案例的拓展任务，由学生自行选择完成。

1. 设计说明

1）机房工艺规划及布线系统

（1）该机房包括中心机房、机房配电及 UPS 室、机房监控室等功能用房，中心机房用于布置服务器机柜及配线柜，机房配电及 UPS 室用于布置为机房供电的双电源切换柜、UPS 配电柜、UPS 主机及配套蓄电池等，机房监控室用于布置机房监控设备，如机房环境监控系统、IT 设备监控系统等。

（2）根据中心机房面积及建设方业务需求，在中心机房内布置了 32 个 IT 机柜，分两列布置，每列设弱电列头柜（又称配线柜）。

（3）服务器机柜内均预留 12 个电口、12 芯光口，电口布线采用 12 根 6 类八芯非屏蔽双绞线，光口布线采用 1 根 12 芯万兆多模光缆，均由其对应列的配线柜引出，实施时配线柜引至各机柜之间的线路可以根据实际的服务器设备配置情况进行相应修改。

（4）中心网络机柜与配线柜之间跳线由交换机配套供应，本图不做表示。

（5）中心机房内部采用开放式网格布线桥架进行机柜上走线方式敷设，中心机房外部采用全封闭式金属布线线槽。

（6）在机房监控室、信息中心库房等房间内设双孔信息插座。

2）机房动力环境监控系统

根据机房实际运行需求，该系统对机房内环境温/湿度、漏水、精密空调、UPS 等进行 24 h 全天候集中监控，对异常情况及时报警，并可以短信方式通知管理人员。

（1）温/湿度监测：通过机房内的温/湿度传感器对机房内的温/湿度状况进行实时监测。

（2）漏水监测：采用定位式漏水控制器及漏水检测绳组成漏水检测系统，发生水泄漏及时报警。

（3）精密空调监测：监测精密空调（如压缩机、风机、加热器、加湿器、去湿器、滤网等）的运行状态与参数，控制精密空调启停。

（4）电源及开关状态检测：监控系统电压、电流、频率、功率的实时参数；对于重要配电开关，监视开关开合状态。

（5）UPS 电源监测：实时监视 UPS 整流器、逆变器、电池（电池健康检测，含电压、电流等数值）、旁路、负载等各部分的运行状态与参数。

（6）蓄电池监测：通过加装蓄电池检测仪与每节电池连线进行监测，多台蓄电池检测仪通过智能接口采用总线方式将信号接入嵌入式服务器的串口，由监控平台软件对蓄电池进行实时监测。实时监测蓄电池组的总电压、充放电电流、单体蓄电池及内阻的电压参数。

（7）列头柜监测：监测列头配电柜的开关状态。

（8）新风系统监测：定时开启风机，补充新风、换气，监控风机运行状态。

（9）模块箱电源引自附近强电列头柜。

3）机房安全防范系统

机房安全防范系统包括入侵报警系统、视频安防监控系统和出入口控制系统。

（1）入侵报警系统由报警主机、微波红外探测器、警号等设备组成。在中心机房、配电及 UPS 房内设置双鉴探测器。在无人时进行设防，有人侵入时发送信号到机房监控室，通过通信线引至大楼安防中心。由机房监控室进行撤/布防。

（2）视频安防监控系统由网络摄像机、网络数字硬盘录像机、显示器、带 POE 供电的交换机、监视器等组成。在中心机房、配电间内设彩色半球摄像机，信号传入机房监控室，并利用网络传输引至大楼安防中心。

（3）出入口控制系统由管理工作站、出入口控制器、门磁开关、电磁锁、读卡器、出门按钮等组成。管理工作站放在机房监控室。在中心机房、UPS 及配电间及机房区域出入口等场所设出入口控制装置，信号引至大楼安防中心。

（4）机房安全防范系统中使用的产品应符合国家现行法规和相关技术规定，并经检验或认证合格。

4）UPS 系统

（1）UPS 系统采用模块化 UPS（120 kVA=90 kVA+30 kVA，3+1 冗余备用方式），给服务器设备供电，延时 0.5 h。

（2）UPS 输入电压为 380 V，工作频率为 50 Hz，输出功率因数大于 0.99，总谐波小于 3%。

（3）电池机柜需要用槽钢做基础，做法见国标图集。

2. 工艺及智能化施工图纸

（1）图形符号如图 7-2 所示。

（2）机房安全防范系统如图 7-3 所示。

（3）机房动力环境监控系统如图 7-4 所示。

（4）机房工艺规划及布线系统如图 7-5 所示。

（5）机房布线平面图如图 7-6 所示。

（6）机房功能布局及设备布置平面图如图 7-7 所示，设备一览表如表 7-1 所示。

（7）机房环境监控平面图如图 7-8 所示。

（8）机房安全防范平面图如图 7-9 所示。

（9）出入口控制局部布线示意图如图 7-10 所示。

图形符号说明：

- ⊠ — 多媒体语音报警装置
- MK — 通信转换/信号采集模块
- ◆ — 开关量采集模块
- ⊡ — 定位式侧漏控制器
- ZY — 定位式侧漏专用电源
- H/T — 智能温/湿度传感器
- DY — 开关电源
- UPS — 不间断电源
- AP — 配电柜
- IVC — 电量仪
- IR/M — 吸顶式微波红外双鉴探测器
- DY — 开关电源
- ⊡ — 半球摄像机
- ⊡ — 数据存储控制器（吊顶内）
- EL — 电控门锁
- ⌒ — 门磁开关

- E — 出门按钮 h=1 400 mm
- ⊡ — 非接触式读卡器 h=1 400 mm
- ⊡ — 双孔信息插座 h=300 mm
- ⊡ — 24口RJ45配线架
- SW — 网络设备
- Ⅲ — 光纤接线盒
- G' — 六芯多模光纤
- G — 12芯万兆多模光纤
- H — 6类八芯非屏蔽双绞线
- CT — 电缆桥架敷设
- SC — 穿焊接钢管
- CLE — 暗敷在柱内
- SCE — 敷设在吊顶内
- FC — 地板或地面下敷设
- MF — 活动地板下敷设
- WC — 暗敷在墙内

图 7-2　图形符号

图 7-3　机房安全防范系统

图 7-4　机房动力环境监控系统

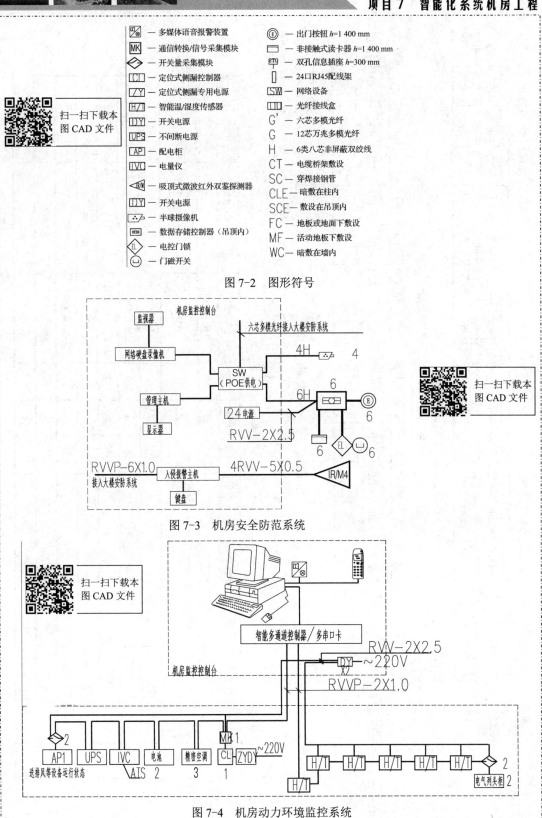

扫一扫下载本图 CAD 文件

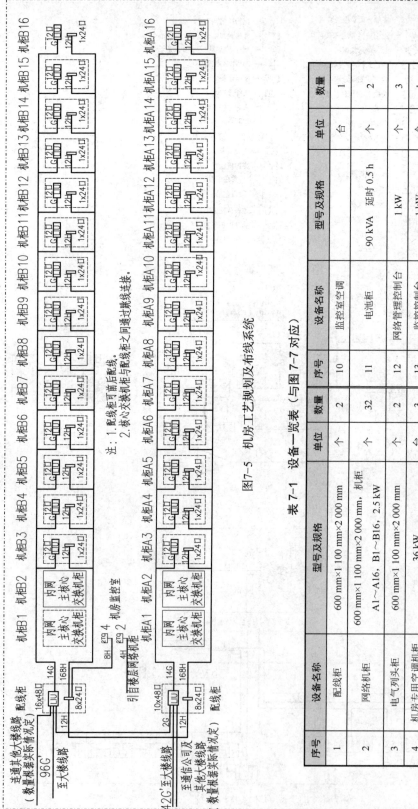

图7-5　机房工艺规划及布线系统

注：1. 配线柜可前后配线。
　　2. 核心交换机柜与配线柜之间通过跳线连接。

表7-1　设备一览表（与图7-7对应）

序号	设备名称	型号及规格	单位	数量
1	配线柜	600 mm×1 100 mm×2 000 mm	个	2
2	网络机柜	600 mm×1 100 mm×2 000 mm，机柜 A1~A16，B1~B16，2.5 kW	个	32
3	电气列头柜	600 mm×1 100 mm×2 000 mm	个	2
4	机房专用空调机柜	36 kW	台	3
5	气体灭火柜		台	4
6	吸气式感烟探测装置	IFD CP 200DSC，h=1 500 mm，0.2 kW	台	1
7	AT 双切配电柜		个	1
8	UPS	120 kVA 3+1 方式	台	1
9	AP 配电柜		个	1
10	监控室空调		台	1
11	电池柜	90 kVA　延时 0.5 h	个	2
12	网络管理控制台	1 kW	个	3
13	监控控制台	1 kW	个	1
14	环境动力控制台	1 kW	个	1
15	火灾区域报警器	h=1 500 mm，0.2 kW	台	1
16	接地端子箱		个	2
17	配电室空调	3 kW	台	1

图7-6 机房布线平面图

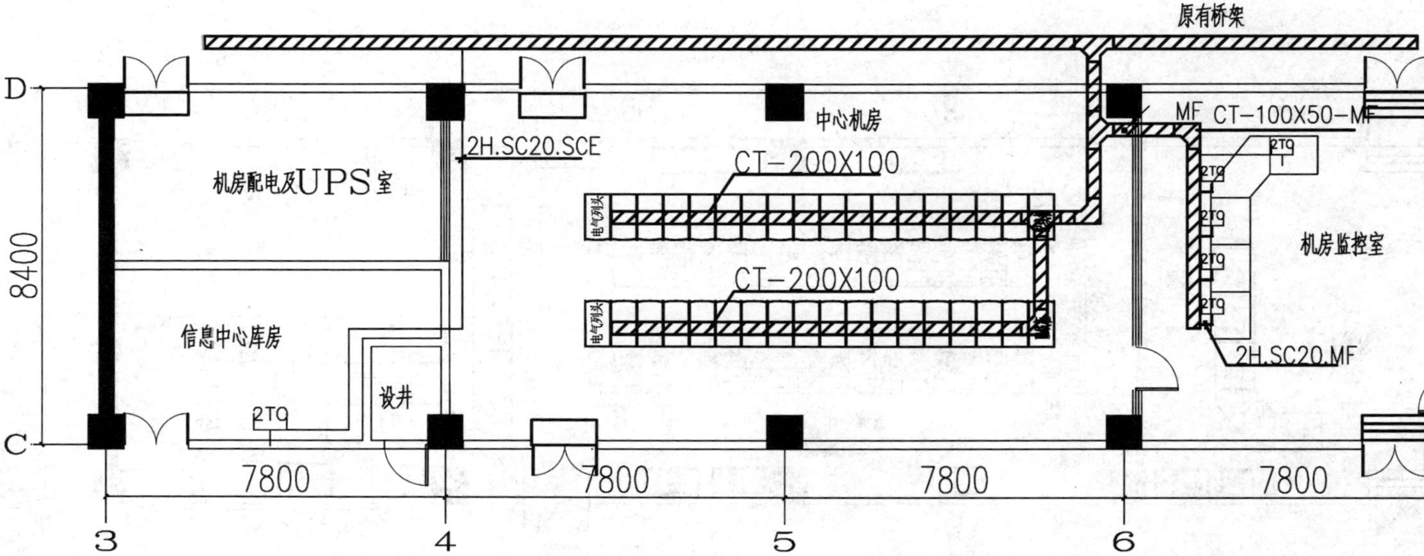

注：1. 监控中心五个双孔信息插座，四个由弱电间的楼层电闲柜引来，一个由弱电间的楼层网络柜引来，该信息点含语音信号。

2. 机柜上方的桥架设在机柜顶面上。

扫一扫下载机房布线平面图 CAD 文件

扫一扫看机房综合布线系统识读微视频

扫一扫下载上页机房布线系统图 CAD 文件

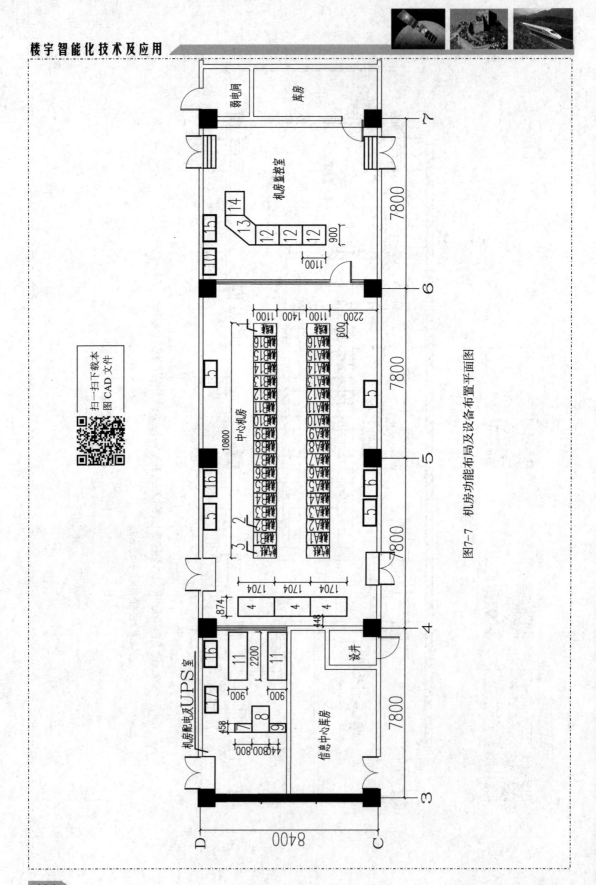

图7-7 机房功能布局及设备布置平面图

3. 工艺及智能化施工图的识读

（1）先看图形符号及设计说明，了解设计内容和要求。

（2）识读图 7-7 机房功能布局及设备布置平面图及表 7-1 设备一览表，回答以下问题：

① 机房功能区包含哪些房间？布置什么设备？

② 中心机房共布置 IT 网络机柜多少个？尺寸为多少？

③ 电气列头柜为几个？尺寸为多少？

④ 弱电列头柜（即配线柜）为几个？尺寸为多少？

扫一扫看工艺及智能化施工图识读答案

（3）识读图 7-5、图 7-6 机房工艺规划及布线系统与平面图，完成以下任务：

① 中心机房内的布线采用何种桥架？简述其规格及敷设方式。

② 由配线柜引至各网络机柜的线路是什么？

③ 每个配线柜内设置几个 48 口光纤配线盒？几个 24 口 RJ45 配线架？

④ 每个网络机柜内设置几个 12 口光纤配线盒？几个 24 口 RJ45 配线架？

⑤ 两个配线柜之间预留多少根 4 对对绞线缆？多少根室内多模光纤？

（4）识读图 7-3、图 7-9、图 7-10 机房安全防范系统与平面图，完成以下任务：

① 整个机房区域设置了几个摄像机、几个出入口控制装置、几个微波红外双鉴探测器？

② 安全防范线路的敷设方式请填写表 7-2。

表 7-2 安全防范线路的敷设方式

起点位置	所连接设备	线缆型号规格	穿管规格	敷设方式
机房监控控制台	1 台微波红外双鉴探测器			
	1 台摄像机			
	2 台摄像机			
	1 台出入口控制装置			
出入口控制装置	出门按钮			
	门磁开关			
	读卡器			
	电子锁			

③ 列出由机房监控控制台引出的桥架内敷设的线缆及线缆数量。

（5）识读图 7-4、图 7-8 机房动力环境监控系统与平面图，完成以下任务：

① 列出机房动力环境监控系统的监控内容。

② 系统采用何种方式组网？传输线路及敷设方式是什么？

③ 中心机房内设置了几个温/湿度传感器？

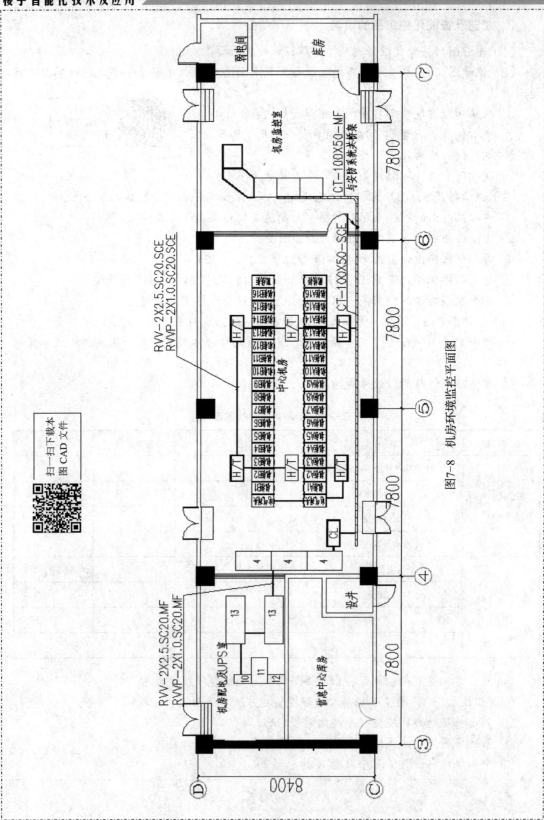

图7-8 机房环境监控平面图

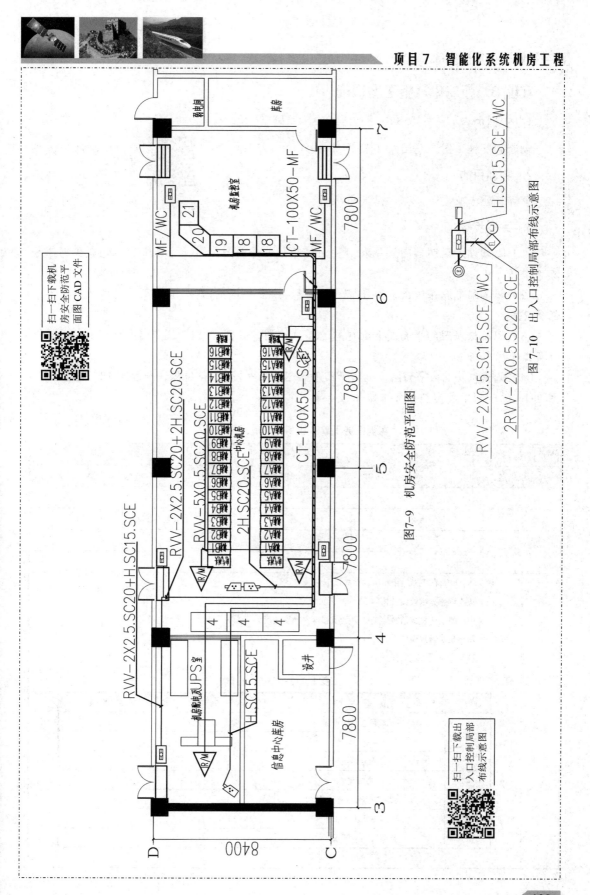

图7-9　机房安全防范平面图

图7-10　出入口控制局部布线示意图

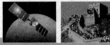

实训 8 机房电气施工图识读

1. 实训内容

阅读电气施工图，见图 7-11～图 7-19。

扫一扫看机房
电气施工图识
读答案

2. 实训目的

了解其他专业图纸，会识读简单项目。

3. 实训步骤

（1）阅读设计说明，图例见表 7-3，机房接地平面图如图 7-15 所示，完成实训任务工单中任务 1。

（2）阅读配电箱系统图，如图 7-11、图 7-16～图 7-19 所示，完成实训任务工单中任务 2。

（3）阅读机房照明平面图和配电箱 AT 系统图，如图 7-12、图 7-19 所示，完成实训任务工单中任务 3。

（4）阅读机房电力平面图、电力干线平面图和配电箱 AT 系统图，如图 7-13、图 7-14、图 7-16 所示，完成实训任务工单中任务 4。

实训任务工单 机房电气施工图识读

课程名称		专业班级		日期	
上课地点		参考学时		指导教师	
小组基本资料					
编号	姓名	学号		姓名	学号
小组成员					

实训内容	任务 1 识读表 7-3、图 7-15，完成以下任务： （1）该工程包含哪些设计内容？ （2）中心机房、机房监控室的计算照度和计算功率密度为多少？ （3）简述机房接地做法。 （4）填写表 1 设备安装统计表。 表 1 设备安装统计表

序号	设 备 名 称	安 装 方 式	安 装 高 度
1	局部等电位端子箱	墙上暗装	0.3m
2	照明配电箱		
3	双电源切换箱		
4	动力配电箱		
5	双联二三极暗装插座		
6	控制按钮板（盒）		
7	单极暗装开关		

任务 2 识读图 7-11、图 7-16~图 7-19，完成如下任务：

（1）识读图 7-11，简述机房 IT 设备的供电方案。

（2）识读图 7-16，填写表 2 机房动力设备统计表。

表 2 机房动力设备统计表

序号	设备名称	用电量（kW）	电缆选择	开关选择	所在回路
1	UPS 主机				
2	火灾区域报警器				
3	机房空调 1				
4	新风机				
5	列头柜 UAP1				

（3）识读图 7-17、图 7-18，填写表 3 机房 IT 设备统计表。

表 3 机房 IT 设备统计表

序号	设备名称	用电量（kW）	电缆选择	开关选择	所在回路
1	机柜 A1				
2	机柜 B16				

任务 3 识读图 7-12 和图 7-19，完成如下任务：

（1）填写表 4 设备材料统计表。

表 4 设备材料统计表

序号	名称	单位	数量
1	自带蓄电池的三管 LED 格栅灯		
2	三管 LED 格栅灯		
3	单管 LED 格栅灯		
4	单级开关		
5	双联开关		
6	三联开关		

（2）照明配电箱共设置几个照明回路？简述每个回路所带照明灯具的种类及数量。

任务 4 识读图 7-13、图 7-14、图 7-16，完成如下任务：

（1）配电箱 AT 引出多少个回路？备用几个回路？

（2）机房内的插座引至哪个配电箱？共分几个回路？每个回路几个插座？

（3）简述机房内电缆桥架的规格及敷设方式。

	教师评语	成绩
教师评价		教师签字

设计说明

1. 工程概况

本工程为××市中医院信息中心机房工程，机房位于中医院大楼六层。

2. 设计依据

（1）相关专业提供的技术条件及要求。

（2）国家及行业主要现行规范：

GB 50052—2009《供配电系统设计规范》；

GB 50034—2013《建筑照明设计标准》；

GB 50174—2017《数据中心设计规范》；

GB 50054—2011《低压配电设计规范》；

JGJ 16—2008《民用建筑电气设计规范》；

GB 50217—2007《电力工程电缆设计规范》。

3. 设计内容

本工程包括信息中心机房的低压配电、照明、动力及接地系统的设计。

4. 低压配电

（1）本机房按 B 级电子信息机房设计，机房内的所有用电负荷均按二级负荷考虑，负荷采用双电源末端互投，中心机房的服务器由 UPS 供电，UPS 电池室设置在配电及 UPS 室。

（2）两路交流 220/380 V 电源引自大楼地下室变配电室内两个不同变压器，且变压器 10 kV 电源引自不同高压母线段，沿电缆桥架引至机房总进线箱 AT。电缆采用耐火型交联聚氯乙烯绝缘电力电缆。

（3）在配电及 UPS 室内设置电源总进线箱、电源分配柜、UPS 主机及 UPS 电池。

（4）电子信息设备的电源连接点应与其他设备的电源连接点严格区别，并应有明显标识。

扫一扫下载配电系统框图 CAD 文件

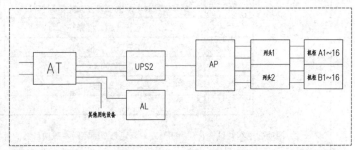

图 7-11　配电系统框图

5. 动力

（1）采用阻燃电缆由配电室总进线箱沿电缆桥架引至各分配电箱。

（2）电缆桥架接地跨接线采用 BV-1×16 mm^2 的导线，并在两端有良好的接地。配电室及机房内电缆桥架在防静电地板下敷设，且应外涂防火涂料加以保护。

（3）配电箱至设备的管线视不同情况分别采用阻燃电缆沿电缆桥架敷设，或采用阻燃导线穿管在吊顶及墙内敷设。

6. 说明

（1）照明配电箱至灯具或插座配线采用 ZR-YJV-3×2.5 mm^2 的电力电缆沿桥架敷设，出桥架后穿镀锌管沿吊顶敷设，或采用 ZR-BV-2.5 mm^2 的铜芯导线穿镀锌管沿墙暗敷或在吊顶内、地板下明敷。途中未标明导线根数为 3 根。

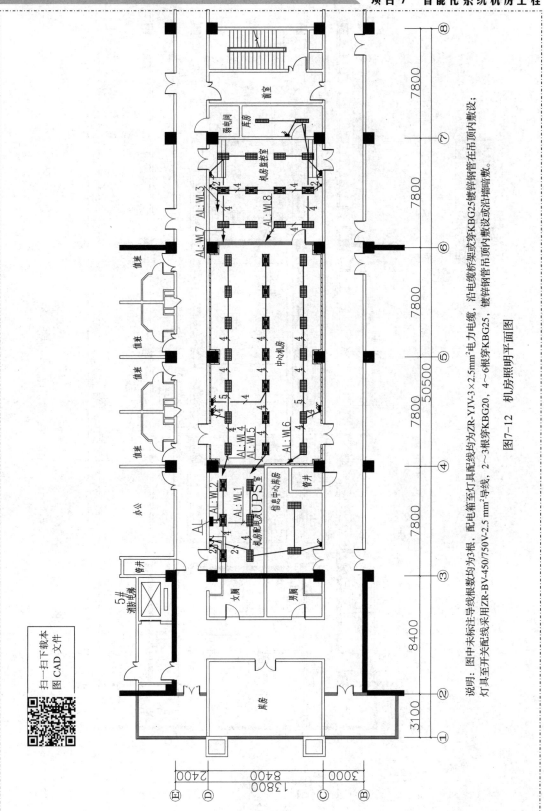

图7-12 机房照明平面图

说明：图中未标注导线根数均为3根，配电箱至灯具配线均为ZR-YJV-3×2.5mm²电力电缆，沿电缆桥架或穿KBG25镀锌钢管在吊顶内敷设；配电箱至开关配线采用ZR-BV-450/750V-2.5 mm²导线，2~3根穿KBG20，4~6根穿KBG25，镀锌钢管吊顶内敷设或沿墙暗敷。灯具至开关配线采用ZR-BV-450/750V-2.5 mm²导线。

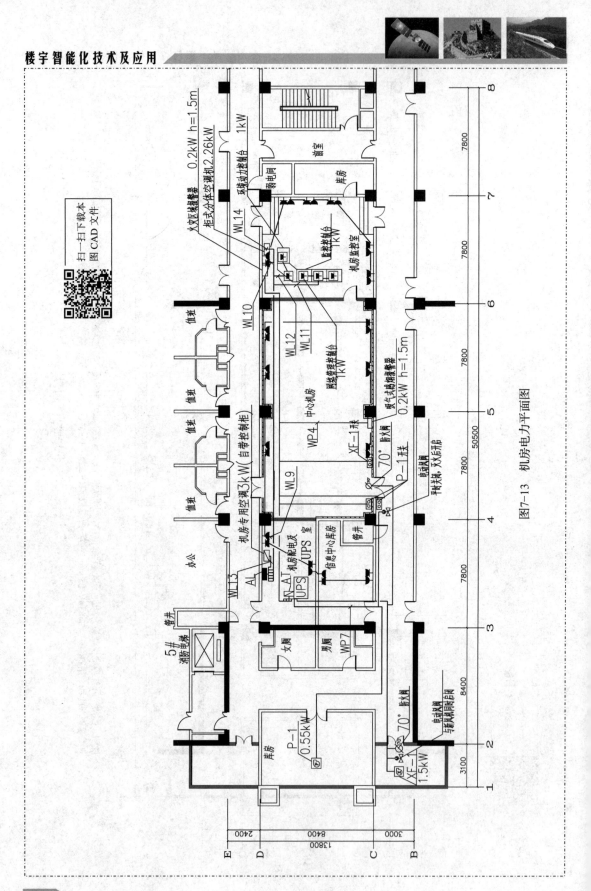

图7-13 机房电力平面图

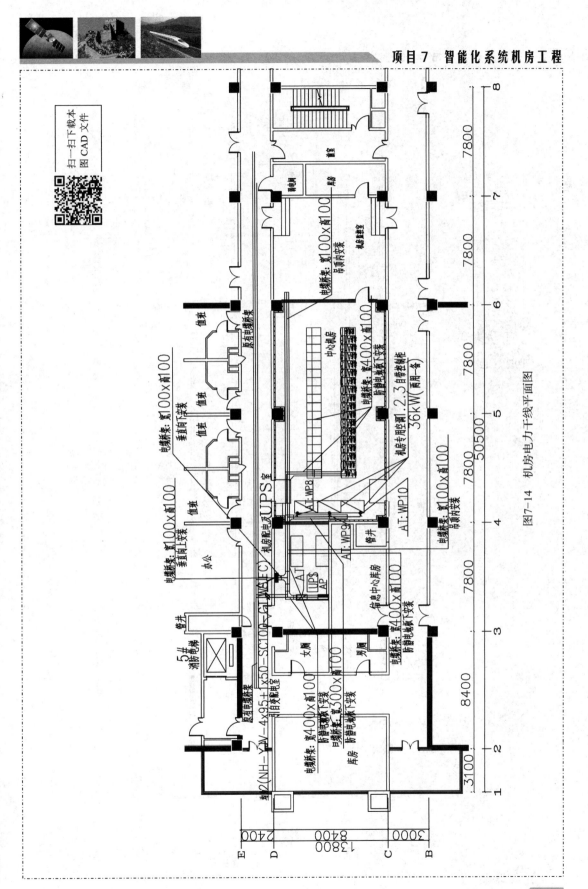

图7-14　机房电力干线平面图

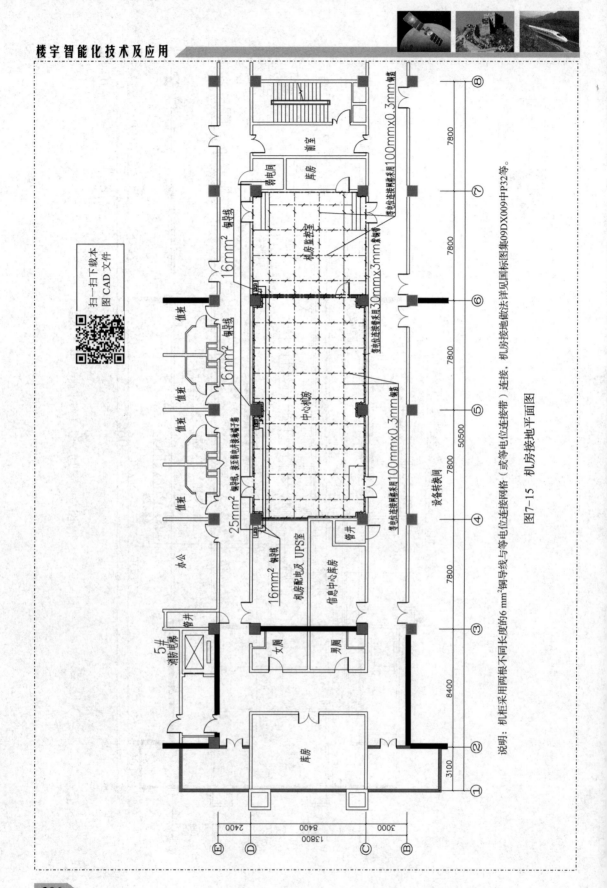

图7-15　机房接地平面图

说明：机柜采用两根不同长度的6 mm²铜导线与等电位连接带（或等电位连接带）连接，机房接地做法详见国标图集09DX009中P32等。

扫一扫下载本
图 CAD 文件

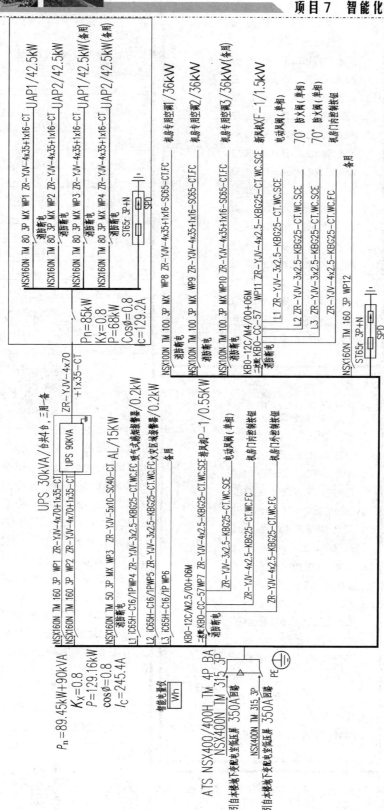

图7-16　配电箱AT、UPS配电柜系统图

说明：引自本楼地下变配电室的两回路电缆规格均为2(NH-YJV-4×95+1×50-SC100-CT)，两回路引自两个不同变压器，且变压器电源引自不同高压母线线段。

AT-XL-21（落地安装、制作槽钢基础，宽×高×深=800 mm×1 800 mm×400 mm）

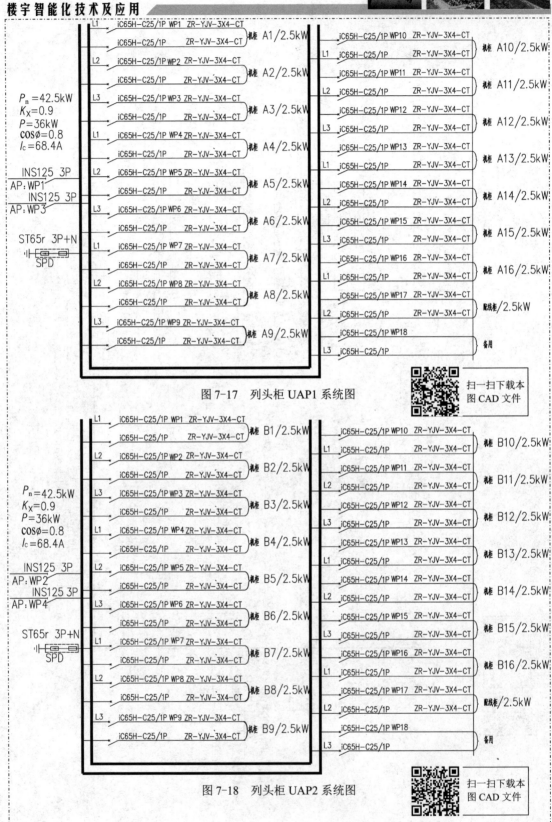

图 7-17　列头柜 UAP1 系统图

扫一扫下载本
图 CAD 文件

图 7-18　列头柜 UAP2 系统图

扫一扫下载本
图 CAD 文件

L1	iC65H-C16/1P	WL1	ZR-YJV-3x2.5-KBG25-CT.WC.SCE	配电间照明
L2	iC65H-C16/1P	WL2	ZR-YJV-3x2.5-KBG25-CT.WC.SCE	配电间应急照明
L3	iC65H-C16/1P	WL3	ZR-YJV-3x2.5-KBG25-CT.WC.SCE	机房监控室应急照明
L1	iC65H-C16/1P	WL4	ZR-YJV-3x2.5-KBG25-CT.WC.SCE	中心机房照明
L2	iC65H-C16/1P	WL5	ZR-YJV-3x2.5-KBG25-CT.WC.SCE	中心机房应急照明
	iC65H-C16/1P	WL6	ZR-YJV-3x2.5-KBG25-CT.WC.SCE	中心机房照明
L1	iC65H-C16/1P	WL7	ZR-YJV-3x2.5-KBG25-CT.WC.SCE	机房监控室照明
L2	iC65H-C16/1P	WL8	ZR-YJV-3x2.5-KBG25-CT.WC.SCE	机房监控室照明
L3	iC65H-C16/2P+VE 30mA	WL9	ZR-YJV-3x2.5-KBG25-CT.WC.FC	中心机房、配电间插座
L1	iC65H-C16/2P+VE 30mA	WL10	ZR-YJV-3x2.5-KBG25-CT.WC.FC	机房监控室插座
	iC65H-C16/2P+VE 30mA	WL11	ZR-YJV-3x2.5-KBG25-CT.WC.FC	KVM控台/2x1.0kW
L3	iC65H-C16/2P+VE 30mA	WL12	ZR-YJV-3x2.5-KBG25-CT.WC.FC	控制台/3x1.0kW
	iC65H-C16/4P+VE 30mA	WL13	ZR-YJV-5x2.5-KBG25-CT.WC.FC	机房专用空调/3kW
	iC65H-C16/4P+VE 30mA	WL14	ZR-YJV-5x2.5-KBG25-CT.WC.FC	柜式分体空调机/2.26kW
	iC65H-D16/3P	WL15		备用
L1	iC65H-C16/2P+VE 30mA	WL16		备用
L2	iC65H-C16/1P	WL17		备用
L3	iC65H-C16/1P	WL18		备用

左侧参数：

$P_n=15.00\text{kW}$
$K_x=0.9$
$P=13.5\text{kW}$
$COS\phi=0.8$
$I_c=25.65\text{A}$

iINT125/3P63
AT: WP3

扫一扫下载本图 CAD 文件

图 7-19　配电箱 AL 系统图

（2）图中插座安装高度均为离地面 0.4 m，照明配电箱底边距地 1.5 m，灯具开关距地 1.3 m 安装，地面均指装修后地面。

（3）灯具选用格栅灯，配 LED 光源，要求色温在 3 300～5 300 K 之间，灯盘效能大于 70 lm/W，功率因数大于 0.9。应急照明要求交流电源断电后，不间断维持照明续燃时间不少于 30 min，灯具的金属外壳均应与保护线（PE）做电气连接。

7．接地系统

（1）机房内的保护接地（包括防雷接地、防静电接地）和功能性接地（包括交直流工作接地、信号接地）共用建筑物结构基础做接地装置，要求接地电阻不大于 1 Ω。

（2）主机房内均采用 100 mm×0.3 mm 的铜箔敷设成 0.6 m×0.6 m 的等电位连接网格。网格四周设置有 30 mm×3 mm 的紫铜带等电位连接带，并通过等电位连接导体将等电位连接带就近与局部等电位连接端子板（LEB）、所有设备金属外壳、各类金属管道、金属桥架（线槽）、建筑物金属结构等进行连接。

（3）每台电子信息设备（机柜）应采用两根不同长度的等电位连接导体（BV-6 mm²）就近与等电位连接网格连接。

（4）UPS 不间断电源输出端的中性线必须直接与接地装置的接地干线相连接。

8．节能及环保

（1）建筑照明标准值及照明功率密度值符合 GB 50034—2013 中 5.2～5.5 及 6.3.3～6.3.13 的规定，主要场所的照度值为：中心机房 483.45 lx（照明功率密度值为 11.26 W/m²），机房监控室 542.911lx（照明功率密度值为 13.83 W/m²）。

（2）采用高效节能光源和高效灯具（单灯功率因数不低于 0.9），配备符合国家能效标准的电子镇流器，充分利用天然光并合理选择每个开关控制灯具的数量。

（3）开关灯电气设备选用国家认可的具有能效标志的节能环保产品。风机、空调等采用节能型并采取节电措施。

（4）合理选择配电线路的导线截面以降低线路损耗，并应满足 GB 50054—2011 中 3.2.2 和 6.3.3 的相关规定。单相负荷尽量平衡到三相负荷中，以减小电压损失。

9. 其他

（1）图中 SC 为穿镀锌管敷设，KBG 为穿 KBG 镀锌管敷设，CT 为沿桥架敷设，WC 为沿墙敷设，FC 为防静电地板下敷设，SCE 为吊顶内敷设。

（2）现场电气施工人员应与土建施工人员密切配合，做好预留预埋工作。

（3）电缆在过墙处穿钢管，电气设备管线安装结束后，对穿越隔墙孔洞均采用阻燃材料填充密闭处理以满足防火要求。

 扫一扫看表 7-3 图形符号文档　　 扫一扫看表 7-4 主要场所照明照度及功率密度值计算表文档

（4）配电柜需要槽钢做基础。

（5）图形符号如表 7-3 所示。

（6）主要场所照明照度及功率密度值计算如表 7-4 所示。

表 7-3　图形符号

序号	图例	名　称	规　格	单位	数量	备　注
1		局部等电位端子箱	TD28（8 个端子）	台	3	安装高度 0.3 m
2		照明配电箱	PZM30C-54	台	1	挂墙安装箱底距地 1.5 m
3		双电源切换箱	XL-21	台	1	落地安装
4		动力配电箱	XL-21	台	1	落地安装
5		自带蓄电池的三管 LED 格栅灯	平时 3×23 W，应急时 1×23 W，应时时间 30 min	盏	14	嵌入式安装
6		三管 LED 格栅灯	3×23 W	盏	27	嵌入式安装
7		单管 LED 格栅灯	1×23 W	盏	2	嵌入式安装
8		双联二三极暗装插座	250 V　10 A	个	16	安装高度 0.4 m
9		地面二三极插座	250 V　10 A	个	5	地面上安装
10		控制按钮板（盒）	TYX3-P-A	个	3	安装高度 1.3 m
11		单极暗装开关	250 V　10 A	个	4	安装高度 1.3 m
12		双联单极暗装开关	250 V　10 A	个	4	安装高度 1.3 m
13		三联单极暗装开关	250 V　10 A	个	3	安装高度 1.3 m

表 7-4　主要场所照明照度及功率密度值计算表

序号	房间名称	面积（m²）	光源种类	要求照度值（lx）	计算照度值（lx）	功率密度规范值（W/m²）	功率密度计算值（W/m²）	备　注
1	中心机房	128.73	LED 日光灯	500	483.45	15.00	11.26	500±10%满足要求
2	机房监控室	59.86	LED 日光灯	500	542.91	15.00	13.83	500±10%满足要求

7.4　机房工程施工图设计

7.4.1　设计原则

"机房设计人性化，机房管理智能化"是机房工程的整体设计理念。在设计过程中，采用科学合理的设计方案，并确保方案在施工中的可实施性，使所建机房既能保证 IT 设备和其他辅助设备具有良好的运行环境，又便于工作人员操作。设计原则如下：

1．安全可靠性

设计及选材时结合业主的工作特点、性质，充分考虑使用的长久性与稳定性，以保证机房工程及其每个环节的高度安全性和可靠性。

2．超前性与智能性

应充分体现信息系统核心的特点，并考虑机房的前瞻性，因此采用目前先进的技术和材料，将中心机房建设成为一个先进的智能化的信息数据处理控制中心。

3．人性化设计

数据机房的建设，除了保证其安全稳定运行外，还要考虑其平面功能布局、色彩搭配、空间装饰元素的呼应等，并为从事计算机操作的工作人员创造良好的工作环境。

4．环保、节能

考虑到环境的重要性，实施时选用安全环保的装修材料，并在节约能源、防尘、防噪声等方面采取相应的防护措施。

5．经济实用性

数据机房分区合理，工艺流程简便，系统配置合理，管理方便，使其性能价格比达到最优。

6．可扩展性

实施后的机房工程不仅能支持现有的系统，还能在空间布局、系统容量等方面具有充分的扩展余地，便于系统未来发展的需要。

7.4.2　机房工艺规划

1．机房选址

对于设在多层或高层建筑物内的数据机房，在确定主机房的位置时，应对设备运输、管线敷设、雷电感应和结构荷载等问题进行综合考虑与经济比较；采用机房专用空调的主机房，应考虑安装空调室外机的建筑条件，同时还应考虑如下问题：

（1）主机房和辅助区不应布置在用水区域的垂直下方，不应与振动和电磁干扰源为邻。

（2）电力供给稳定可靠，交通、通信便捷，自然环境清洁。

（3）远离产生粉尘、油烟、有害气体及生产或储存具有腐蚀性、易燃、易爆物品的场所。

（4）远离水灾和火灾隐患区域。

（5）远离强震源和强噪声源。

（6）避开强电磁场干扰。

2. 机房面积估算

数据中心机房组成需按计算机运行特点及设备具体要求确定，一般由主机房、辅助区、支持区和行政管理区等功能区组成，其使用面积根据机房设备的数量、外形尺寸及机柜布置确定。

主机房面积的确定。在机房设备外形尺寸不完全掌握的情况下，数据机房的主机房面积可采用下列方法确定：

（1）当设备数量和型号规格确定时，可按下式计算：

$$A=K\sum S \tag{7-1}$$

式中　A——主机房使用面积（m^2）；

　　　K——系数，取值为 5～7；

　　　S——系统设备的投影面积（m^2）。

（2）当设备数量和型号规格尚未确定时，可按下式计算：

$$A=KN \tag{7-2}$$

式中　K——单台设备占用面积，可取 3.5～5.5 m^2/台；

　　　N——主机房内所有设备的总台数。

（3）辅助区面积一般为主机房面积的 0.2～1 倍。

（4）用户工作室可按每人 3.5～4 m^2 计算。硬件及软件人员办公室等有人长期工作的房间，可按每人 5～7 m^2 计算。

3. 机房区域布局

数据机房的面积及位置确定后，就需要确定机房区域布局，即根据机房平面及业主需求，依据机房工程建设规范及国家现行相关标准，进行各功能区的合理布局。

1）机房布局时需要考虑的问题

（1）机房平面和空间布局应具有适当的灵活性，便于设备的增容或扩建。

（2）不仅要考虑增加主机房有效面积的利用率，还要兼顾人员和设备的进出通道，避免人员频繁穿越机房区域。

（3）进出通道合理布局，便于机房管理、维护人员合理疏散。

（4）便于机房设备、服务器机柜的合理摆放和人员操作，同时满足空调制冷、电源配电的需要。

（5）机房布局时需要与业主深入沟通，了解用户对布局及功能区的需求，最终确定布局后才能进行下一步的工作。

2）功能区布局的基本原则

（1）一般情况下，考虑将机房区域划分为封闭区域，在进出机房区域的出入口设出入口控制装置和防火门。

（2）主机房周围的功能区（如介质库、监控室）需与机房设为同等保护区域，应布局在机房区域内。

（3）UPS 电源及配电室、钢瓶间布置时距离主机房尽可能近些，便于节约管线，节省投资。

（4）监控室主要对主机设备运行、机房环境设备等进行监控管理，一般布置在主机房的隔壁。

3）机房功能区域划分

机房功能区域划分如图 7-20 所示，主要区域介绍如下：

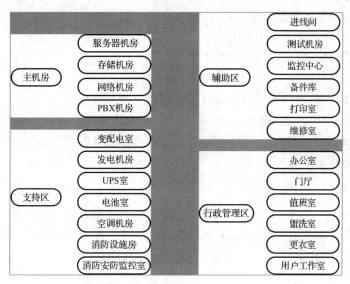

图 7-20　机房功能区域划分

（1）主机房：用于放置服务器、存储等主机、网络设备（内外网络及配线设备）等的场所。

（2）监控室：机房监控设备及网络管理人员值班的场所，监控室和主机房相通，主要对主机房进行监控和管理，减少管理人员频繁进入主机房。

（3）维修和测试室：设备维修和测试的场所。

（4）变配电及 UPS 室：放置 UPS 主机、配电柜等的场所。

（5）电池室：放置电池柜的场所。

（6）发电机房：放置柴油发电机组及其配套设备的场所。

（7）消防设施房（如钢瓶间）：放置气体灭火钢瓶的场所，如机房采用无管网气体灭火系统，则无须设置钢瓶间。

（8）消防安防监控室：放置消防自动报警和安全防范设备的场所，通常可与机房监控室合用。

（9）行政办公区：包含办公室、值班室、更衣室等场所，为机房管理人员提供办公、休息、值班的场所。

（10）空调机房：放置空调设备的场所。

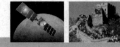

4. 设备布置

（1）数据机房的设备布置需满足机房管理、人员操作和安全、设备的运输、散热、安装和维护的要求。

（2）对于容易产生尘埃及废物的设备，在机房内布置时需远离对尘埃敏感的设备，并尽量布置在有隔断的单独区域内。

（3）当机柜或机架上的设备为前进风/后出风方式冷却时，机柜和机架的布置宜采用面对面和背对背的方式。

（4）主机房内的设备布置需满足以下要求：

① 搬运设备的通道净宽不小于 1.5 m。

② 面对面布置的机柜之间的距离不小于 1.2 m。

③ 背对背布置的机柜之间的距离不小于 1 m。

④ 机柜与机柜、机柜与墙之间需进行维修测试时距离不小于 1.2 m。

⑤ 成行排列的机柜，其长度超过 6 m 时，两端应预留出口通道；当两个出口通道之间的距离超过 15 m 时，在两个出口通道之间还应增加出口通道；出口通道的宽度不应小于 1 m，局部可为 0.8 m。

5. 机房布线系统

传输介质 A 级机房一般选用光缆或 6 类及以上对绞电缆采用 1+1 冗余，B 级机房一般选择光缆或 6 类及以上对绞电缆采用 3+1 冗余；信息点布置需根据机房设备布置确定。

6. 对其他专业的基本要求（以 A 级、B 级机房为例）

1）建筑专业

（1）对地面、墙面、顶板的装修要求。

（2）门窗的设置要求（如机房外墙最好不设窗户，用于运输设备的门的宽度与高度要求等）。

（3）对地面、屋面的防水要求。

2）结构专业

各功能区活荷载要求。

3）暖通专业

（1）对主机房、辅助区、配电室、电池室温度/相对湿度的要求。

（2）机房专用空调配置：A 级机房为 $N+X$ 冗余（$X=1\sim N$），即主机房中每个区域冗余 X 台，B 级机房为 $N+1$ 冗余，即主机房中每个区域冗余一台。

4）给排水专业

（1）与主机房无关的排水管道不能穿越主机房。

（2）机房消防灭火系统按消防相关规范实施。

5）电气专业

（1）两个电源供电，且两个电源不应同时受到损坏。

（2）A 级机房或 B 级机房供电电源不能满足两个电源供电时需设置后备柴油发电机，其基本容量包括不间断电源系统的基本容量、空调和制冷设备的基本容量、应急照明和消防等涉及生命安全的负荷容量，燃料存储量 A 级为 72 h，B 级为 24 h。

（3）UPS 主机的配置：A 级机房为 2N 或 N+1 冗余配置，B 级机房为 N+X（X=1～N）冗余配置。延时时间：有柴油发电机作为后备电源时为 15 min，没有时可根据业主使用需求确定。

（4）提供机房设备布置及设备耗电量。

（5）消防自动报警及联动按消防相关规范要求实施。

6）智能化专业

（1）安全防范系统：需在机房区域出入口、各功能区出入口设置出入口控制系统、入侵报警系统，在各出入口、功能区设视频安防监控系统。

（2）机房环境监控系统：对机房区域内的温/湿度、含尘浓度、漏水等环境状况和机电设备如配电系统、UPS 主机、电池、专用空调、新风机、安全防范系统等的运行状况进行集中管理和控制。

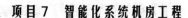

扫一扫下载某数据中心机房功能布局图 CAD 文件

7. 工程案例

如图 7-21 所示为某数据中心机房功能布局图，请同学们根据以上设计原则自己分析机房功能布局。

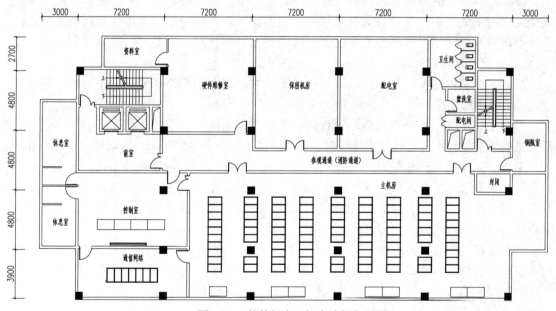

图 7-21　某数据中心机房功能布局图

7.4.3　机房装修工程

机房装修工程决定了整个数据中心机房的外观形象，需采取明快、现代的设计风格。另外，由于数据中心机房在功能方面的特殊性，使得数据机房的装修设计除必须遵循美观、实用等一般性原则外，还必须满足数据机房对环境（包括温/湿度、照度、洁净度、电

磁屏蔽等）的特殊要求。具体设计原则如下：

第一，体现特点——要体现作为重要信息汇聚地的机房特点。

第二，突出重点——在充分考虑计算机系统、通信、空调、UPS 等设备的安全性、可靠性、先进性的前提下，达到高雅、大方、简朴的风格。

第三，格调淡雅——机房室内装潢的基本格调为简明、淡雅、柔和。

第四，宜于健康——在选用装潢材料方面，要以自然材质为主，充分考虑环保因素。

1. 总体设计要求

（1）主机房的净高应根据机柜高度及通风要求确定，不小于 2.6 m。

（2）数据机房的耐火等级不应低于二级。

（3）当 A 级或 B 级机房设于其他建筑物内时，在主机房和其他部位之间应设置耐火极限不低于 2 h 的隔墙，隔墙上的门应采用甲级防火门。

（4）面积大于 100 m^2 的主机房，安全出口应不少于两个，且应分散布置。面积不大于 100 m^2 的主机房，可设置一个安全出口，并可通过其他相邻房间的门进行疏散。门应向疏散方向开启，且应自动关闭，并应保证在任何情况下都能从机房内开启。走廊、楼梯间应畅通，并应有明显的疏散指示标志。

（5）主机房的顶棚、壁板（包括夹芯材料）和隔断应为不燃烧体，且不得采用有机复合材料。

（6）主机房内的装修用材选用气密性好、不起尘、易清洁，符合环保要求，在温、湿度变化作用下变形小、具有表面静电耗散性能的材料。不得使用强吸湿性材料及未经表面改性处理的高分子绝缘材料作为面层，宜选用亚光材料，避免在机房内产生各种干扰光线（反射光、折射光、眩光等）。

（7）主机房内墙壁和顶棚应满足使用功能要求，表面应平整、光滑、不起尘、避免眩光，并应减少凹凸面。

（8）主机房的地面铺设防静电地板时，活动地板的高度需根据工艺专业的需求确定。活动地板下空间只作为电缆布线使用时，地板高度不宜小于 250 mm，活动地板下的地面和四壁装饰，可采用泥砂浆抹灰，地面材料需平整、耐磨；如既作为电缆布线，又作为空调静压箱，则地板高度不宜小于 400 mm，活动地板下的地面和四壁装饰需采用不起尘、不易积灰、易于清洁的材料。楼板或地面应采取保温防潮措施，地面垫层宜配筋，维护结构宜采取防结露措施。

（9）A 级、B 级机房的主机房一般不设置外窗。如设有外窗，需采用双层固定窗，并应有良好的气密性。电池室设有外窗时，应避免阳光直射。

（10）当主机房内有用水设备时，需采取防止水漫溢和渗漏措施，如为了防止空调漏水漫溢，在空调机四周设置拦水坝。

2. 机房吊顶工程

吊顶是机房装修工程的重要组成部分，应选用不起尘、不吸尘，具有一定的吸音、防火、防水、防腐等性能的材料，方便拆装、自重轻，有一定的强度，并具有良好的装饰效果。常用铝合金微孔扣板做机房的天花吊顶，达到防尘、吸音并且美观的效果，如图 7-22 所示。

对于上走线的数据机房也可采用无吊顶形式，节省投资，便于维护和维修。

图 7-22　机房吊顶装修图

3. 机房墙面工程

墙面装饰是指在机房墙面上使用轻钢龙骨架加纸面石膏板做基层，采用铝塑板或彩钢板进行装饰。

4. 机房地面地板工程

地面装饰是指在机房内部铺设优质抗静电活动地板，抗静电活动地板具有可拆卸的特点，因此，所有设备导线电缆的连接、管道的连接及检修更换就很方便。活动地板下的空间还可作为空调静压送风箱，通过带气流分布风口的活动地板将机房空调送出的冷风送入室内及发热设备的机柜内，由于气流风口地板与一般活动地板可互换，因此可自由调节机房内气流的分布。

活动地板下的地面一般需进行防尘、防潮处理（如刷防潮漆等）。若活动地板下的空间作为机房空调送风箱，活动地板下的地面还需做保温处理，保证在送冷风的过程中地表面不会因地面和冷风的温差而结露。

抗静电活动地板的种类较多，根据板基材、材料不同可分为：铝合金、全钢、复合木质刨花板等。铝合金活动地板表面涂有抗静电塑料层，负荷能力强，配合紧密，易于调整，但造价较高，用于要求高的机房中。复合地板表面贴有贴面，美观光滑，但容易破损，适于要求不高的机房及临时机房。地面装修效果如图 7-23 所示。

图 7-23　地面装修效果

5. 机房隔断工程

隔断是指采用防火玻璃或轻质隔墙对机房进行功能分区。一般在主机房监控室等采用防火玻璃；在需要隐秘的功能区采用轻质隔墙或砖墙。机房隔断效果图如图 7-24 所示。

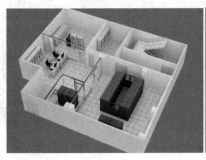
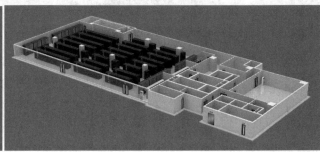

图 7-24　机房隔断效果图

6. 机房门窗工程

根据需要在机房出入口及各功能区设置合适的门和窗，一般主机房内全封闭，不设置窗户，只设置门，其他功能区可适当设置通风窗户。进入机房的门采用钢制防盗门，隔断之间采用不锈钢框防火玻璃门。

7. 机房隐蔽工程

隐蔽工程严格按照国家标准选择材料：墙体部分做防潮、防火及保温处理；部分非阻燃材料必须涂刷防火涂料，所有隐蔽用材必须符合机房用材性能指标，做到不起尘、阻燃、绝燃、不会产生静电、牢固耐用并无病虫害发生。

8. 机房净化工程

精密空调区的洁净程度标准为：A 级，每升含尘量≤18 000 粒（粒度≥0.5 μm），B 级，每升含尘量≤18 000 粒（粒度≥0.5 μm）。因此机房工程设计时需采取有效措施，确保主机房区的洁净度，如在机房的楼面及顶面刷一层防尘抗静电涂料，避免灰尘的产生及吸附等。

9. 机房防水工程

若在主机房内设机房专用精密空调，需在精密空调周围设置拦水坝，在空调区域地面设漏水自动监测系统，可实时定位监测地面的漏水状况。

10. 机房保温工程

为防止凝露、节约能源，采取保温措施来控制平面、立面隔热及热量的散失，在屋顶和地面铺设防水防火的隔热材料来提高机房的隔热保温，防止凝露。

7.4.4　机房电气工程

机房电气工程是数据中心机房的生命线，其提供电能质量的好坏将直接影响计算机系统安全、可靠的运行，也影响机房内其他附属设施的正常工作，同时机房对接地、雷电防护、机房屏蔽等均有特定要求。为了保证机房设备的可靠运行，必须建立一个优质、稳定、安全、可靠的供配电系统，电能质量要求如表 7-5 所示。

表 7-5 电能质量要求

名　称	参　数	
	A　级	B　级
稳态电压偏移范围	±3%	
稳态频率偏移范围	±0.5 Hz	
输入电压波形失真度	≤5％，机房计算机设备正常工作时	
允许断电持续时间	0～4 ms	0～10 ms

机房电气工程涉及的内容包括：供配电系统、不间断电源（UPS）、照明系统，防雷、接地等内容。下面分别进行讲解。

1. 供配电系统

机房供配电系统不仅要解决电子信息设备的用电问题，而且要解决保障电子信息设备正常运行的其他附属设备的供配电问题，如数据中心机房专用恒温恒湿空调设备、机房照明系统用电及安全消防系统用电等。因此，要想设计一个符合计算机运行要求的供配电系统，首先需根据工艺专业确定的数据机房等级确定供配电负荷等级。

A 级机房的供电电源应按一级负荷中特别重要的负荷考虑，除应由两个电源供电（一个电源发生故障时，另一个电源不应同时受到损坏）外，还应配置柴油发电机作为备用电源。B 级机房的供电电源应按一级负荷考虑，当不能满足两个电源供电时，应配置备用柴油发电机系统。C 级机房的供电电源应按二级负荷考虑。

确定负荷等级后，需在了解各种供电方式特点的基础上，选择符合实际的供电方式。

1）机房供配电系统设计要求

（1）机房内的低压配电系统不应采用 TN-C 系统。

（2）电子信息设备的配电应采用专用配电箱（柜），并靠近用电设备安装。

（3）电子信息设备专用配电箱（柜）宜配备浪涌保护器（SPD）电源监控和报警装置，并提供远程通信接口。当输出端中性线与 PE 线之间的电位差不能满足设备使用要求时，宜配备隔离变压器。

（4）供配电系统应为电子信息系统的可扩展性预留备用容量。

2）设计流程

（1）了解需要提供电源的设备，一般包括如下设备：

● 不间断电源（UPS）；

● 空调（包括机房专用空调和普通空调）；

● 照明（包括普通照明、应急疏散照明）；

● 维修电源插座。

（2）了解需要 UPS 提供电源的设备，一般包括如下设备：

● 小型机（甚至更高级别的计算机）；

● 服务器；

● 存储设备；

● 网络设备（交换机、路由器、防火墙等）；

● 应急疏散照明；

● 消防系统；

● 安全防范系统；

● 环境监控系统。

（3）根据各专业提供的设备用电量，确定供电系统框图。

（4）确定每个配电柜的系统图。

（5）根据配电柜系统图配置电力电缆、电源插座、走线路由等。如图 7-25 所示为某数据中心配电系统框图。

由图 7-25 可知，由配电室引两路市电电源 1、2 至数据中心机房，经双电源切换柜 ATS 切换后，为 UPS1、2 提供电源，电源经 UPS 稳频稳压、调整电压波形后为网络设备及配线机柜、服务器及存储机柜、办公 PC 等设备供电，与此同时也为 UPS 的后备电池充电；一旦市电回路停电，UPS 的后备电池立即放电，经 UPS 逆变后给电子信息设备供电，这样既能保证电子信息设备的供电质量，又能保证无间断、长延时供电。

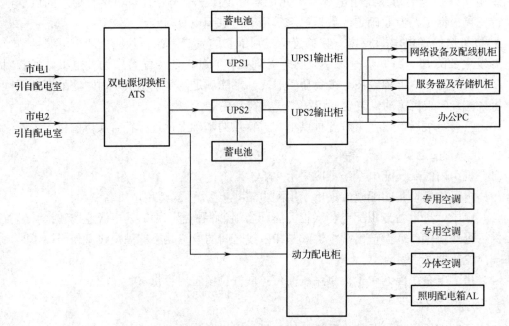

图 7-25　某数据中心配电系统框图

而非电子信息负荷如机房内专用空调、普通空调、新风机、照明等所有除电子信息设备外的用电负荷，对供电的要求相对较低。而且非电子信息负荷在启动时启动电流较大、频闪较严重，均会产生高次谐波等冲击脉冲，容易影响电压的稳定性，导致电压波形畸变。因此，经 ATS 切换后的电源采用单独的回路引至专用动力配电箱为其供电。

机房区内的配电线路一般采用放射式（如重要设备）和树干式（如次要设备）相结合的方式。计算机设备配电采用均匀分布在活动地板下的计算机专用插座供电，随用随插，减少地板面上走线；重要的计算机设备如小型机等，采用单独回路配电方式，安全可靠。所有配电线路沿电缆桥架或镀锌钢管在地板下架空敷设至设备。

2. 不间断电源（UPS）系统

UPS（Uninterruptible Power System）即不间断电源，是一种含有储能装置，以逆变器为主要组成部分的恒压恒频的不间断电源，主要用于给单台计算机、计算机网络系统或其他电子信息设备提供不间断的电力供应。当市电输入正常时，UPS 将市电稳压后供给负载使用，此时的 UPS 就是一台交流市电稳压器，同时它还向蓄电池组充电；当市电中断（事故停电）时，UPS 立即将蓄电池的电能通过逆变转换的方法向负载继续供电，使负载维持正常工作并保护负载软、硬件不受损坏。

对于机房内的设备而言，干净、不间断的电源供给是极其重要的。公用电网由于供电范围大，常会遭受自发的电压变化，严重时会中断供电，因此会对计算机电子信息设备造成不利影响。可靠的解决办法是采用不间断电源，它不但能为系统提供稳定可靠的高质量电源，没有瞬变和谐波，而且当电网断电时，也可由蓄电池支撑，继续为负载供电，保证系统有足够的时间对重要数据进行处理。那么，如何选择 UPS 呢？

1）选择步骤

（1）先确认选择何种类型的 UPS。

（2）确定所需要 UPS 的容量（VA）值。

（3）确定负载设备所需要的备用时间。

（4）选择一个好品牌的 UPS。

扫一扫看 UPS 类型的选择微视频

2）选择 UPS 的类型

UPS 电源按其工作原理不同，分为后备式 UPS、互动式 UPS、在线式 UPS 三种。

（1）后备式 UPS：功率等级为 0.25～2 kVA，其工作原理如图 7-26 所示。

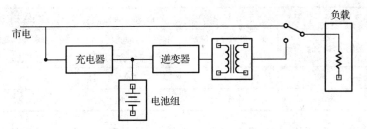

图 7-26　后备式 UPS 工作原理框图

当市电正常时，市电通过开关直接给负载供电，逆变器不工作，同时市电通过充电器给电池组充电；当市电故障或停电后，启动逆变器，把电池组储存的能量通过逆变器和开关给负载供电。

（2）互动式 UPS：功率等级为 1～5 kVA，其工作原理如图 7-27 所示。

当市电正常时，由旁路经变压器给负载供电，逆变器此时作为充电器。当市电故障或停电时，逆变器将电池能量转换为交流电供给负载。与后备式 UPS 的主要区别在于：逆变器与充电器合二为一，输出通过变压器的抽头跳变，实现分段稳压。

（3）在线式 UPS：功率等级为 1～100 kVA 及以上，其工作原理如图 7-28 所示。

不管电网电压是否正常，负载所用的交流电压都经过逆变电路后供给，即逆变电路始终处于工作状态。只有当 UPS 发生故障、过载或过热时才会转为由旁路输出给负载。

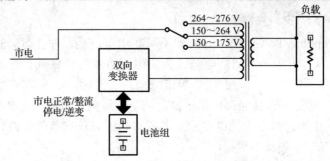

图 7-27　互动式 UPS 工作原理框图

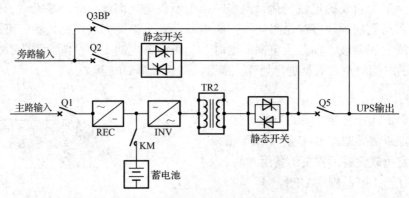

图 7-28　在线式 UPS 工作原理框图

三种 UPS 的性能比较如表 7-6 所示。

表 7-6　三种 UPS 性能比较表

性 能 名 称	后备式 UPS	互动式 UPS	在线式 UPS
输出电源质量	低（供电差，仅是不停电功能）	中等（分段稳压，滤除部分干扰）	最高（稳压，滤除所有干扰）
切换时间	5～12 ms	4 ms	0
成本	低	中等	较高

综上所述：对于重要设备如服务器、小型机等须选用性能优异、安全系数极高的在线式 UPS，其功能完善，能抵抗来自电网上的各种侵害，输出纯净的电源，保护所带负载；对于网络用户一般容量不会太大，除可选用在线式 UPS 外，也可考虑互动式 UPS；对于 PC 等容量在几百 VA 的终端设备，可选择后备式 UPS。

3）选择 UPS 容量

（1）列出需要 UPS 供电的所有设备。

（2）列出所有设备的功耗，将设备功耗单位统一换算为伏安（VA），并加以汇总。

（3）考虑到用户负载启动时的冲击，一般情况下最佳负载容量应为 UPS 容量的 70%～80%，因此建议在计算时将上面的结果除以 0.8，然后在 UPS 产品手册中选取相近功率的产品型号。

（4）设计实例：某视频安防监控系统，需 UPS 电源供电的设备及功率统计如表 7-7 所

示，试配置系统 UPS 电源的容量。

表 7-7　设备用电量统计

序号	设备名称	设备数量	单台设备用电量
1	数字硬盘录像机	6 台	350 W/台
2	显示器	6 台	120 W/台
3	摄像机	86 只	平均 5 W/只
4	监视器	6 台	150 W/台

计算设备总的用电量，如表 7-8 所示。

表 7-8　设备总用电量计算

序号	设备名称	设备数量	单台设备用电量	合计
1	数字硬盘录像机	6 台	350 W/台	2100 W
2	显示器	6 台	120 W/台	720 W
3	摄像机	86 只	平均 5 W/只	430 W
4	监视器	6 台	150 W/台	900 W
总计				4 150 W

表 7-8 中 4150 W 是有用功率，当有用功率转换成 VA 时，还需考虑其功率因数 $\cos\phi$。一般 $\cos\phi$ 的取值为 0.65～0.7，则系统 VA 数为 4 150/0.7≈5 929 VA。

考虑到 UPS 运行在 70%～80%的区间是最佳运行状态，系统总的配电容量需采用实际用电量除以 0.8，因此 UPS 容量为 5 929 VA/0.8≈7411 VA。因此，必须配 7.411 kVA 以上的电源才能保证系统的供电，按照 UPS 的实际规格，需配置 8 kVA 的 UPS 即可满足系统实际供电需求。

4）选择 UPS 备用时间及电池容量

由于系统和设备的不同，选取的 UPS 型号和配置也不同。标准型 UPS 本身机内自带电池，备用时间为 5～15 min；而长效型 UPS 配有外置电池组，备用时间为 1～8 h，可以满足用户长时间停电时继续供电的需要。长效型 UPS 备用时间主要受电池成本、安装空间大小及电池回充时间等因素的限制。

电池供电时间主要受负载大小、电池容量、环境温度、电池放电截止电压等因素影响。根据延时能力，确定所需电池的容量大小，用安时（Ah）值来表示，一般工程中采用快速计算法来估算电池的配置容量。

所需蓄电池安时数(Ah) =UPS 电源功率(VA)×延时时间(h)/UPS 电源启动直流电压。

实例 7-1　某机房选择了 30 kVA 的 UPS，其输入额定电压为直流 384 V，UPS 的输出功率因数为 80%，备用时间为 1 h，电池规格选择 12 V/100 Ah，试配置电池的个数。

解：所需蓄电池安时数(Ah) =（30×1 000×1）/384≈78 Ah

结果是需要 78 Ah 的电池才能满足 1 h 的供电，但是普通蓄电池一般没有容量为 78 Ah 的，一组 32 块，一般蓄电池大都为 12 V 直流，则 384V(UPS 启动直流电压)/12V(蓄电池直流电压)=32 块，因此以 32 块电池为一组蓄电池，而 12 V 的电池规格通常包含 100 Ah 和 65 Ah 两种，配置时可以选择一组 100 Ah 电池，其延时时间为

100 Ah(蓄电池容量)×384V(UPS 启动直流电压)/30 000 VA(UPS 电源功率)=1.28 h

满足使用需求。

3. 机房照明系统

机房照明系统是电气和建筑装修艺术相结合的科学技术，是机房工程的重要组成部分。机房照明包括普通照明和备用照明，主机房和辅助区内均应设置备用照明，备用照明可为普通照明的一部分；机房内需设置通道疏散照明及疏散指示标志灯，主机房通道疏散照明的照度值不低于 5 lx，其他区域通道疏散照明的照度值不低于 0.5 lx。

普通照明：主机房和辅助区普通照明照度标准值如表 7-9 所示。

表 7-9　主机房和辅助区普通照明照度标准值

房 间 名 称		照明照度标准值（lx）
主机房	服务器机房	500
	网络机房	500
	存储机房	500
	进线间	300
辅助区	监控中心	500
	测试区	500
	打印室	500
	备件间	300

机房内的照明除应具有一般照明的性能外，还有自己的特殊要求，其质量的好坏不仅影响机房操作人员和维修人员的工作效率及身心健康，而且还会影响机房设备的可靠运转。机房区内的照明系统是一个独立的系统，需与大楼的照明系统分开。

备用照明：机房内的备用照明系统自成一体，它仅作为市电停电及紧急事故情况时，工作人员安全用电和安全撤离使用，不作为工作照明用，备用照明的照度值不应低于一般照明照度值的 10%；有人值守的房间，备用照明的照度值不应低于一般照明照度值的 50%；备用照明可为普通照明的一部分。正常情况下熄灭（或作为普通照明），一旦市电停电时即自动投入使用，备用照明电源由机房内的 UPS 供给。

机房内的灯具控制要分区、分路、集中控制，机房内的照明线路宜穿钢管在吊顶内明敷或沿顶板暗敷。

4. 机房防雷接地系统

机房设备能否正常工作，除了本身的软硬件条件外，还有外部工作环境，主要是影响该系统正常工作的外部及内部过电压。据统计，机房设备常因元件被击穿或烧毁而停止工

作，重要的原因是这类设备的元件耐暂态过电压的水平很低，如果设备的电源线和信号线上感应暂态过电压，而线路又未设置必要的暂态过电压保护器，则设备的电子元件将被击穿。防止外部及内部过电压的最基本措施，就是采取必要的防雷保护措施，按照现行国家规范要求，数据中心机房应采用外部防雷（防直击雷）和内部防雷（防雷电电磁脉冲）等措施进行综合防护。

1）供电系统防雷

机房供电系统防雷采用三级防雷，第一级防雷器设于建筑物内的主配电柜上，一般采用具有较大通流量的防雷器，可以将较大的雷电流泄放入地，达到限流的目的，同时将过电压减小到一定的程度；第二级防雷器设于主机房内的市电配电柜上，保护机房内 UPS、空调、新风、照明等用电设备；第三级防雷器设于重要设备的前端，对设备进行精细防雷保护，如小型机、存储设备、重要服务器等。第二、三级防雷器采用具有较低残压的防雷器，将线路中剩余的雷电流泄放入地，达到限压的效果，使过电压减小到设备能承受的水平。

2）机房信号防雷

与电源防雷一样，信号系统的防雷主要包括对进出机房的通信网络设备及其线路进行防护。目前，机房远程联网常用方式有电话线、专线、X.25、DDN 和帧中继等，通信网络设备主要为 MODEM、DTU、路由器和远程中断控制器等，因此在防雷设备选择时，需根据通信线路的类型、传输频带、线路电平等选择通信避雷器，将避雷器串联在通信线路上，并采取良好的接地措施。

3）机房接地

机房接地装置需满足人身安全及机房设备正常运行和系统设备安全的要求。

机房接地包括交流工作接地、安全保护接地、直流工作接地、防雷接地四种接地方式，需满足下列接地要求：

● 交流工作接地，接地电阻不大于 4 Ω；
● 安全保护接地，接地电阻不大于 4 Ω；
● 直流工作接地，接地电阻不大于 1 Ω；
● 防雷接地，接地应按现行国标 GB 50057《建筑物防雷设计规范》相关规定执行。

（1）直流工作接地：采用网格地线作为直流地，也称为网格地，网格采用 35 mm×1 mm 的铜带在活动地板下排成 0.6～2 m 见方的方格，活动地板支撑的位置正好压在铜带的交叉点，交点处压接在一起。直流网格地可通过接地母线与机房辅助等电位接地铜排相连。直流网格地系统不仅有助于更好地保证逻辑电路电位参考点的一致性，而且还大大提高了计算机系统的抑制内部噪声和外部干扰的能力。

（2）交流工作接地：计算机系统中使用的交流设备，其中性点用绝缘导线串联起来接到配电柜中线上，具体实施是在机房内安装 L、N、PE 三孔电源插座。

（3）等电位连接：为防止地电位反击，机房应设置等电位连接防护装置。机房静电地板下距四周墙壁 30 cm 处，用 30 mm×3 mm 优质紫铜排铺设一周闭合母线排，将计算机设备的直流工作地、保护地、防雷地等以最短距离连接到铜排上与母线排形成等电位

连接，母线排通过 35 m² 多股铜芯线与安全地连接。将机房内的计算机设备金属外壳、UPS 及电池箱金属外壳、金属地板支架、隔断及金属框架、设施管路、电缆桥架等做等电位连接。

（4）安全保护地：将所有机柜的外壳，采用两根不同长度的绝缘导线与等电位接地铜排相连。

（5）UPS 不间断电源输出端的中性线，必须与接地装置引至机房的接地干线相连接。

（6）目前工程上常用的机房接地系统采用联合接地方式，将四种接地引下线分别引至联合接地装置，如图 7-29 所示。

图中，交流接地和安全工作接地合二为一，与直流接地、防雷接地分别用三根接地引下线引至大楼的联合接地装置，如图中 E_2、E_3、E_4。再将它们与避雷地桩 E_1 接成联合接地装置，保证 $E_1 \sim E_4$ 具有同样的电位，一旦有雷击发生时，不会发生雷电反击而损坏设备。同时，要求联合接地电阻不大于 1 Ω，保证接地线间不产生电位差，避免相互干扰。

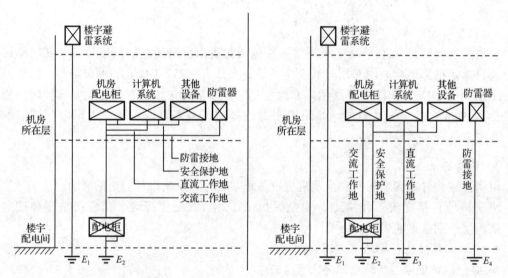

图 7-29　机房接地系统

7.4.5　机房空调与通风工程

1. 总体要求

（1）主机房和辅助区中的空气调节系统需根据机房的等级，按工艺专业的要求设置。与其他功能用房共建于同一建筑时，机房宜设置独立的空调系统。

（2）主机房与其他房间的空调参数不同时，宜分别设置空调系统。

（3）机房内的风管及管道的保温、消声材料和黏结剂，应选用非燃烧材料或难燃 B1 级材料，冷表面需做隔气、保温处理。

（4）风管不宜穿过防火墙和变形缝。如必须穿过，需在穿过防火墙处设防火阀；穿过变形缝处，应在两侧设防火阀。

（5）通风系统排风口需设计在靠近地板的地方。

2. 机房精密空调的负荷计算

1）机房空调系统夏季冷负荷包括的内容

（1）机房内设备的散热。

（2）建筑围护结构的传热。

（3）通过外窗进入的太阳辐射热。

（4）人体散热。

（5）照明装置散热。

（6）新风负荷。

（7）伴随各种散湿过程产生的潜热。

2）空调系统湿负荷包括的内容

（1）人体散湿。

（2）新风负荷。

3）负荷估算方法

空调的负荷估算分两种情况，一是机房面积及机房内主要设备的数量和用电量已经确定；二是机房内的主要设备数量不能确定，仅了解机房的面积及净空高度。

第一种情况一般采用功率及面积法估算：

$$Q_t（总制冷量，kW）=Q_1+Q_2$$

式中　Q_1——室内设备负荷（=设备功率×0.8）；

　　　Q_2——环境热负荷（=0.14～0.18 kW/m²×机房面积）。

> **实例 7-2** 某机房面积为 120 m²，主要设备总功率为 40 kW，选取环境密度为 0.14 kW/m²，其制冷量需求计算为 Q_t=40×0.8+0.14×120=48.8 kW。

第二种情况一般采用面积法估算：

$$Q_t（总制冷量 kW）=SP$$

式中　S——机房面积（m²）；

　　　P——冷量估算值（根据不同用途机房的估算指标选取）。

> **实例 7-3** 一个机房面积为 120 m²，选取其总热密度为 350 W/m²，其制冷量估算为 Q_t=0.35×120=42 kW。

说明：精密空调场所的冷负荷估算指标（供参考）如下。

● 电信交换机房、移动基站（350 W/m² 左右）；

● 数据中心（600～2000 W/m²）；

● 计算机机房、计费中心、控制中心、培训中心（350 W/m² 左右）；

● UPS 及电池室、动力机房（350 W/m² 左右）。

3. 机房精密空调送风方式

机房空调的送风方式取决于房间内热量的发源及分布特点，针对机房内设备密集式排列、线缆、桥架较多等特点，空调的送风方式分为下送上回、上送上回、上送侧回、侧送侧回四种方式。

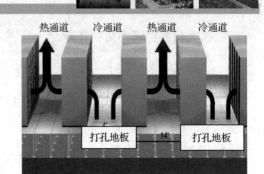

对机柜高度大于 1.8 m，设备热密度大、设备发热量大或热负荷大的主机房，较多采用的是下送上回的送风方式。这种送风方式的最大优点是在防静电地板下面形成一个巨大的静压箱，送风均匀，机房环境温/湿度、均衡性较好，但需在楼板上覆盖隔热保温棉，在机房铺设较高的架空防静电地板，如图 7-30 所示。

图 7-30　机房冷、热通道布置图

4. 机房精密空调室外机安装

如现场无特殊要求，当室外机高于室内机时，建议垂直最大距离为 20 m；当室外机低于室内机时，建议垂直最大距离为 5 m；建议管道总长不超过 60 m，管道长度大于 30 m时，需加装管道延长组件。

5. 新风系统新风量计算

（1）新风系统新风量的计算方法为按以下三项中的最大值考虑：

● 室内总送风量的 5%；
● 按工作人员每人 40 m^3/h；
● 维持室内正压所需风量。

（2）工作原理：新风机从外界采集到的新鲜空气，经新风机初效及亚高效两级过滤后，送给专用空调，并经专用空调送至各工作区，保证机房区内能补充到足够的新鲜空气。机房空调和新风机结合，还能使机房内形成一个正压力，使机房内的一部分富裕的空气通过门缝流向外界，阻止未经过滤的空气进入主机房区，保证主机房区的洁净度。

7.4.6　机房消防系统

数据中心机房的规模和重要性差异较大，有几万平方米的机房，也有几十平方米的机房；有设备数量很多的机房，也有设备数量较少的机房；有人值守的机房，也有无人值守的机房；有火灾发生造成的损失和影响很严重的机房，也有损失和影响较轻的机房，因此机房的消防设施需根据机房等级按国家现行相关标准和规范的要求设置。

1. 系统组成

机房消防系统由消防报警及气体灭火系统组成，系统可独立工作，也可与大楼消防报警系统联网使用。火灾自动报警系统的设置应符合现行国家标准 GB 50116《火灾自动报警系统设计规范》的有关规定，目前工程中常用感温探测器和感烟探测器的组合进行探测报警，设有防静电活动地板的机房地板下也可考虑采用极早期火灾探测报警系统；气体灭火系统的设置应符合现行国家标准 GB 50370《气体灭火系统设计规范》的有关规定，目前常采用的洁净气体灭火系统主要有七氟丙烷、二氧化碳、气溶胶等。工程设计中常采用七氟丙烷自动灭火系统，系统设置根据机房面积确定选择有管网或无管网方式，一般面积较小的机房采用无管网；面积较大的机房选择有管网。无管网灭火系统的气体灭火剂储存瓶经过包装成灭火柜，平时放在需要保护的防护区内，发生火灾时，直接在防护区内喷放灭火，如图 7-31 所示。有管网灭火系统的气体灭火剂储存瓶平时放置在专用钢瓶间内，通过管网与防护区内的喷头连接，火灾发生时，将灭火剂由钢瓶间输送到需要灭火的防护区内，通过喷头进行喷放灭火，如图 7-32 所示。

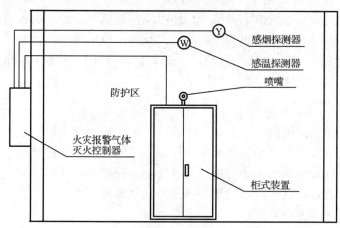

扫一扫下载无管网气体灭火系统CAD 图文件

扫一扫下载有管网气体灭火系统CAD 图文件

扫一扫观看 CO_2 灭火系统演示动画

图 7-31　无管网气体灭火系统

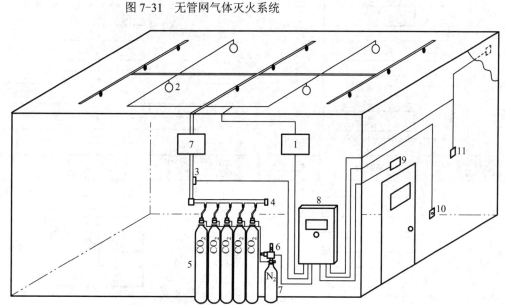

1—喷嘴；2—火灾探测器；3—安全阀；4—集流管；5 灭火剂储瓶；
6—启动钢瓶；7—灭火剂输送管道；8—火灾自动报警气体灭火控制器；
9—放气指示灯；10—手动启动控制盒；11—声光报警器

图 7-32　有管网气体灭火系统

2. 系统工作原理

设有火灾自动报警系统的保护区域内只有一种探测器动作时，只发出声光报警信号，不发灭火指令。当两种探测器均动作后，系统发出声光报警信号，经一段时间延时（30 s 可

调）后发出灭火指令，启动电磁阀实施灭火。如报警器发出火灾警报，而在延时时间内又发现有异常情况，无须启动灭火系统进行灭火时，可按下手动控制盒或火灾自动报警气体灭火控制器上的紧急停止按钮，即可阻止控制器灭火指令的发出。系统实施灭火的联动控制包含以下三种方式。

1）自动控制

将灭火控制器上的控制方式选择键拨至"自动"位置，灭火系统则处于自动控制状态。当保护区发生火情时，火灾探测器发出火灾信号，经报警控制器确认后，灭火控制器即发出声光报警信号，同时发出联动指令，相关设备联动，经过一段延时时间，发出灭火指令，打开电磁瓶头阀释放启动气体，启动气体通过启动管路打开相应的选择阀和瓶头阀，释放灭火剂，实施灭火，如图 7-33 所示。

2）手动控制

将灭火控制器上的控制方式选择键拨至"手动"位置，灭火系统则处于电气手动控制状态。当保护区发生火情时，可按下手动控制盒或灭火控制器上的"启动"按钮，灭火控制器即发出声光报警信号，同时发出联动指令，相关设备联动，经过一段延时时间，发出灭火指令，打开电磁瓶头阀释放启动气体，启动气体通过启动管路打开相应的选择阀和瓶头阀，释放灭火剂，实施灭火，如图 7-34 所示。

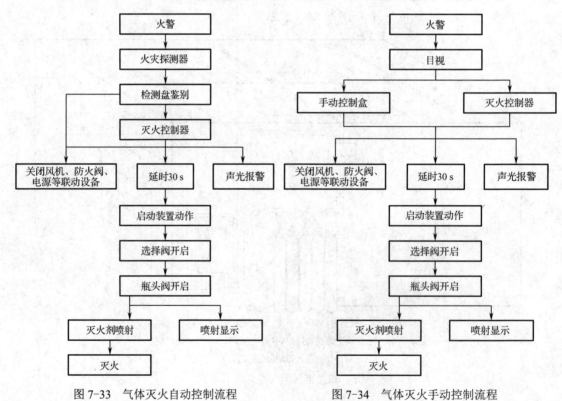

图 7-33　气体灭火自动控制流程　　　　图 7-34　气体灭火手动控制流程

3）机械应急手动操作

当保护区发生火情且灭火控制器不能有效地发出灭火指令时，应立即通知有关人员迅速撤离现场，打开或关闭联动设备，然后拔除相应保护区电磁瓶头阀上的止动簧片，压下电磁瓶头阀手柄，即打开电磁瓶头阀，释放启动气体。启动气体打开相应的选择阀、瓶头阀，释放灭火剂，实施灭火。如此时遇上电磁瓶头阀维修或启动气体储瓶充换氮气不能工作，可手动压下相应保护区的选择阀手柄，敞开压臂，打开选择阀。然后，再扳动相应瓶头阀上的手柄，打开瓶头阀，释放灭火剂，实施灭火，如图 7-35 所示。

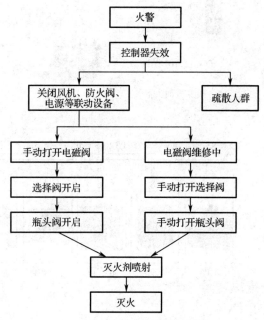

图 7-35　机械应急手动操作流程

7.4.7　安全防范系统

机房的安全防范系统一般包括出入口控制系统、入侵报警系统、视频安防监控系统。出入口控制系统是机房安全防范的第一道防线，设置在机房各个房间的出入口，并可对进出不同功能区的人员设置不同的权限，实现对进出机房的所有人员进行控制；入侵报警系统是机房安全防范的第二道防线，入侵探测器设在机房的各出入口和重要场所，一旦有非法入侵，系统可实现就地和远程报警；视频安防监控系统是安全防范系统的最后一道防线，摄像机通常设在机房出入口、设备通道等场所，系统可实时观看、录像并可与出入口控制及入侵报警系统联动，实现对整个机房的安全防护。具体设计要求见项目 4～6。

7.4.8　机房动力环境监测系统

机房动力环境监测系统利用相应的传感器及设备通信接口，将机房内的机电设备及子系统有机地组合成一个既相互关联又统一协调的整体，实现对机房内的 UPS、空调、供配电等动力设备及温/湿度、漏水、烟感等环境参量进行集中监控，并可通过网络进行远程监控，为机房设备提供安全可靠的运行环境。系统由监控主机、前端采集设备及接口、传输部分等组成，如图 7-36 所示。监控内容如下：

扫一扫看机房环境动力及监控系统微视频

1. 供配电系统

1）市电参数监测

采用智能电量监测仪对配电系统的三相相电压、相电流、线电压、线电流、有功功率、无功功率、频率、功率因数等参数和配电开关的状态进行监视，系统管理员可以通过历史曲线图查看每天的电压、频率、有功功率、无功功率的最大值、最小值、当前值及电压、电流峰值。通过分析有关参数的历史曲线，可以清楚地知道供电电源的质量是否可靠完好，为合理地管理机房电源提供科学依据。

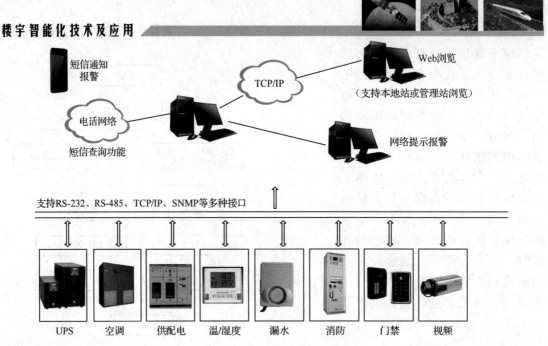

UPS 空调 供配电 温/湿度 漏水 消防 门禁 视频

图 7-36 机房动力环境监测系统

2) 配电开关监测

通过对配电柜内开关状态的检测，可实时掌握整个机房的配电柜供电情况。当系统检测到开关跳闸或断电时，自动切换到相应的运行画面，发出短信报警等，通知管理员尽快处理，并将事件记录到系统中。

2. UPS 监测

通过 UPS 厂家提供的通信协议及智能通信接口与监控主机相连，对 UPS 内部整流器、逆变器、电池、旁路、负载等各部件的运行状态进行实时监测，一旦有部件发生故障，系统将自动报警。

3. 蓄电池监测

通过蓄电池厂家提供的智能接口及通信协议与监控主机相连，对电池组电压、充放电电流、各个单体电压、单体内阻等参数进行实时监测。

4. 漏水监测

漏水监测系统包括定位和不定位两种。定位式是指可以准确报告具体漏水地点的测漏系统。不定位系统只能发现漏水，但不指明具体位置。系统由传感器和控制器组成，控制器监视传感器的状态，发现水情立即将信息上传给监控主机。测漏传感器包括线检测和面检测两类，机房内一般选择线检测，即采用测漏绳将水患部位围起来，漏水发生后即可发出报警。

5. 温/湿度监测及空调控制

在机房重要部位设置温/湿度传感器，传感器将检测到的温/湿度信号实时传送到监控主机，并在监控界面上以图形形式表现出来。一旦温/湿度值越限，系统可联动启动空调，同时系统自动弹出报警框或发出短信报警，提示管理员通过调节空调温/湿度值，给机房设备提供最佳运行环境。

6. 安全防范系统

机房动力环境监测系统可与安全防范系统集成在一个管理平台，实现对安全防范系统的监测与联动。

7. 消防系统

限于消防行业的法规，机房动力环境监测系统与消防系统集成时，仅可实现监测消防系统的运行状态而不控制系统设备的启停。

知识梳理与总结

本项目的主要目的是掌握数据中心机房工程施工图的识读与设计要求。为了便于学生掌握学习任务，该项目分为三部分讲述：第一部分为机房工程的知识准备，主要讲述机房工程包含的内容及涵盖的专业；第二部分利用一套完整的机房工程施工图纸进行识读，考虑到机房工程涉及的专业较多，因此本项目主要以学生为主体识读机房工艺及智能化专业图纸，实训部分以电气施工图为例进行讲解，其他建筑、给排水、暖通等专业作为本项目的拓展知识，让学生识读，不作为考核内容；第三部分讲解机房工程建设中各专业的设计原则和要求。本项目的重点是让学生掌握机房工程包含的内容，掌握机房工艺规划的流程和功能布局，重点是机房工程施工图的识读，难点是机房工程的设计要求。基础知识采取图文并茂的方式讲解，并附有设计实例、课堂练习、实训任务工单，实现了理论与实践的深度融合，体现了学生为主体的教学方法。此项目中重点需要掌握以下几个方面的内容：

1. 掌握机房工艺规划流程及功能布局原则；
2. 了解机房工程包含的内容及设计要求；
3. 能够识读工艺及智能化施工图；
4. 能够根据图纸编制机房工程主要设备材料清单；
5. 熟悉机房工程相关的设计规范。

机房工程的设计要求是关键，所以在学习的过程中要充分利用网络资源，拓宽知识领域，反复练习，学会融会贯通、举一反三，这样才能快速、高质量地达到学习目的。

思考与复习题 7

扫一扫看思考与练习题 7

扫一扫看思考与练习题 7 参考答案

1. 机房工程包含哪些内容？
2. 简述机房的选址要求。
3. 简述机房的负荷等级及供电设计要求。
4. 某机房内需 UPS 供电的设备有：PC 服务器 10 台，1 kW/台；小型机 2 台，4 kW/台；存储设备 2 台，5.5 kW/台；机房监控设备 1 套，2 kW/套；应急照明 2 kW，试估算机房 UPS 主机的容量。
5. 某机房内 UPS 主机容量为 60 kVA，直流电压为 384 V，单个蓄电池的容量选择 12 V/100 Ah，延迟时间为 2 h，试计算所需蓄电池的个数。
6. 简述机房环境、动力监控系统的监控内容。

项目 **8**

智能化工程综合训练

 扫一扫看项目 8 教学课件

教学导航

知识目标	（1）复习项目 2～项目 7 学习的基础知识。 （2）复习项目 2～项目 7 学习的施工图识读方法。 （3）复习项目 2～项目 7 学习的设计要求和设计流程
能力目标	（1）具有智能化施工图的识读能力。 （2）具有智能化施工图的设计能力。 （3）具有利用网络查找相关资料和国家现行相关规范的能力
素养目标	（1）具有团队协作与沟通的能力。 （2）具有分析和解决问题的能力
教学资源与载体	1 套完整的建筑智能化工程施工图纸、AutoCAD 软件、天正电气软件、相关资料和现行相关规范、多媒体教学平台、教材、智能化实训室
教学方法	工程案例教学法、任务驱动法
参考学时	14
教学过程设计	复习基础知识→给出工程图纸→识读实训→设计要求→设计实训
考核与评价内容	实训任务工单、设计图纸成果
评价方式	自我评价（10%）、小组评价（30%）、教师评价（60%）

本项目选用的工程为某医院病房楼，从智能化系统中选择了工程中经常遇到的综合布线系统、有线电视系统、安全防范系统作为学生实训的内容，其他的系统及医院专用智能化系统在本书中不做讲解。该实训主要由学生在教师指导下完成。智能化工程图纸的识读和局部设计训练，通过真实工作情景的实际操作，夯实学生在项目2～项目7中学过的基础知识及施工图识读和设计方法，达到工学结合的目的。

该工程为某医院病房楼，建筑分类为一类高层，医院等级为二级甲等综合医院，建筑主要功能：地上为住院、病房；地下为设备用房，建筑面积为 17894.1 m^2，其中地上面积 16728 m^2，地下一层，地上 12 层，建筑高度 54.2 m，建筑耐火等级为一级，结构类型为框剪结构。

工程案例 12　地下一层智能化平面图识读

1. 地下层智能化平面图及线路标注说明

地下层智能化平面图及线路标注说明如图 8-1 所示。

2. 识读步骤

（1）识读建筑平面图：由图 8-1 可以看出，地下层主要为各专业设备用房及职工餐厅，具体包含两部楼梯、五部电梯、水暖井、风井、强电井、弱电井，主要功能房间包含信息中心机房、消防控制室、弱电进线间、水泵房、风机房、配电室、维修办、餐厅、配餐及戊类库房等。

（2）识读图 8-2 中的图形符号，根据地下层智能化平面图，统计图中内外网信息点及电视终端数量，并填写表 8-1。

表 8-1　地下层内外网信息点及电视终端统计

设置位置 / 终端数量	外网信息点				内网信息点			电视终端
	语音	数据	单孔信息插座	双孔信息插座	数据	单孔信息插座	双孔信息插座	
信息中心机房	2	2		2	4		2	
消防控制室	4			2	4		2	
维修办	1	1		1				
配电室	1		1					
水泵房	1		1					
风机房	1		1					
配餐间	1		1					
餐厅								1
总计	11	3	4	5	8		4	1

（3）摄像机：走廊 4 个、信息中心机房 2 个、消防控制室 1 个、餐厅 2 个，均为彩色半球摄像机。

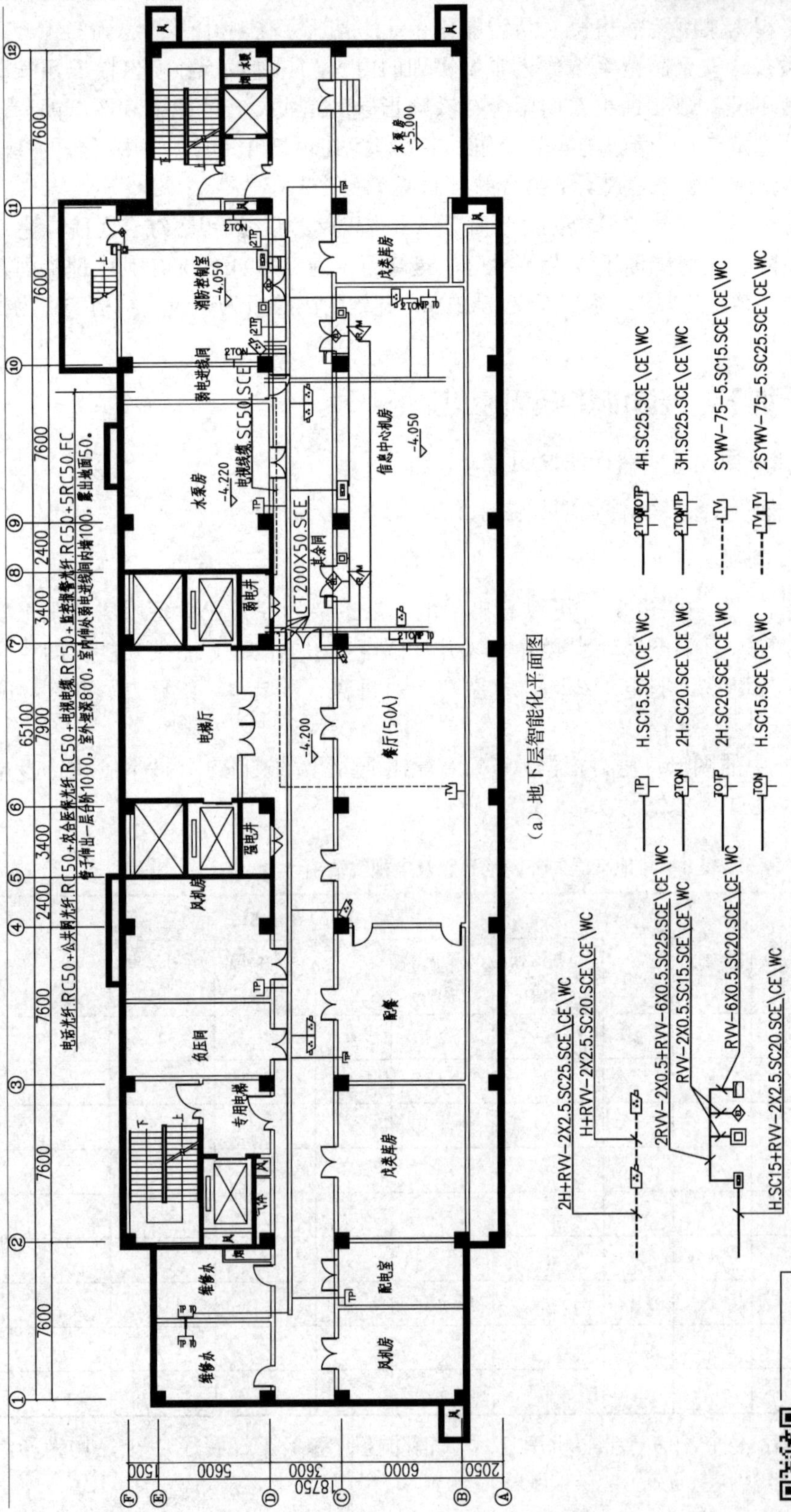

（a）地下层智能化平面图

（b）线路标注说明

图8-1　地下层智能化平面图及线路标注说明

（4）出入口控制装置：信息中心机房、消防控制室设双门控制器，控制机房 2 个出入口，均采用进门刷卡、出门按钮的控制方式。

（5）微波红外双鉴探测器：信息中心机房出入口设 2 个微波红外双鉴探测器，用于机房出入口的非法入侵防范。

（6）设备间位置：弱电进线间在 10 轴、D～F 轴之间，弱电井在 7～8 轴与 D～E 轴之间，消防控制室在 10～11 轴、D～F 轴之间，信息中心机房在 7～11 轴与 B～C 轴之间。

（7）室外进线：室外电话光纤、公共网、农合医保网光纤、电视电缆、监控报警光纤各自穿 DN50 的水煤气钢管由建筑物的北侧埋地引至弱电进线间内，管子伸出一层台阶 1000 mm，室外埋深 800 mm，室内伸出弱电进线间内墙 100 mm，露出地面 50 mm，共计 10 根 DN50 的钢管，5 用 5 备。由室外引入的电话光纤和公共网、农合医保网光纤沿电缆桥架引至地下层信息中心机房，监控报警光纤沿电缆桥架引至消防控制室，电视电缆经弱电进线间引出穿 SC50 的钢管至弱电井内。

（8）室内线路敷设：内外网、视频安防监控、出入口线路、入侵报警总线共用电缆桥架，电视线路独立布线。电缆桥架将信息中心机房、消防控制室、弱电进线间、弱电井连通，地下层电缆桥架规格均为 200 mm×50 mm，沿走廊或信息中心机房的吊顶内敷设，由消防控制室引出的监控光纤和报警总线，由信息中心机房引出的内外网光纤和大对数电缆均沿电缆桥架引至弱电井内。

由弱电井引至餐厅 1 个电视终端的线路为 SYWV-75-5 穿 SC15 的钢管沿吊顶或顶板明敷或沿墙暗敷引至餐厅的电视终端。

由电缆桥架引至 2 个摄像机的线路为 2 根 6 类非屏蔽双绞线和 1 根 RVV-2×2.5 的线缆穿 1 根 SC25 的钢管，引至 1 个摄像机的线路为 1 根 6 类非屏蔽双绞线和 1 根 RVV-2×2.5 的线缆穿 1 根 SC20 的钢管，敷设方式均为沿吊顶或顶板明敷或沿墙暗敷。

由电缆桥架引至出入口控制器的线路为 1 根 6 类非屏蔽双绞线和 1 根 RVV-2×2.5 的线缆穿 1 根 SC20 的钢管，由出入口控制器引至电子锁和出门按钮的线路均为 RVV-2×0.5 穿 SC15 的钢管，至读卡器的线路为 RVV-6×0.5 穿 SC20 的钢管，敷设方式为沿吊顶或顶板明敷或沿墙暗敷。

由电缆桥架引至 1 个微波红外双鉴探测器的线路为 RVV-5×1.0 穿 SC20 的钢管，敷设方式为沿吊顶或顶板明敷或沿墙暗敷。

综合实训 1　设计说明、机房布置及接地平面图识读

1. 实训目的

（1）学会识读设计说明，了解项目概况、设计内容、系统组成、设置原则及智能化工程常用的图形符号等。

（2）学会识读机房设备布置及接地平面图，能分析机房包含的主要设备及布置、机房接地方案等。

2. 实训图纸

（1）设计说明如图 8-2（a）～（e）所示。

（2）机房设备布置及接地平面图如图 8-3～图 8-5 所示。

扫一扫看综合实训任务工单 1 的答案

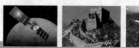

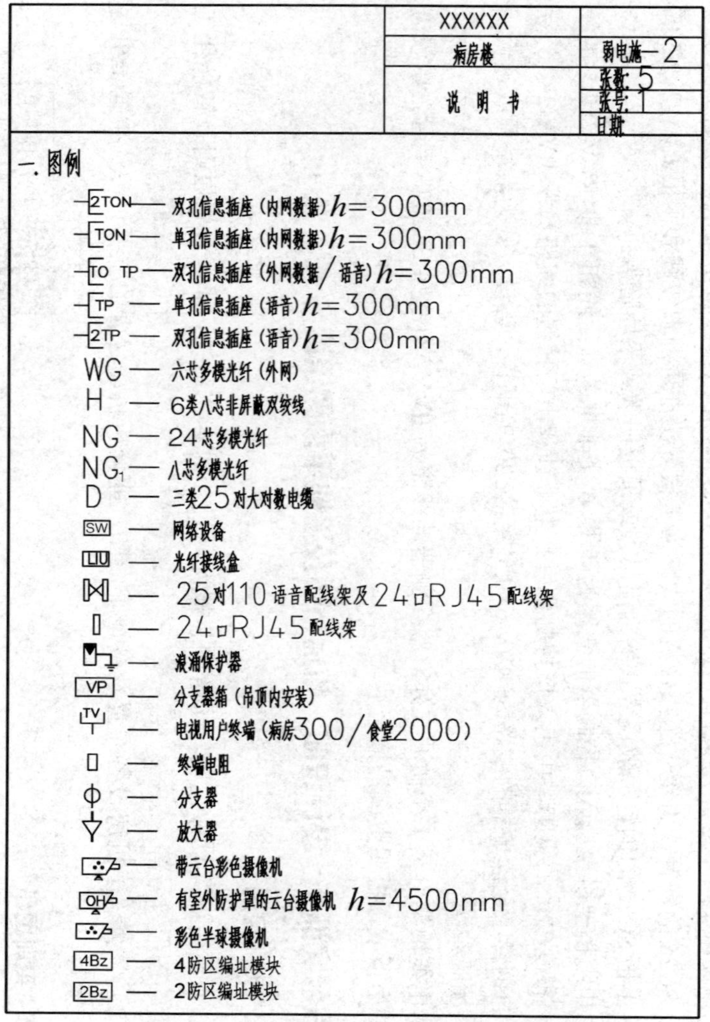
XXXXXX
病房楼
说 明 书
弱电施—2
张数: 5
张号: 1
日期:
一. 图例
2TON — 双孔信息插座（内网数据）h=300mm
TON — 单孔信息插座（内网数据）h=300mm
TO TP — 双孔信息插座（外网数据/语音）h=300mm
TP — 单孔信息插座（语音）h=300mm
2TP — 双孔信息插座（语音）h=300mm
WG — 六芯多模光纤（外网）
H — 6类八芯非屏蔽双绞线
NG — 24芯多模光纤
NG1 — 八芯多模光纤
D — 三类25对大对数电缆
SW — 网络设备
LIU — 光纤接线盒
— 25对110语音配线架及24口RJ45配线架
— 24口RJ45配线架
— 浪涌保护器
VP — 分支器箱（吊顶内安装）
TV — 电视用户终端（病房300/食堂2000）
— 终端电阻
— 分支器
— 放大器
— 带云台彩色摄像机
OH — 有室外防护罩的云台摄像机 h=4500mm
— 彩色半球摄像机
4Bz — 4防区编址模块
2Bz — 2防区编址模块

（a）张号1

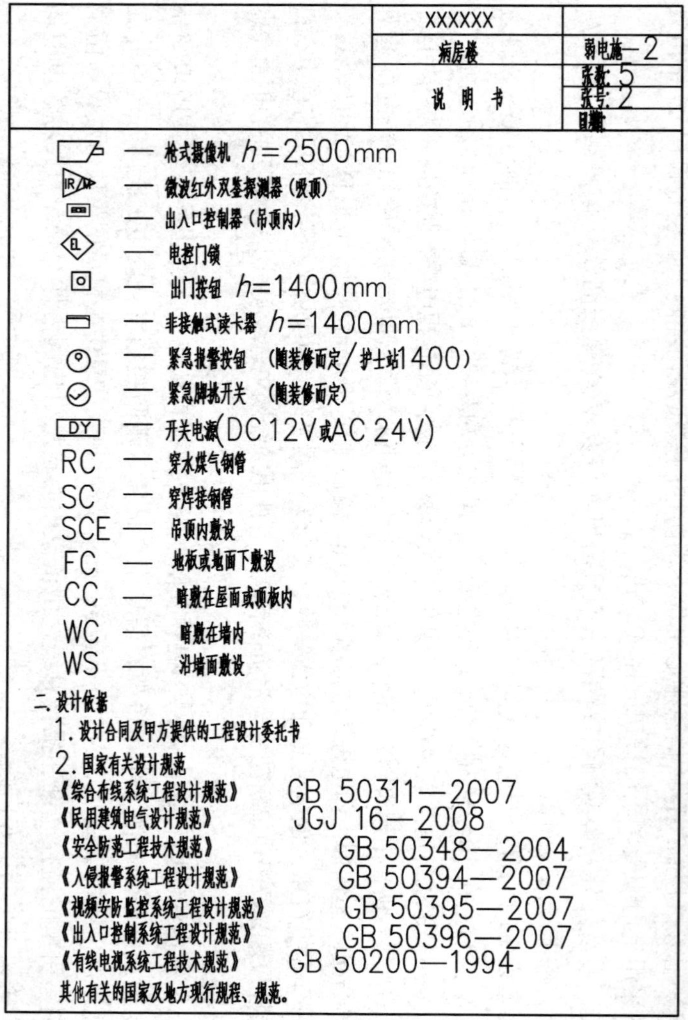
XXXXXX
病房楼
说 明 书
弱电施—2
张数: 5
张号: 2
日期:
— 枪式摄像机 h=2500mm
IR/M — 微波红外双鉴探测器（吸顶）
— 出入口控制器（吊顶内）
EL — 电控门锁
— 出门按钮 h=1400mm
— 非接触式读卡器 h=1400mm
— 紧急报警按钮 （随装修而定/护士站1400）
— 紧急脚挑开关 （随装修而定）
DY — 开关电源(DC12V或AC24V)
RC — 穿水煤气钢管
SC — 穿焊接钢管
SCE — 吊顶内敷设
FC — 地板或地面下敷设
CC — 暗敷在屋面或顶板内
WC — 暗敷在墙内
WS — 沿墙面敷设
二. 设计依据
1. 设计合同及甲方提供的工程设计委托书
2. 国家有关设计规范
《综合布线系统工程设计规范》 GB 50311—2007
《民用建筑电气设计规范》 JGJ 16—2008
《安全防范工程技术规范》 GB 50348—2004
《入侵报警系统工程设计规范》 GB 50394—2007
《视频安防监控系统工程设计规范》 GB 50395—2007
《出入口控制系统工程设计规范》 GB 50396—2007
《有线电视系统工程技术规范》 GB 50200—1994
其他有关的国家及地方现行规程、规范。

（b）张号2

图8-2 设计说明书

XXXXXX 病房楼	说　明　书	弱电施—2

三、工程概况
1. 建筑名称：病房楼
2. 建设地点：XXXXXXX
3. 主要建筑：病房
4. 建筑高度：1166.10m²
5. 总建筑面积：17894.1m²，其中地上约16728m²
6. 建筑层数：地上十一层，地下一层
7. 标准层层高：3.9m
8. 建筑高度：54.2m
9. 建筑耐火设防烈度：3表3；50年；项目计烈度，中型，建筑耐火等

四、设计范围
1. 综合布线系统
2. 安防系统
3. 有线电视系统

五、对材料
1. 综合布线系统

2. 有线电视系统

3. 安防系统

XXXXXX 病房楼	说　明　书	弱电施—2

六、其他

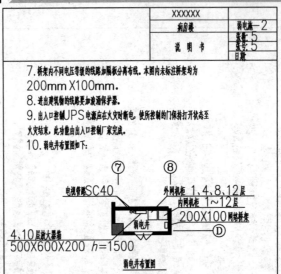

（e）张号 5

图 8-2　设计说明书（续）

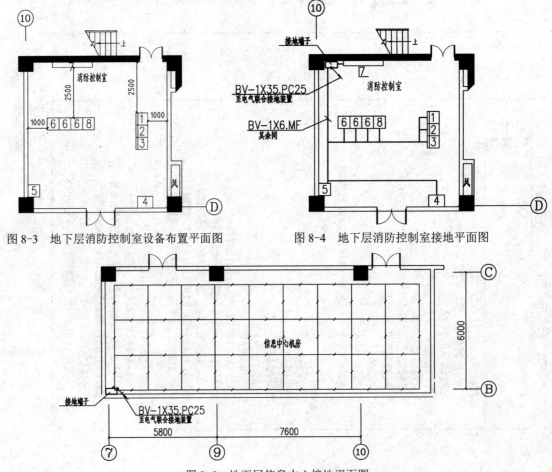

图 8-3　地下层消防控制室设备布置平面图　　　　图 8-4　地下层消防控制室接地平面图

图 8-5　地下层信息中心接地平面图

3. 实训任务

（1）识读设计说明，列出图形符号，回答任务工单中所列问题。

（2）识读消防控制室设备布置及接地、信息中心机房接地平面图，回答所列问题。

4. 实训成果

上交综合实训任务工单 1。

综合实训任务工单 1　智能化施工图识读一

课程名称		专业班级		日期	
上课地点		参考学时		指导教师	
小组基本资料					

小组台号	关系	姓名	学号	姓名	学号
	成员				

学习内容	实训步骤
	任务 1　识读设计说明，根据下表中列出的设备名称写出其图形符号。

设 备 名 称	图形符号	设 备 名 称	图形符号
双孔信息插座（外网数据语音）		有室外防护罩的云台摄像机	
双孔信息插座（内网数据）		带云台彩色摄像机	
25 对 110 语音配线架、24 口 RJ45 线架		彩色半球摄像机	
网络设备		枪式摄像机	
光纤接线盒		微波红外双鉴探测器（吸顶）	
放大器		紧急报警按钮	
分支器		紧急脚挑开关	
分配器		出入口控制器	
电视用户终端			

任务 2　识读设计说明，回答下列问题：

（1）列出该工程的设计依据。

（2）写出工程设计包含的智能化子系统。

（3）写出综合布线的设置原则和要求。

（4）写出安防系统包含的子系统内容、各子系统组成、前端设备设置原则及场所。

（5）写出有线电视系统用户终端的设置场所和输出口电平要求。

（6）写出金属电缆桥架、智能化系统的接地要求。

任务 3　识读消防控制室设备布置及接地、信息中心机房接地平面图，回答下列问题：

（1）消防控制室有哪些安防设备？

（2）安防监控设备布置时设备距墙面的非主要通道的距离为多少？监控控制台距监控显示屏体之间的距离为多少？

（3）简述消防控制室的接地方案。

（4）简述信息中心机房的接地方案。

教师评价	教师评语	成绩
		教师签字

消防控制室设备如表 8-2 所示。

表 8-2　消防控制室设备一览表

序　号	设 备 名 称	单 　位	数 　量
1	消防报警控制柜	套	1
2	消防联动控制柜	套	1
3	消防广播通信柜	套	1
4	液位报警主机	套	1
5	监控 UPS 电源（20 kVA/1 h）	套	1
6	监控控制台	套	3
7	显示屏（大小根据需要确定）	套	1
8	广播控制台	套	1

接地说明：

（1）信息中心机房的直流接地接至机房地板下的铜排网上，网格采用 1.0 mm×35 mm 的铜带在活动地板下排成 1 800 mm×1 800 mm 的网格，其交叉点与活动地板支撑的位置交错排列，铜带的交点处用锡焊焊牢，在铜带下垫 2 mm 厚的绝缘橡皮与地绝缘并与防静电活动地板的支柱、骨架等绝缘。

（2）信息中心的直流接地与交流接地不允许短接或混接。

综合实训 2　一层智能化平面图识读

1. 实训目的

学会识读智能化平面图，能分析各子系统中心机房及弱电井设置楼层和位置、前端点位布置、线缆走向、敷设方式等。

2. 实训图纸

一层智能化平面图如图 8-6（a）、（b）所示。

3. 实训任务

识读一层智能化平面图 2 张，完成下列任务。

（1）任务 1：完成各子系统前端点位统计。

（2）任务 2：列出室内线路的敷设方式。

（3）任务 3：列出一层设备材料清单。

扫一扫看综合实训任务工单 2 的答案

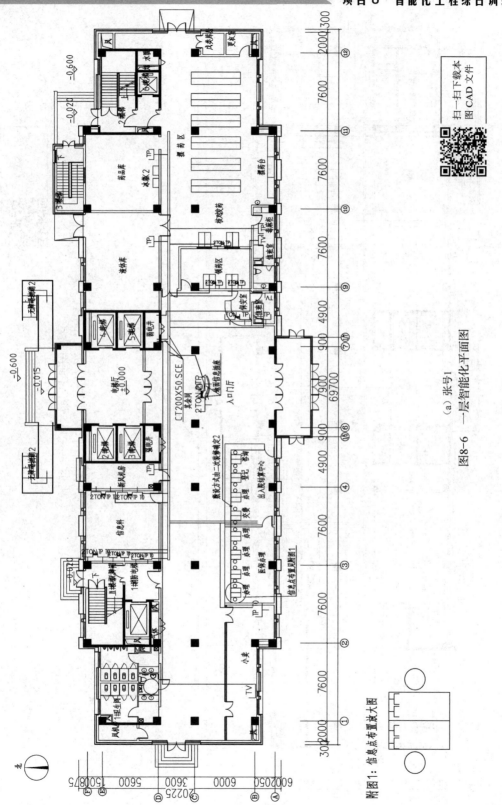

扫一扫下载本
图CAD文件

（a）张号1

图8-6 一层智能化平面图

附图1:信息点点布置放大图

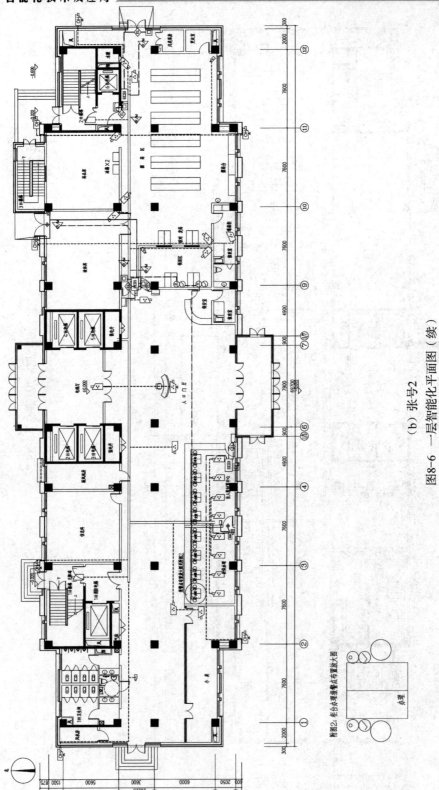

扫一扫下载本图 CAD 文件

（b）张号2

图8-6 一层智能化平面图（续）

4. 实训成果

上交综合实训任务工单2。

综合实训任务工单2　智能化施工图识读二

课程名称		专业班级		日期	
上课地点		参考学时		指导教师	
小组基本资料					

小组台号	关系	姓名	学号	姓名	学号
	成员				

学习内容

实训步骤

任务1　各子系统前端点位统计。

（1）识读图8-6（a）及图8-2，填写表1。

表1　内外网信息点及电视终端统计

终端数量 设置位置	外网信息点				内网信息点			电视终端
	语音	数据	单孔信息插座	双孔信息插座	数据	单孔信息插座	双孔信息插座	
入口门厅								
出入院结算中心								
医保办理								
小卖部								
信息科								
新风机房								
保安室及值班室								
毒麻柜及值班室								
领药区								
核对发药区								
药品库								
液体库								
总计								

注：表格不足时可增加。

（2）识读图8-6（b）及图8-2填写表2。

表2 安防系统前端设备统计

前端设备数量 / 设置位置	彩色摄像机				出入口控制器		微波红外双鉴探测器	紧急报警按钮	紧急脚踏报警开关
	带云台	带云台、室外防护罩	半球	枪式	双门	单门			
大楼室外周界									
一层出入口									
出入院结算中心工作窗									
医保办理工作窗口									
出入院结算中心及医保									
发药工作区									
领药患者区									
液体库									
药品库									
摆药区									
小卖部									
毒麻柜									
楼梯间									
总计									

注：表格不足时可增加。

任务2 识读一层智能化平面图及图8-3，列出室内线路的敷设方式。

（1）电缆桥架引至1个内外网单孔信息插座、1个内外网双孔信息插座、2个内外网双孔信息插座的线路。

（2）弱电井引至1个电视终端、2个电视终端的线路。

（3）电缆桥架引至2个摄像机、1个摄像机的线路。

（4）电缆桥架引至防区模块的报警总线线路，防区模块引至微波红外双鉴探测器、紧急报警按钮、紧急脚踏报警开关的线路。

（5）电缆桥架引至双门、单门出入口控制器的线路，出入口控制器引至读卡器、电子锁、出门按钮的线路。

任务3 列出一层设备材料清单，并填入表3中。

表3 一层弱电设备材料清单

序号	名　称	型号及规格	单位	数量

注：表格不足时可增加。

学习内容		

教师评价	教师评语	成绩
	教师签字	

综合实训3 有线电视系统图识读

1. 实训目的

学会有线电视系统图的识读，能根据所学知识分析系统图中各电视终端的电平是否符合规范要求，能根据系统图统计设备材料清单。

2. 实训图纸

有线电视系统图，如图8-7所示。

3. 实训任务

识读有线电视系统图，完成如下任务：

（1）任务1：电视终端点位及设备统计。

（2）任务2：计算电视终端电平。

扫一扫看综合实训任务工单3的答案

4. 实训成果

上交综合实训任务工单3。

综合实训任务工单3 智能化施工图识读三

课程名称		专业班级		日期	
上课地点		参考学时		指导教师	
小组基本资料					
小组台号	关系	姓名	学号	姓名	学号
	成员				
学习内容	实训步骤 **任务1** 点位及设备统计。 （1）识读有线电视系统图及图8-2，填写表1。 表1 电视终端数量统计表 <table><tr><td>层　　数</td><td>电视终端（套）</td></tr><tr><td>地下层</td><td></td></tr><tr><td>一层</td><td></td></tr><tr><td>二～十二层（填其中　层）</td><td></td></tr><tr><td>总计</td><td></td></tr></table> （2）识读有线电视系统图及图8-2，填写表2。					

学习内容

表2　放大器、分支分配器数量统计

层数＼设备	一分支器	二分支器	三分支器			四分支器			二分配器	放大器
	06	20	20	18	16	18	16	14		
地下层										
一层										
二层										
三层										
四层										
五层										
六层										
七层										
八层										
九层										
十层										
十一层										
十二层										
总计										

（3）识读有线电视系统图及图8-2，填写表3。

表3　放大器及分支分配器箱数量及安装位置统计表

层　　数	放大器箱	分支分配器箱
地下层		
一层		
二～十二层（填其中一层）		
总计		

任务2　核算电视终端电平。
核算十层弱电井放大器所带电视终端的电平值是否满足设计要求。

教师评价

教师评语	成绩
	教师签字

系统设计说明：

（1）图例见图8-2设计说明书。

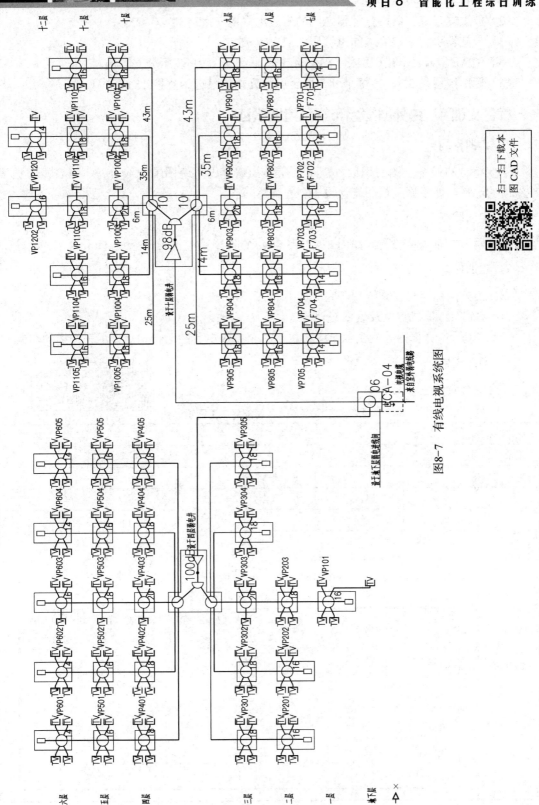

图8-7 有线电视系统图

（2）放大器、分支器、分配器之间的有线电视电缆用：SYWV-75-9。

（3）分支器引到用户终端的电缆用：SYWV-75-5。

（4）VPAB，A表示楼层编号，B表示分支器编号，VP表示分支器箱。

（5）标准层层高3.9 m，每个分支器至电视终端的最远距离按15 m计算。

综合实训4 内外网综合布线系统图识读

1．实训目的

学会综合布线系统图的识读，能根据所学知识分析系统图中配线设备、语音及数据干线线缆的选择，能根据系统图统计设备材料清单。

2．实训图纸

内外网综合布线系统图，如图8-8、图8-9所示。

3．实训任务

识读内外网综合布线系统图，完成如下任务：

（1）任务1：信息点位及设备统计。

（2）任务2：计算内外网由信息中心机房引至各弱电井的语音、数据主干线缆的容量。

4．实训成果

上交综合实训任务工单4。

扫一扫看综合实训任务工单4的答案

综合实训任务工单4 智能化施工图识读四

课程名称			专业班级		日期		
上课地点			参考学时		指导教师		
小组基本资料							
小组台号	关系		姓名	学号	姓名		学号
	成员						

	实训步骤
学习内容	**任务1** 设备材料清单统计。 （1）识读外网综合布线系统图及图8-2，填写表1、表2。

表1 外网信息点数量统计表

信息点 层数	网络终端（套）	语音终端（套）	双孔信息插座（套）	单孔信息插座（套）	由弱电井引至各层的双绞线根数
地下层					
一层					
二～十二层（填其中一层）					
电梯机房层					
总计					

表 2　弱电井外网综合布线系统设备数量统计表

层数 ＼ 弱电井设备	24 口快接式配线架（套）	25 对配线端子（套）	48 口光纤接线盒（套）	12 口光纤接线盒（套）	ST 头及耦合器（套）（不含室外引入光纤头）
一层					
四层					
八层					
十二层					
总计					

（2）识读内网综合布线系统图，填写表 3、表 4。

表 3　内网信息点数量统计表

层数 ＼ 信息点	网络终端（套）	双孔信息插座（套）	单孔信息插座（套）	由弱电井引至各层的双绞线根数
地下层				
一层				
二～十二层（填其中一层）				
总计				

表 4　弱电井内网综合布线系统设备数量统计表

层数 ＼ 弱电井设备	24 口快接式配线架（套）	48 口光纤接线盒（套）	24 口光纤接线盒（套）	12 口光纤接线盒（套）	LC 头及耦合器（套）（不含室外引入光纤头）
地下层					
一层					
二～十二层（填其中一层）					
总计					

注：表格不足时可增加。

任务 2　核算内外网由信息中心机房引至各弱电井的语音、数据主干线缆的容量。

教师评价	教师评语		成绩
			教师签字

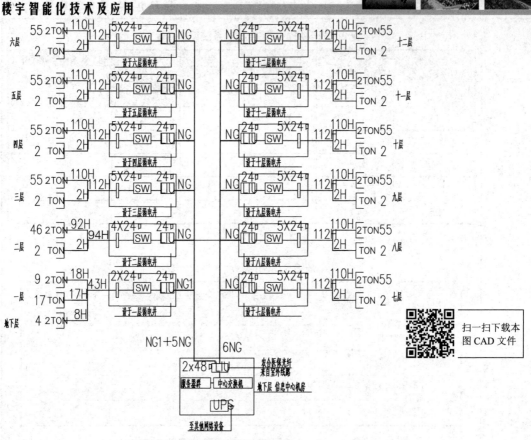

图 8-8　内网综合布线系统图

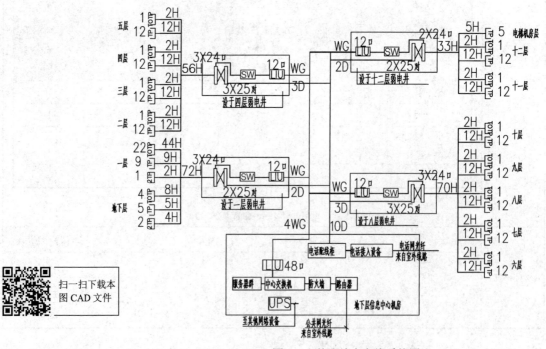

图 8-9　外网综合布线系统图

综合实训 5　安全防范系统图识读

1. 实训目的

学会安全防范系统图的识读，能根据所学知识分析系统图中配线设备、数据干线线缆的选择，能根据系统图统计设备材料清单。

2. 实训图纸

视频安防监控及出入口控制系统图、入侵报警系统图，如图 8-10、图 8-11 所示。

3. 实训任务

识读安全防范系统图，完成如下任务：

（1）任务 1：前端点位及设备统计。

（2）任务 2：回答任务工单所列问题。

（3）任务 3：计算由消防控制室引至各弱电井的数据主干线缆的容量。

> 扫一扫看实训任务工单 5 的答案

4. 实训成果

上交综合实训任务工单 5。

综合实训任务工单 5　智能化施工图识读五

课程名称		专业班级		日期	
上课地点		参考学时		指导教师	
小组基本资料					
小组台号	关系	姓名	学号	姓名	学号
	成员				

任务 1　前端点位及设备统计。

（1）识读图 8-3、图 8-10、图 8-11，填写表 1、表 2。

表 1　前端设备数量统计表

层数 ＼ 前端设备	带云台彩色摄像机	有室外防护罩的云台摄像机	彩色半球摄像机	枪式摄像机	微波红外双鉴探测器	紧急报警按钮	紧急脚挑开关	出入口控制器
地下层								
一层								
二～十二层（填其中一层）								
电梯机房层								

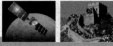

表 2　弱电井内设备数量统计表

层数＼弱电井设备	24口快接式配线架	24口网络交换机	DC 12V开关电源	12口光纤接线盒	LC头及耦合器	2防区模块	4防区模块	48口光纤接线盒
地下层								
一层								
三层								
四层								
七层								
八层								
十一层								
十二层								
总计								

注：表格不足时可增加。

任务 2　识读安全防范系统图，回答以下问题。

（1）消防安防监控中心设备的安放位置在几层？

（2）列出消防安防监控中心的安防设备清单。

（3）消防安防监控中心机房 UPS 引至各弱电井开关电源的电源线采用何种线缆？中心机房核心交换机引至各层光纤接线盒的数据线采用何种线缆？由各弱电井引至各层摄像机、门禁控制器的线路采用何种线缆？

（4）由总线制入侵报警主机引至各弱电井内总线防区模块的总线采用何种线缆？由防区模块引至各种前端探测器及紧急报警设备的线路采用何种线缆？

任务 3　核算由消防安防中心引至各弱电井的数据主干线缆的容量。

学习内容

| 教师评价 | 教师评语 | 成绩 |
| | | 教师签字 |

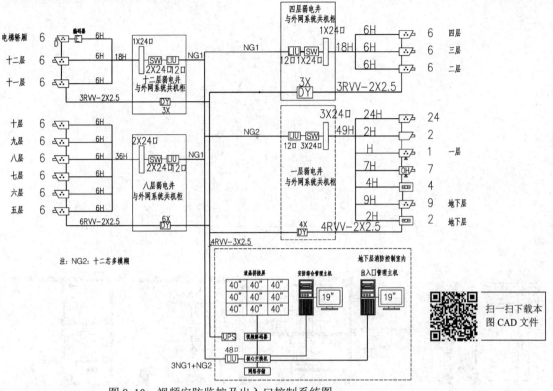

注：NG2：十二芯多模柵

图 8-10　视频安防监控及出入口控制系统图

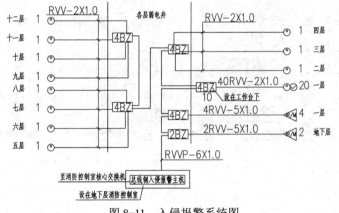

图 8-11　入侵报警系统图

综合实训 6　标准层智能化平面图设计

1. 实训目的

能根据建筑平面功能布置内外网信息点、安防前端设备、电视终端等，能根据点位布置规划平面线路路由，会选择钢管及桥架规格，能绘制智能化平面图，统计设备材料清单。

2. 实训图纸

标准层建筑平面图，如图 8-12 所示。

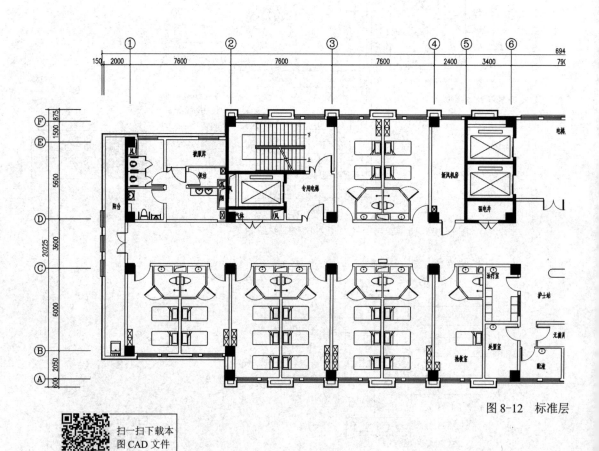

图 8-12　标准层

扫一扫下载本
图 CAD 文件

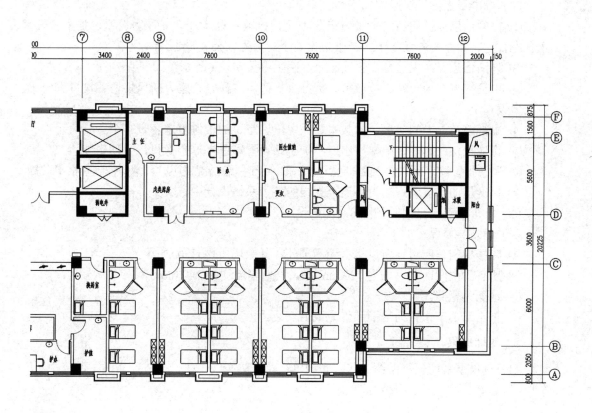

建筑平面图

3. 实训任务

（1）根据建筑平面图进行点位布置。

（2）规划线路平面路由。

（3）计算线缆穿管或桥架的规格。

（4）绘制智能化平面图。

4. 设计依据

（1）国家现行的标准及规范。

（2）标准层点位设置原则如下。

① 内网信息点：病房内每张病床设 1 个，抢救室设 4 个，护士办公室、护士值班室、主任办公室、治疗室各设 2 个，护士站设 6 个，医生办公室设 12 个。

② 外网信息点：主任办公室设 1 个，医生办公室设 6 个。

③ 电话终端：护士站、抢救室、护办、护值、主任办公室、新风机房各设 1 个，医生办公室设 6 个。

④ 电视终端：每间病房、抢救室、医生值班室、护士值班室各设 1 个。

⑤ 摄像机：在走廊、电梯厅出口、护士站设置彩色半球摄像机，吸顶安装。

⑥ 紧急报警按钮：护士站设紧急报警按钮，用于紧急情况发生时向消防控制室报警求救。

⑦ 标准层的前端或终端设备连至大楼的各子系统设计中。

（3）标准层建筑平面图如图 8-12 所示。

（4）建筑装修要求如下。

① 除楼梯间、库房、新风机房无吊顶外，其余场所均有吊顶。

② 所有卫生间内隔墙均为 120 mm 厚，其他隔墙均为 240 mm 厚。

③ 地面为瓷砖。

④ 护士站的工作台为地面装修完成后安装。

5. 实训成果

（1）标准层智能化平面图 2 张（有线电视及安防布线 1 张、内外网布线 1 张）。

（2）列出标准层设备材料清单。

知识梳理与总结

本项目通过一套完整的智能化工程图纸的识读和设计，旨在进行一次综合性的演练，达到夯实基础知识、提升技能水平的目的。本项目的重点是掌握智能化施工图纸的识读，识读过程由设计说明、系统图到平面图及它们之间的联系，有案例讲解，有学生自己操练，体现了以学生为主体的教学方法。